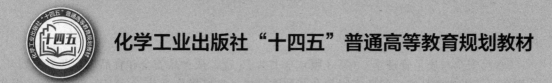

化学工业出版社"十四五"普通高等教育规划教材

食品安全与质量管理学

颜廷才 白 冰 杨巍巍 主编

第3版

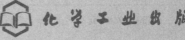

化学工业出版社

·北京·

内容简介

《食品安全与质量管理学》(第3版)全书共13章,从食品安全和食品质量两方面展开,分别介绍了影响食品安全的危害因素及其预防措施、良好操作规范(GMP)、卫生标准操作程序(SSOP)、危害分析与关键控制点(HACCP)、食品安全性评价、食品安全风险分析、食品质量控制、5S管理、食品质量管理体系、食品质量安全市场准入制度、食品企业危机管理、食品质量成本管理。本次修订对书中参考的标准、法规、案例进行了更新,每章既具有本身独立的体系,各章内容又相互关联。本书将食品质量与安全方面的知识拓展制作了部分二维码链接。

《食品安全与质量管理学》(第3版)可作为高等院校食品科学与工程、食品质量与安全、食品营养与健康专业的教材,也可供从事食品安全与质量管理教学与研究人员、企事业食品安全与质量管理人员阅读参考。

图书在版编目(CIP)数据

食品安全与质量管理学/颜廷才,白冰,杨巍巍主编.—3版.—北京:化学工业出版社,2023.5
ISBN 978-7-122-45189-7

Ⅰ.①食… Ⅱ.①颜…②白…③杨… Ⅲ.①食品安全-高等学校-教材②食品-质量管理-高等学校-教材
Ⅳ.①TS201.6②TS207.7

中国国家版本馆CIP数据核字(2024)第049294号

责任编辑:尤彩霞　　　　文字编辑:刘洋洋　陈小滔
责任校对:刘 一　　　　　装帧设计:张 辉

出版发行:化学工业出版社
　　　　(北京市东城区青年湖南街13号　邮政编码100011)
印　　刷:北京云浩印刷有限责任公司
装　　订:三河市振勇印装有限公司
787mm×1092mm　1/16　印张16¾　字数428千字
2025年1月北京第3版第1次印刷

购书咨询:010-64518888　　　售后服务:010-64518899
网　　址:http://www.cip.com.cn
凡购买本书,如有缺损质量问题,本社销售中心负责调换。

定　　价:59.00元　　　　　　　版权所有　违者必究

《食品安全与质量管理学》

（第3版）

编写人员名单

主　　编　颜廷才　白　冰　杨巍巍

副 主 编　王云舒　刁恩杰　郑煜焱

编写人员（以姓氏拼音排序）：

白　冰　沈阳农业大学

曹　森　贵阳学院

刁恩杰　淮阴师范学院

李明华　江苏食品药品职业技术学院

王云舒　赤峰学院

魏　巍　北京市营养源研究所有限公司

徐彩红　沈阳师范大学

颜廷才　沈阳农业大学

杨巍巍　沈阳医学院

詹麒平　南京农业大学

张家臣　遵义师范学院

郑煜焱　沈阳农业大学

周琦乐　北京市营养源研究所有限公司

第3版前言

随着经济的全球化和国际化，一国的食品质量与安全问题，可能会直接或间接影响到世界各国消费者的健康和生命安全，食品质量与安全已经是一个全球共同关注的问题。确保食品的质量与安全，关键是从食品的源头抓起，在整个食品链上实现全程质量控制。这是一个需要全社会共同努力才能实现的目标。实现这一目标，人是最关键的因素，只有提高从业人员的职业素质和安全意识以及全面提升食品安全控制技术和质量管理水平，才能实现食品安全的目标。而提高从业人员的整体素质，唯一途径就是教育培训，而进行教育必须有既注重理论又注重实践的好书，《食品安全与质量管理学》（第3版）正是基于这一出发点和落脚点而整理编写的。

近些年来，随着人们对食品科学研究的不断深入，对影响食品安全的因素也有新的发现，也提出了预防食品风险的新措施，这使食品安全理论知识不断更新。同时，我国关于食品安全管理的机构和法律法规也发生了较大改变：食品安全管理机构方面，成立了国家市场监督管理总局，下设食品安全协调司、食品生产安全监督管理司、食品经营安全监督管理司、特殊食品安全监督管理司、食品安全抽检监测司等食品相关的机关部门，改变了原来食品生产监管部门分散的状态，食品安全管理更加规范统一；食品安全法规方面，从2009年6月1日起开始实施《中华人民共和国食品安全法》，取代了原来的《中华人民共和国食品卫生法》，2015年10月1日起，开始实施新版的《中华人民共和国食品安全法》（文中简称《食品安全法》）。党的二十大报告中明确提出"强化食品药品安全监管"，食品安全与质量管理已成为高校食品专业的必修课程。本书将新的食品安全与质量管理的基本知识、基本理论、基本技术和方法，利用案例法从食品安全和食品质量两方面系统完整地介绍给读者，并将部分知识进行拓展延伸，拓展视频以二维码的形式进行补充。本书可作为高等院校和职业院校食品质量与安全、食品科学与工程、食品营养与健康专业的教材，也可作为企事业单位食品安全与质量管理人员的参考书。

本书的第2版是2016年出版的，由于出版时间较长，很多相关政策和法规有了变化，因此，我们在第2版的基础上补充与修正了部分内容。

参加本书编写的人员均为具有食品质量与安全丰富管理经验的管理者或在校老师。编者在编写本书过程中得到许多同行的热心帮助和指导，在此深表谢意。

鉴于编者水平有限，书中内容不妥之处敬请读者批评指正，更希望读者能与我们进行探讨与交流。

编者
2023年5月

目 录

第 3 章　良好操作规范　　　　　　　　　　36

第 10 章　食品质量管理体系　178

第**1**章

绪 论

"民以食为天，食以安为先""质量就是生命"，这两句老话阐明了食品质量与安全的重要性。实际上，食品质量与安全的重要性还不止于此，这个问题不仅关系到人的健康和生命，也关系到经济的发展、社会的稳定。

1.1 食品安全简介

1.1.1 食品

1.1.1.1 食品的定义

在现实生活中，我们接触到很多食品，但是对什么是食品，却不能给出一个准确而完美的答案，很多从事食品行业的人员也不能非常准确地回答。有人认为能吃的东西就是食品，还有人认为食品是经过加工的食物。这些都是很片面、肤浅的认识。例如，药品能吃，但它们不是食品；成熟的香蕉没有经过加工，但是食品。

《食品工业基本术语》（GB/T 15091—1994）对食品的定义：可供人类食用或饮用的物质，包括加工食品（如罐头食品、面包）、半成品（如净菜、保鲜肉）和未加工食品（如水果类），不包括烟草或只作药品用的物质。

新版《食品安全法》对食品的法律定义：食品，指各种供人食用或者饮用的成品和原料以及按照传统既是食品又是中药材的物品，但是不包括以治疗为目的的物品。

上述两个对食品的定义比较全面地描述了我们所见到的食品，但它们只是对最终产品的描述。从全面质量管理的角度，广义的食品概念还涉及所生产食品的原料、食品原料种植和养殖过程中接触到的物质和环境、食品的添加物、所有直接或间接接触食品的包装材料和生产设施以及影响食品原有品质的环境。

1.1.1.2 食品的特性

图 1-1 所示均为我们日常生活中经常接触到的食品，它们的共同特点如下。

首先，它们都具有一定的色、香、味、质地和外形；其次是含有人体需要的各种蛋白质、脂肪、碳水化合物、维生素、矿物质等营养素；第三也是最重要的，就是它们必须是无毒无害的。也就是说，食品必须在适当的环境下种植、养殖、生产加工、包装、贮藏、运输

图 1-1　常见的各种食品

和销售。由此，我们可以得出食品的几个主要特点。

第一，食品对卫生的要求比较高。食品的卫生安全直接关系到人类的生命安全和健康，国内外发生的食物中毒事件，很多是由不卫生的食物之间发生交叉污染所致。2001 年，国家质量监督检验总局对"老五类"产品（即面、米、油、酱油、醋）实施质量安全市场准入制度，即 QS（Qiyechanpin Shengchanxuke，即企业产品生产许可）认证，2003 年又扩大到肉制品、乳制品、饮料、调味品（糖、味精）、方便面、饼干、罐头、冷冻饮品、速冻米面食品、膨化食品等 10 类食品必须获得认证后才有资格进行生产和销售。2008 年起要

"生产许可"替代"质量安全"

图 1-2　QS 标志

求所有食品须加贴 QS 标志才能销售，自 2010 年 6 月 1 日起"质量安全"修改为"生产许可"，2011 年底之前必须全部换标为生产许可（图 1-2）。当时的国家食品药品监督管理总局决定自 2015 年 10 月 1 日起，正式启用新版食品生产许可证，规定食品与食品添加剂共 34 个种类必须取得生产许可才能生产。2020 年 3 月 1 日起使用新修订版本。

第二，食品是为人类提供营养的，通过食用或饮用来实现它的使用价值，也就是满足人们的生理需求，如水果蔬菜可以提供给人体维生素和矿物元素。

第三，食品只能使用一次，食品提供给人体营养素后就完成使命。

1.1.2　食品安全

1.1.2.1　食品安全的定义

一般认为食品安全的含义有三个层次：

第一层：食品数量安全，即一个国家或地区能够生产民族基本生存所需的膳食需要量。要求人们既能买得到又能买得起生存生活所需要的基本食品。

第二层：食品质量安全，指提供的食品在营养、卫生方面满足和保障人群的健康需要，食品质量安全涉及食物是否污染，是否有毒，添加剂是否违规超标，标签是否规范等问题，需要在食品受到污染之前采取措施，预防食品的污染和遭遇主要危害因素侵袭。

第三层：食品可持续安全，这是从发展角度要求食品的获取需要注重生态环境的良好保护和资源利用的可持续。

世界卫生组织（World Health Organization，WHO）将"食品安全（Food Safety）"定义为：食物中有毒、有害物质对人体健康影响的公共卫生问题。1996 年 WHO 将食品安全性定义为：对食品按其原定用途进行制作和食用时不会使消费者受害的一种担保。我国新版《食品安全法》将食品安全定义为：指食品无毒、无害，符合应当有的营养要求，对人体

健康不造成任何急性、亚急性或者慢性危害。

目前，对食品安全的解释一般是：在规定的使用方式和用量的条件下长期食用，对食用者不产生不良反应的实际把握。其中，不良反应包括由偶然摄入所导致的急性毒性和长期微量摄入所导致的慢性毒性，例如致癌性和致畸性等。随着毒理学、免疫学、分子生物学和超微量分析等学科研究手段的提高，有些曾被认为是绝对安全、无污染的食品，后来又发现其中含有某些有毒有害物质，长期食用可对食用者产生慢性毒害或危及其后代健康；而许多被宣布为有毒的化学物质，实际上在环境和食品中都被发现以极微量的形式广泛存在，并在一定含量范围内对人体健康是有益的。

1.1.2.2 食品安全现状

目前，食品安全问题突出表现在以下 6 个方面。

①微生物污染造成的食源性疾病问题是首要问题；②环境污染在一定程度上仍处于相对严重的程度；③新技术、新工艺、新资源也带来了食品安全的新问题；④传统的、落后的加工工艺和储存运输条件造成的污染相对严重；⑤掺假作伪现象依然存在；⑥食品安全问题影响到食品的出口贸易。

食品安全现状

1.2 食品质量管理

1.2.1 食品质量

1.2.1.1 质量的定义

质量从字面意思来讲包括两个方面：品质和数量。只有品质没有数量或者只有数量没有品质都不叫质量，只有两者同时满足要求时才是质量。

"质量"一词非常抽象，不同的人，由于所学专业、从事行业、年龄、素质、经验、时间、需求、文化水平等不同，对其理解也不同。美国质量管理专家戴明博士认为"质量是从客户的观点出发加强到产品上的东西"。世界著名质量专家塔古奇博士将质量定义为："质量是客户感受到的东西。"世界著名统计工程管理学专家道里安·舍宁认为"质量是客户的满意、热情和忠诚"。海尔集团总裁张瑞敏认为"质量意味着产品无缺陷""质量是产品的生命，信誉是企业的灵魂，产品合格不是标准，用户满意才是目的"。

国际标准化组织（International Organization for Standardization，ISO）在 ISO9000：2015《质量管理体系 基础和术语》中对质量的定义是："一组固有特性满足要求的程度"，下文即 ISO9000：2015 对质量特性的简要介绍。

特性分为固有的特性和赋予的特性，固有特性是指事物本来就有的特性，如火腿中含有蛋白质和脂肪等营养素，含有人体所需的营养物质就是火腿本来就有的；水果蔬菜中含有叶绿素而呈现绿色等。赋予的特性是指人为增加或给予事物的特性，如在火腿中添加亚硝酸盐和红曲色素，使其呈现红色；食品的价格；鲜奶、冷鲜肉在运输过程中要求在低温条件下运输和贮藏等。

要求可分为明示的、隐含的和必须履行的需求或期望。

明示的要求是指明确提出来的或规定的要求。如，在水果买卖合同中明确提出水果的大小或顾客口头明确提出的要求。

隐含的要求是指组织、顾客和其他相关方的惯例或一般做法，所考虑的需求或期望是不言而喻的。例如，采购方便面，只需要提出购买某一品牌的方便面就可以了，而不用单独提出方便面必须是安全的或要满足相应的国家标准，因为只要是生产食品，食品企业就知道必须满足这些要求。

必须履行的需求或期望是指法律法规要求的或有强制性标准要求的。例如，出口食品企业必须进行卫生注册或登记，必须通过 QS、HACCP（Hazard Analysis and Critical Control Point，即危害分析与关键控制点）或 ISO9001 认证等。

从质量的概念中，我们可以理解到：质量的内涵是由一组固有特性组成，并且这些固有特性是以满足顾客及其他相关方所要求的能力加以表征。质量具有经济性、广义性、时效性和相对性。

① 质量的经济性　人们在日常生活中经常要求的"货真价实，物美价廉"实际上是反映人们的价值取向，物有所值就表明质量有经济性的表征。企业从事生产活动，目的就是以最好的产品最大限度地满足顾客的需求，以求获得最大的利润。

② 质量的广义性　质量不仅指产品质量，而且还包括过程质量、部门质量、体系质量、管理质量。在食品生产过程中，要按照全面质量管理的思想，实现对食品质量的"从农田到餐桌"的全程控制。

③ 质量的时效性　随着技术水平和人们生活水平的提高，各种标准也在不断地修订，人们的要求也在不断地变化，旧的标准逐渐被淘汰，对质量的要求也在不断提高。例如，原先被顾客认为质量好的产品会因为顾客要求的提高而不再受到顾客的欢迎。因此，食品企业应不断地调整对质量的要求。

④ 质量的相对性　不同的人对质量的要求是不同的，因此会对同一产品的功能提出不同的需求；也可能对同一产品的同一功能提出不同的需求。例如薯片，有的人喜欢番茄酱口味的，有的人喜欢吃咸味的，因此，需求不同，质量要求也就不同，只有满足需求的产品才会被认为是质量好的产品。

由以上内容我们可以总结出食品质量的定义，即食品的一组固有特性（营养、安全、色、香、味、质、形等）满足消费者需求的程度。

1.2.1.2　食品质量特性

质量特性是指产品、过程或体系与要求有关的固有特性。

根据 ISO9000：2015 对质量的定义，质量概念的关键就是"满足要求"。那么，怎样判断产品满足要求？这就必须把这些"要求"转化成可测量的指标，作为评价、检验和考核的依据。由于顾客的需求是多种多样的，所以反映产品质量的特性也是多种多样的。质量特性包括安全性、经济性、适用性、稳定性、环境和美学特性等。质量特性有的是能够定量的，有的只能定性，但是，在实际操作时，经常将定性的特性转化成定量的特性。

食品质量特性有内在特性、外在特性、经济特性、商业特性和其他特性之分。内在特性如食品的化学成分、硬度、组织结构等；外在特性如外观、形状、色泽、气味、包装等；经济特性包括食品的价格、生产、运输和贮藏费用、服务费用等；商业特性如交货期、保质期、食用方法等；安全特性如无毒无害、卫生等；环境特性包括社会、文化、法律等；美学特性如包装美观等。

根据对顾客满意的影响程度不同，应对质量特性进行分类管理。常用的质量特性分类方法是将质量特性划分为关键、重要和次要三类。

① 关键质量特性　是指若超过规定的特性值要求，会直接影响产品安全性或使产品整体功能丧失的质量特性。例如，在肉制品中亚硝酸盐的含量必须控制在 30mg/kg 以下，否则会对人的健康带来威胁，所以亚硝酸盐的含量是个关键质量特性；对于易腐食品，腐败微生物的数量也是关键质量特性。

② 重要质量特性　是指若超过规定的特性值要求，将造成产品部分功能丧失的质量特性。例如，补钙、铁、锌的保健品，如果钙、铁、锌含量达不到标准要求，就会使补钙、铁、锌的效果降低；劣质奶粉导致的大头婴事件，就是蛋白质达不到要求导致的。

③ 次要质量特性　是指若超过规定的特性值要求，暂不影响产品功能，但可能会引起产品功能的逐渐丧失。例如，果汁中的维生素含量随着时间的延长会逐渐地减少，但不影响饮用，食品的保质期就是一个次要的质量特性。

1.2.1.3　质量形成过程

（1）质量环

任何产品都要经历设计、制造和使用的过程，食品质量相应也有个产生、形成和实现的过程，这一过程由按照一定的逻辑顺序进行的一系列活动构成。人们往往用一个不断循环的圆环来表示这一过程，我们称为质量环。它是对产品质量的产生、形成和实现过程进行的抽象描述和理论概括。过程中的一系列活动一环扣一环，互相制约、互相依存、互相促进。过程不断循环，每经过一次循环，就意味着产品质量的一次提高。通过将食品质量形成的全过程分解为若干相互联系而又相对独立的阶段，就可以对之进行有效的控制和管理。

任何产品质量的形成基本遵循这样的过程：市场调研→产品研发→生产设计→采购→生产制造→检验→包装→贮藏→运输→销售→服务→营销和市场调研。下面以烤鸡质量形成过程为例说明质量环（图1-3）。

首先进行市场调研，了解顾客对烤鸡的消费需求（烤鸡的大小、价格、风味等），针对顾客需求进行产品的研发以及生产工艺的设计，接着根据设计采购所需的原料，然后进行烤制、检验、包装、运输和销售；服务的内容主要包括食用方

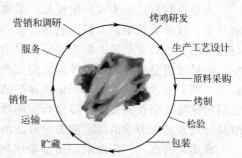

图 1-3　质量环——以烤鸡生产过程为例

法、保存方法等；销售和服务的过程中，通过调研了解烤鸡存在的问题，以备在下次烤制过程中进行改进。

（2）质量螺旋

美国质量管理专家朱兰于 20 世纪 60 年代用一条螺旋曲线来表示质量的形成过程，称为朱兰质量螺旋曲线（图1-4）。在朱兰质量螺旋曲线图上我们可以看到，产品质量的形成由市场研究、开发（研制）、设计、制定产品规格、制定工艺、采购、仪器仪表以及设备装置、生产、工序控制、检验、测试、销售、服务十三个环节组成；产品质量形成的各个环节一环环相扣，周而复始，不断循环上升。

（3）朱兰三部曲

美国质量管理专家朱兰博士认为，质量管理是由质量策划、质量控制和质量改进三个互相联系的阶段即质量管理三部曲所构成的一个逻辑的过程，每个阶段都有其关注的目标和实现目标的相应手段。

质量策划指明确企业的产品和服务所要达到的质量目标，并为实现这些目标所必需的各种活动进行规划和部署的过程。通过质量策划活动，企业应当明确谁是自己的顾客，顾客的需要是什么，产品必须具备哪些特性才能满足顾客的需要；在此基础上，还必须设定符合顾客和供应商双方要求的质量目标，开发实现质量目标所必需的过程和工艺，确保过程在给定的作业条件下具有达到目标的能力，为最终生产出符合顾客要求的产品和提供顾客需要的服务奠定坚实的基础。

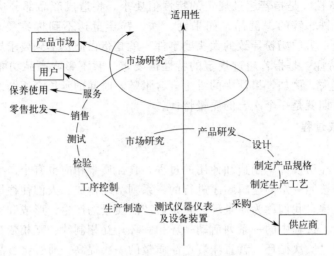

图 1-4 朱兰质量螺旋曲线

质量控制就是为实现质量目标，采取措施满足质量要求的过程。其主要内容有：选择控制对象，选择质量单位，规定测量方法，确定质量控制目标，测定实际质量特性，通过实践与标准的比较找出差异，根据差异采取措施。

质量改进是指突破原有计划从而实现前所未有的质量水平的过程。实现质量改进有三个途径，即①通过排除导致过程偏离标准的偶发性质量故障，使过程恢复到初始的控制状态；②通过排除长期性的质量故障使当前的质量提高到一个新的水平；③在引入新产品、新工艺时从计划开始就力求消除可能会导致新的慢性故障和偶发性故障的各种可能性。

在质量管理的三部曲中，质量策划明确了质量管理所要达到的目标以及实现这些目标的途径，是质量管理的前提和基础；质量控制确保事务按照计划的方式进行，是实现质量目标的保障；质量改进则意味着质量水平的飞跃，标志着质量活动是以一种螺旋式上升的方式在不断攀登和提高，如图 1-5 所示。

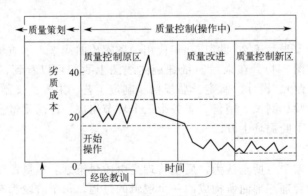

图 1-5 质量管理三部曲分布图

1.2.1.4 质量决定因素

从食品质量形成过程来看，食品质量是否能够满足消费者的要求，取决于四个因素：开发设计质量、生产制造质量、食用质量和服务质量。

① 开发设计质量　开发设计是产品质量形成最为关键的阶段。设计一旦完成，产品的固有质量也就随之确定。食品质量设计的好坏，直接影响着消费者的购买和产品的食用安

全。食品的开发设计主要包括产品的配方、加工工艺及流程、所需要的生产原料、生产设备、包装、运输和贮藏条件等。每一个环节设计出现问题，都将影响着最终产品的质量和安全。

② 生产制造质量　生产制造是将设计的成果转化为现实的产品，是产品形成的主要环节。没有生产制造，就不可能有我们所需要的食品。生产制造质量体现在生产设备的稳定性、先进性以及消毒、清洗和维修保养情况，生产人员的技术水平、管理水平以及管理体系运行情况等。

③ 食用质量　食用质量主要包括产品的颜色、风味、气味、口感、营养、安全以及食用方便性等。食用质量是食品的价值体现，它的好坏直接决定着消费者是否重复购买或将其介绍给亲朋好友。

④ 服务质量　服务质量是产品质量的延续。服务质量体现了一个企业对顾客的重视，是企业形象的体现。每一个企业的产品不可能十全十美，出现质量问题，能够及时跟上服务，是对产品质量的弥补，可以挽回企业的损失和声誉。

1.2.2　质量管理

1.2.2.1　质量管理的定义

质量管理是为了实现组织的质量目标而进行的计划、组织、领导和控制的活动。ISO9000：2015标准对质量管理的定义是：在质量方面指挥和控制组织的协调活动。这里的活动通常包括制定质量方针和质量目标以及质量策划、质量控制、质量保证和质量改进（图1-6）。

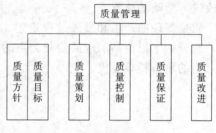

图1-6　质量管理的组成

① 质量方针　由组织的最高管理者正式颁布的该组织总的质量宗旨和质量方向。质量方针是企业经营总方针的组成部分，是企业管理者对质量的指导思想和承诺。

例如某食品有限公司的质量方针："品质为本，培训为基，系统管理，精益求精，满足顾客。"这个质量方针体现了该公司是以质量为根本，通过员工的培训，系统的管理，使产品精益求精，最终目的是满足顾客要求和期望。

② 质量目标　组织在质量方面所追求的目的，是组织质量方针的具体体现，目标既要先进，又要可行，便于实施和检查。

该公司根据自己的质量方针，制定出自己的质量目标：品质为本——常规产品成品合格率达到95％；培训为基——为所有与ISO9001有关的经理、主管、组长提供ISO9001及HACCP的培训课程；系统管理——取得ISO9001：2015认证；精益求精——年度完成两项质量计划：提高虾酱和辣椒酱的质量；满足顾客——产品交货误期事件少于5％。

③ 质量策划　质量管理的基础，致力于制订质量目标并规定必要的运行过程和相关资源以实现质量目标。质量策划幕后关键是制订质量目标并设法使其实现。质量目标是在质量方面所追求的目标，其通常依据组织的质量方针制订，并且通常对组织的相关职能和层次分别规定质量目标。

④ 质量控制　质量管理的重要部分，致力于满足质量要求。作为质量管理的一部分，质量控制适用于对组织任何质量的控制，不仅仅限于生产领域，还适用于产品的设计、生产原料的采购、服务的提供、市场营销、人力资源的配置，涉及组织内几乎所有活动。质量控制的目的是保证质量，满足要求。

⑤ 质量保证　作为质量管理的一部分，致力于提供质量要求得到满足的信任。保证质量、满足要求是质量保证的基础和前提，质量管理体系的建立和运行是提供信任的重要手段。质量保证是在有两方的情况下才存在，由一方向另一方提供信任。由于两方的具体情况不同，质量保证分为内部和外部两种，内部质量保证是组织向自己的管理者提供信任；外部质量保证是组织向顾客或其他方提供信任。

⑥ 质量改进　质量管理的组成之一，致力于增强满足质量要求的能力。作为质量管理的一部分，质量改进的目的在于增强组织满足质量要求的能力，由于要求可以是任何方面的，因此，质量改进的对象也可能会涉及组织的质量管理体系、过程和产品，可能会涉及组织的方方面面。同时，由于各方面的要求不同，为确保有效性、效率或可追溯性，组织应注意识别需要改进的项目和关键质量要求，考虑改进所需的过程，以增强组织体系和过程控制，提高产品质量。

1.2.2.2 质量管理的发展阶段

食品质量管理就是为保证和提高食品质量所进行的质量策划、质量控制、质量保证和质量改进等活动的总称。

质量管理的产生和发展过程走过了漫长的道路（图1-7）。人类历史上自有商品生产以来，就开始了以商品的成品检验为主的质量管理。我国在400多年以前，就已有了青铜制刀枪武器的质量检验制度。

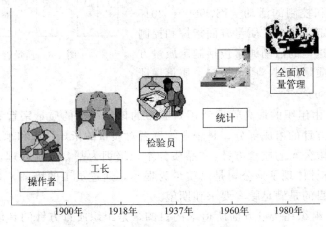

图 1-7　质量管理的发展阶段

按照质量管理所依据的手段和方式，可以将质量管理发展历史大致划分为操作者的质量管理阶段、质量检验管理阶段、统计质量管理阶段、全面质量管理（Total Quality Management，TQM）阶段。

1.3　食品安全、食品质量、食品卫生之间的关系

食品安全和食品质量的定义分别见本书前文1.1.2.1和1.2.1.1的内容。"食品卫生"是指食品在生产、加工、运输、销售、供给等过程中，对可能存在或产生的生物性（如细菌、病毒、寄生虫等）、化学性（如亚硝酸盐、砷、农药等）、物理性等有害因素加以消除或控制，以确保食品对人体安全卫生、无毒无害，又使食品保持原有营养成分及其自然风味，从而有益于人体健康所采取的一种积极干预措施。

综合食品安全、食品质量和食品卫生三者的定义，我们得出三者的关系如下。

第一，食品安全是个综合概念。作为种概念，食品安全包括食品卫生、食品质量、食品营养等相关方面的内容和食品（食物）种植、养殖、加工、包装、贮藏、运输、销售、消费等环节。而作为属概念的食品卫生、食品质量、食品营养等均无法涵盖上述全部内容和全部环节。食品卫生、食品质量、食品营养等在内涵和外延上存在许多交叉，由此造成食品安全的重复监管。

第二，食品安全是个社会概念。与卫生学、营养学、质量学等学科概念不同，食品安全是个社会治理概念。不同国家以及不同时期，食品安全所面临的突出问题和治理要求有所不同。在发达国家，食品安全所关注的主要是科学技术发展所引发的问题，如转基因食品对人类健康的影响；而在发展中国家，食品安全所侧重的则是市场经济发育不成熟所引发的问题，如假冒伪劣、有毒有害食品的非法生产经营。

第三，食品安全是个政治概念。无论是发达国家，还是发展中国家，食品安全都是企业和政府对社会最基本的责任和必须做出的承诺。食品安全与生存权紧密相连，具有唯一性和强制性，通常属于政府保障或者政府强制的范畴。而食品质量等往往与发展权有关，具有层次性和选择性，通常属于商业选择或者政府倡导的范畴。近年来，国际社会逐步以食品安全的概念替代食品卫生、食品质量的概念，更加突显了食品安全的政治责任。

第四，食品安全是个法律概念。20 世纪 80 年代以来，一些国家以及有关国际组织从社会系统工程建设的角度出发，逐步以食品安全的综合立法替代卫生、质量、营养等要素立法。1990 年英国颁布了《食品安全法》，2000 年欧盟发表了具有指导意义的《食品安全白皮书》，2003 年日本制定了《食品安全基本法》。部分发展中国家也制定了《食品安全法》。综合型的《食品安全法》逐步替代要素型的《食品卫生法》《食品质量法》《食品营养法》等，反映了时代发展的要求。

第五，食品安全是个经济学概念。在经济学上，"食品安全"指的是有足够的收入购买安全的食品。

由上所述，食品安全、食品质量、食品卫生三者之间相互关联，密不可分。

1.4 食品安全与质量管理的重要性

（1）保障消费者的健康和生命安全

食品的安全直接与人的生命相联系，近年来，食品安全事件时有发生，例如，2022 年 3 月 15 日"双汇生产车间乱象"的话题登上热搜，因此，食品质量管理首要的任务是保障食品的安全，打消人们对食品安全的恐慌。

（2）提高产品的市场竞争力

产品质量与安全反映了一个企业的技术水平和管理水平。质量好的产品，在市场竞争中处于优势地位。每一个企业首先应该把产品质量放在第一位。例如，著名快餐巨头麦当劳的经营理念是"QSCV"，Q 代表产品质量，S 代表服务，C 代表清洁，V 代表价值，它们分别是英文 Quality、Service、Cleanness、Value 的第一个字母，意思是麦当劳为人们提供品质上乘、服务周到、地方清洁、物有所值的产品与服务，就是这种理念及其行为，使麦当劳在激烈的竞争中始终立于不败之地，跻身于世界强手之林。

本章习题：

1. 简述食品安全的定义。
2. 简述食品质量的定义。
3. 简述食品质量管理的发展阶段。
4. 简述食品安全与质量管理的重要性。

本章思考与拓展：

食品是人类活动的物质基础，"民以食为天，食以安为先""质量就是生命"，这两句老话阐明了食品质量与安全的重要性。实际上，食品质量与安全不仅关系到人的健康和生命，也关系到经济的发展、社会的稳定。企业的安全生产既需要食品企业作为第一责任人增强自身管理，也需要食品行业全体从业者加强职业道德修养，提高安全生产意识。食品专业的大学生作为未来食品生产的主力军，必须有良好的食品生产职业道德修养，较高的安全生产意识，这对保证我国的食品安全具有重要意义。

第 **2** 章

影响食品安全的危害因素及其预防措施

2.1 食品安全危害概述

2.1.1 食品安全危害的定义和特征

食品安全危害主要是指潜在损害或危及食品安全和质量的因子或因素。这些因素包括生物性、化学性和物理性的。它们可以通过各种方式存在于食品中，一旦这些危害因子或因素没有被控制或消除，该食品就会成为威胁人体健康的有毒食品。

食品安全危害因子或因素具有以下特征。

① 可存在于"从农田到餐桌"的整个食物链过程中。随着食品工业化生产的发展，以及环境污染等问题的加剧，这一特征将更加突出。食品安全危害因子或因素出现在食品中的概率将进一步加大。

② 因不同的食物链环节有差异，其导致的食品安全问题也有差别。例如，在种植、养殖环节，可能会受到农药、兽药、激素等化学物质的危害；在生产加工环节的危害因子或因素可能以生物性、物理性的为主。

③ 食品安全危害性表现出来的程度或后果受到主观（人为的）和客观（天然的）两种因素的双重作用。尤其是主观的因素，即人为导致的食品安全危害，其危害程度和后果可因这一作用减轻或加重。

④ 食品安全危害因子对人体健康导致的后果可因其种类不同、毒力大小不同等因素表现出急性、亚急性和慢性反应（中毒）特征。其慢性反应（中毒）具有潜在性、隐蔽性，不易被发现，以致不被人们重视。

⑤ 食品安全危害性可通过多种手段与措施来控制或消除，将其对人体健康的危害程度降到最低，达到人类食品无毒无害的基本要求。这些手段或措施有法律属性的，即依法开展对食品安全危害的监督管理，如《食品安全法》等；也有技术性的，如良好生产规范（Good Manufacturing Practice，GMP）、危害分析和关键点控制（Hazard Analysis Critical Control Point，HACCP）等。这些法律法规、标准等是保证食品安全，降低其危害性的有力保障。

2.1.2 食品安全危害的分类及来源

2.1.2.1 分类

根据《食品企业 HACCP 实施指南》，食品安全危害可分为生物性危害、化学性危害和物理性危害。它们可以侵袭到从"农田到餐桌"的整个食物链的任何环节，造成食品（原料、半成品、成品）有毒有害，成为有毒食品。

生物性危害因素包括细菌、病毒、寄生虫、霉菌及其毒素等；化学性危害因素有农药和兽药残留、工业污染物、重金属、自然毒素及某些激素等；物理性危害因素包括食品中存在的某些放射性物质产生的辐射、碎骨头、碎石头、铁屑、木屑、头发、蟑螂等昆虫的残体、碎玻璃以及其他可见的异物等。随着科学技术的发展，又出现一些新型食品，如转基因食品、辐照食品等，这些新型食品的安全性也引起人们广泛关注。同时，膳食结构不平衡、食物过敏原、食品掺伪等都对食品的安全产生影响。

2.1.2.2 食品安全危害因子的来源

① 原辅材料污染　种植业中化肥、农药、植物激素的过量使用，养殖业中抗生素、动物激素、饲料添加剂的不合理使用，水产品中重金属含量高、赤潮等均可造成食品污染，且程度较严重。

② 生产加工过程污染　容器、用具、管道未清洗干净或使用不当；生产工艺不合理；个人卫生及环境卫生不良均可造成食品的微生物污染。

③ 包装、储运、销售中污染　食品包装材料不符合食品卫生要求造成污染；交通运输工具不洁可造成污染；食品贮存条件不卫生或散装食品销售过程中造成污染。

④ 人为污染　食品中人为掺伪，或加入有害人体健康的物质；用工业原料作为食品用原料来生产食品；用工业"吊白块"（甲醛次硫酸氢钠）加入食品中"漂白"；在猪饲料中加"瘦肉精"（盐酸克伦特罗等）等故意造成食品污染。

⑤ 意外污染　火灾、地震、水灾、核泄漏等，也可对食品造成污染。

2.1.3 食品安全危害的后果

食品安全危害导致的后果是诱发食源性疾病，这是通过摄食进入人体的各种致病因子引起的，通常带有感染性或中毒性质的一类疾病。食源性疾病根据致病的种类型别、毒力大小、人体免疫力强弱，可造成以下 3 种状态：急性反应、亚急性反应、慢性反应。一般来说，存在于食品中的生物性危害因子常常导致急性反应，表现为各种食物中毒，是构成当前突发公共卫生事件的主要因素。化学性危害因子的种类较多，与侵袭到食品上的种类、剂量水平、环境条件、工艺过程、人为因素有密切关系。这些食品安全危害因子是否导致急性、亚急性或慢性反应，与其剂量-反应有明显关系。

2.2　生物性危害因素及其预防措施

2.2.1 细菌

在各种食物中毒中，以细菌性食物中毒最多。细菌对食品安全性的影响主要表现在：一方面引起食品的腐败变质；另一方面引起食源性疾病或食物

生物性危害因素
及其预防措施

中毒。食物中毒的类型分为3种：①细菌本身生长繁殖造成的，如沙门菌、志贺菌等，称为感染型食物中毒；②细菌生长繁殖过程中产生的毒素造成的，如肉毒梭菌产生肉毒毒素、金黄色葡萄球菌产生肠毒素等，称为毒素型食物中毒；③细菌本身既能感染又能产生毒素，如副溶血性弧菌，本身既能引起肠道疾病，又会产生耐热性溶血毒素，属于混合型食物中毒。

（1）细菌污染食品的途径

① 加工前食品原料污染　食品原料在种植、养殖过程中不可避免受环境中水、空气、土壤中的细菌污染，细菌污染的程度因品种和来源不同而异。

② 加工过程污染　加工过程是细菌污染机会最多的环节，甚至可以通过不洁净的人手、手套、工作服、设备、生产环境、工器具等发生交叉污染。

③ 物流过程（贮藏、运输）污染　食品在不利的贮藏、运输条件下受到二次污染。

④ 销售过程污染　食品销售过程中，散装食品受到不洁净的销售用量具、包装材料以及消费者和服务人员的污染。

⑤ 食用过程污染　食品在从购买到消费的过程中由于存放不合理、加工不当造成食品的交叉污染。

（2）评价食品卫生质量的细菌污染指标

① 菌落总数　菌落总数就是指在一定条件下（如需氧情况、营养条件、pH、培养温度和时间等）每克（每毫升）检样所生长出来的细菌菌落总数。

菌落总数测定用来判定食品被细菌污染的程度及卫生质量，它反映食品在生产过程中是否符合卫生要求，以便对被检样品做出适当的卫生学评价。菌落总数的多少在一定程度上标志着食品卫生质量的优劣。

② 大肠菌群数　大肠菌群并非细菌学分类命名，而是卫生细菌领域的用语，它不代表某一个或某一属细菌，而指的是具有某些特性的一组与粪便污染有关的细菌，这些细菌在生化及血清学方面并非完全一致，其定义为：需氧及兼性厌氧、在 37℃ 能分解乳糖产酸产气的革兰氏阴性无芽孢杆菌。一般认为大肠菌群细菌可包括大肠杆菌、柠檬酸杆菌、产气克雷伯菌和阴沟肠杆菌等。

大肠菌群作为粪便污染指标，主要是以该菌群的检出情况表示食品是否受到粪便污染。大肠菌群数的高低，表明了粪便污染的程度，也反映了对人体健康危害性的大小。粪便是人类肠道排泄物，其中有健康人粪便，也有肠道疾病患者或带菌者的粪便，所以粪便内除一般正常细菌外，同时也会有一些肠道致病菌存在（如沙门菌、志贺菌等），因而食品中有粪便污染，则可以推测该食品中存在着肠道致病菌污染的可能性，潜伏着食物中毒和流行病的威胁，必须看作对人体健康具有潜在的危险性。

③ 肠道致病菌　肠道致病菌是一类能够引起肠道疾病的细菌，如沙门菌、李斯特菌、霍乱弧菌等。在食品中要求肠道致病菌不得检出。

（3）食品中常见的致病性细菌介绍

① O157：H7 大肠杆菌　O157：H7 大肠杆菌属埃希菌属。能引起人体发生腹泻的具有致病性的大肠杆菌称为致泻性大肠杆菌，它们包括肠产毒性大肠杆菌（ETEC）、肠侵袭性大肠杆菌（EIEC）、肠致病性大肠杆菌（EPEC）、肠出血性大肠杆菌（EHEC）、肠集聚性黏附大肠杆菌（EAggEC）。O157：H7 大肠杆菌是埃希菌属中肠出血性大肠杆菌的一个血清型。O157：H7 大肠杆菌可以像通常的致病菌一样产生细菌毒素，使感染者出现腹泻等一系列病症，并且可能引起病情更为凶险的溶血性尿毒综合征。

可能成为 O157：H7 大肠杆菌传染媒介的食品有牛肉及其制品、牛奶及其制品、鸡肉、猪肉、羊肉、蔬菜、水果、饮料、色拉、水等。

O157：H7 大肠杆菌是一种食源性致病菌，可通过人和人之间日常生活的接触传播。所以，原则上讲应特别注意食品卫生，避免食用烹调欠火候的牛肉，尽量不喝生牛奶，不食不洁的水果、蔬菜等，不饮用不干净的饮料和生水；避免与患者密切接触，或者在接触后应特别注意个人卫生。

② 金黄色葡萄球菌　金黄色葡萄球菌（*Staphylococcus aureus* Rosenbach）是一种常见病原菌，隶属于葡萄球菌属（*Staphylococcus*），可引起多种严重感染。典型的金黄色葡萄球菌为球型，直径 $0.8\mu m$ 左右，显微镜下排列成葡萄串状。金黄色葡萄球菌无芽孢、鞭毛，大多数无荚膜，革兰氏染色阳性。金黄色葡萄球菌营养要求不高，在普通培养基上生长良好，需氧或兼性厌氧，最适生长温度 37℃，最适生长 pH 7.4；平板上菌落厚、有光泽、呈圆形凸起，直径 1~2mm；血平板菌落周围形成透明的溶血环。金黄色葡萄球菌有高度的耐盐性，可在 10%～15% NaCl 肉汤中生长。金黄色葡萄球菌具有较强的抵抗力，对磺胺类药物敏感性低，但对青霉素、红霉素等高度敏感。

金黄色葡萄球菌在自然界中无处不在，空气、水、灰尘及人和动物的排泄物中都可找到。因而，食品受其污染的机会很多。近年来，美国疾病预防与控制中心报告，由金黄色葡萄球菌引起的感染占第二位，仅次于大肠杆菌。金黄色葡萄球菌肠毒素污染是个世界性卫生问题，在美国由金黄色葡萄球菌肠毒素引起的食物中毒占整个细菌性食物中毒的 33%，加拿大则更多，占 45%，我国也发生过此类中毒事件。

金黄色葡萄球菌的流行病学一般有如下特点：呈季节分布，多见于春夏季；污染的食品种类多，如奶、肉、蛋、鱼及其制品。

金黄色葡萄球菌危害可以通过防止金黄色葡萄球菌污染食品以及金黄色葡萄球菌肠毒素的生成来控制。

③ 沙门菌　1885 年沙门等人在霍乱流行时分离到猪霍乱沙门菌，故定名为沙门菌属。沙门菌属有的专门对人类致病，有的只对动物致病，也有的对人和动物都致病。感染沙门菌的人或带菌者的粪便污染食品，可使人发生食物中毒。据统计，在世界各国的细菌性食物中毒中，沙门菌引起的食物中毒常列榜首。

沙门菌分布很广，广泛存在于自然界中，常可在各种动物，如猪、牛、羊、马等家畜及鸡、鸭、鹅等家禽，飞鸟、鼠类等野生动物的肠道中发现。鸡是沙门菌最大的宿主，鸡群暴发沙门菌感染死亡率高达 80%，沙门菌也存在于蛋类及其他食物中（牛肉、猪肉、鱼肉、香肠、火腿等）。沙门菌大多通过摄入被沙门菌污染的食品或人传播人进入人体。伤寒沙门菌，甲、乙、丙型副伤寒沙门菌和仙台沙门菌等只对人类致病，而马流产沙门菌、雏鸡沙门菌分别对马和鸡致病。沙门菌可引起肠热症、慢性肠炎和败血症。

沙门菌的控制措施：严格执行食品生产良好操作程序，注意灭蝇，加强对饮水、食品等的卫生监督管理，以切断传染途径；对食品加工和饮食服务人员定期进行健康检查，及时发现带菌者并给予治疗或调离工作岗位；加强屠宰业的卫生监督及各种食品特别是肉类运输、加工、冷藏等方面的卫生措施，防止沙门菌污染。在食品加工过程中，必须严格按卫生规范防止二次污染，通过蒸煮、巴氏消毒、存放适宜温度等进行控制，都能防止沙门菌感染的发生。

④ 单核细胞增生李斯特菌　李斯特菌在环境中无处不在，在绝大多数食品中都能找到李斯特菌。肉类、蛋类、禽类、海产品、乳制品、蔬菜等都已被证实是李斯特菌的感染源。李斯特菌中毒严重的可引起血液和脑组织感染，目前国际上公认的李斯特菌共有 7 个菌株：单核细胞增生李斯特菌、绵羊李斯特菌、英诺克李斯特菌、威尔斯李斯特菌、西尔李斯特菌、格氏李斯特菌和默氏李斯特菌。其中，单核细胞增生李斯特菌是唯一能

引起人类疾病的，是一种人畜共患病的病原菌。感染李斯特菌后主要表现为败血症、脑膜炎和单核细胞增多。食品中存在的单核细胞增生李斯特菌对人类存在安全隐患，该菌在4℃的环境中仍可生长繁殖，是冷藏食品中威胁人类健康的主要病原菌之一。

单核细胞增生李斯特菌主要污染的食品有牛奶、乳制品、肉类（特别是牛肉）、蔬菜、沙拉、海产品、冰淇淋等。

控制措施：单核细胞增生李斯特菌在一般热加工处理下能存活，热处理已杀灭了竞争性细菌群，使单核细胞增生李斯特菌在没有竞争的环境条件下易于存活，所以在食品加工中，中心温度必须达到70℃持续2min以上。单核细胞增生李斯特菌在自然界中广泛存在，因此蒸煮后防止二次污染是极为重要的。由于单核细胞增生李斯特菌在4℃下仍然能生长繁殖，所以未加热的冰箱食品增加了食物中毒的危险，冰箱食品需加热后再食用。

⑤ 肉毒梭菌　肉毒梭菌属于厌氧性梭状芽孢杆菌属，具有该属菌的基本特性，即厌氧性的杆状菌，形成芽孢，芽孢比繁殖体宽，呈梭状，新鲜培养基的革兰氏染色为阳性，产生剧毒性细菌外毒素，即肉毒毒素。

肉毒梭菌的致病性在于其产生的神经毒素即肉毒毒素，这些毒素能引起人和动物中毒，根据肉毒毒素的抗原性，肉毒梭菌至今已有A、B、C（1、2）、D、E、F、G 7个型。引起人群中毒的，主要为A、B、E三型。C、D两型主要是畜、禽中毒的病原。F、G型肉毒梭菌极少分离到，未见G型菌引起人群中毒的报道。

肉毒梭菌广泛存在于自然界，被该菌污染的食品引起中毒的有腊肠、火腿、鱼及鱼制品和罐头食品等。在美国以罐头引发中毒较多，日本以鱼制品较多，在我国主要以发酵食品为主，如臭豆腐、豆瓣酱、面酱、豆豉等。其他也能引起中毒的食品还有熏制未去内脏的鱼、添馅茄子、油浸大蒜、烤土豆、炒洋葱、蜂蜜制品等。

控制措施：最根本的预防措施是加强食品卫生管理，改进食品的加工、调制及储存方法，改善饮食习惯，对某些水产品的加工可采取事先取内脏，通过保持盐水浓度为10%的腌制方法，使水活度低于0.85或pH为4.6以下，对于在常温储存的真空包装食品采取高压杀菌等措施，以确保抑制肉毒梭菌产生毒素，杜绝肉毒梭菌中毒事件的发生。

2.2.2　霉菌及其毒素

霉菌广泛存在于自然界，大多数对人体有益无害，但有些霉菌却是有害的。某些霉菌的产毒菌株污染食品后，会产生有毒的代谢产物，即霉菌毒素。食品受霉菌和霉菌毒素的污染非常普遍，当人类进食被霉菌毒素污染的食品后，人的健康会受到直接损害。霉菌毒素是一些结构复杂的化合物，由于种类、剂量的不同，造成人体危害的表现也是多样的，可以是急性中毒，也可表现为肝脏中毒、肾脏中毒、神经中毒等。目前，已知可污染粮食及食品并发现具有产毒菌株的霉菌有曲霉属、镰刀菌属、交链孢霉属、粉红单端孢霉、木霉属、漆斑菌属、黑色葡萄穗霉等。

黄曲霉毒素（Aflatoxin，AF）是黄曲霉和寄生曲霉的代谢产物。寄生曲霉的所有菌株都能产生黄曲霉毒素，但我国寄生曲霉罕见。黄曲霉是我国粮食和饲料中常见的真菌，由于黄曲霉毒素的致癌力强，因而受到重视，但并非所有的黄曲霉都是产毒菌株，即使是产毒菌株也必须在适合产毒的环境条件下才能产毒。

黄曲霉毒素的化学结构是一个双氢呋喃和一个氧杂萘邻酮，现已分离出B_1、B_2、G_1、G_2、M_1、M_2等十几种。其中，B_1的毒性和致癌性最强，它的毒性比氰化钾大100倍，仅次于肉毒素，是真菌毒素中最强的；致癌作用比已知的化学致癌物都强，比二甲基亚硝胺强75倍。黄曲霉毒素具有耐热的特点，裂解温度为280℃，在水中溶解度很低，能溶于油脂和多种有机溶剂。

黄曲霉生长产毒的温度范围是 12～42℃，最适产毒温度为 33℃，最适 A_w 值为 0.93～0.98。

黄曲霉毒素污染可发生在多种食品上，如粮食、油料、水果、干果、调味品、乳和乳制品、蔬菜、肉类等。其中以玉米、花生和棉籽油最易受到污染，其次是稻谷、小麦、大麦、豆类等。

霉菌及其毒素污染食品后从食品卫生学角度应该考虑两方面的问题，即霉菌及其毒素通过食品引起食品腐败变质和人类中毒的问题。

霉菌及其毒素控制，预防霉菌污染为根本措施，具体包括：①降低温度；②降低粮食水分；③通风干燥，控制环境湿度；④减少氧气含量；⑤降低粮粒损伤程度；⑥培育抗霉新品种。

去毒措施：①挑选霉粒；②碾压水洗；③油碱炼去毒；④油吸附（白陶土或活性炭）去毒；⑤紫外线照射去毒。

2.2.3 病毒

病毒是微生物中最小的一个类群，比细菌小得多，要在电子显微镜下才能看见，其外形多种多样，大体上呈圆形、椭圆形、砖头状或杆状、精子状等，它专性寄生，必须在活体细胞中生长繁殖。它没有细胞结构，大多数病毒是蛋白质和核酸组成的大分子；所含的核酸只有一种类型（DNA 或 RNA），它的繁殖必须依附于宿主细胞而进行。病毒广泛存在于生物体中，至今已发现 600～700 种，能感染人的就有 300 种以上。根据寄生对象划分，可将病毒大致分为侵染细菌的噬细菌病毒、侵染植物的噬植物病毒、侵染动物的噬动物病毒。与食品关系密切的主要是细菌病毒，即噬菌体。

2.2.3.1 病毒污染食品的途径

病毒的主要来源包括病原携带者、受病毒感染的动物、环境与水产品中的病毒。病毒可通过以下 4 条主要途径污染食物。

① 污染港湾水　污水污染了港湾水就可能污染鱼和贝类。牡蛎、蛤和贻贝是过滤性进食，水中的病原体通过其黏膜而进入，然后转入消化道。如果整个生吃贝类，那么，病毒同样也被摄入。

② 污染灌溉水　被病毒污染的灌溉用水能够将病毒留在水果或蔬菜表面，而这些果蔬通常是用于生食。

③ 污染生活饮用水　如果用被污染的饮用水冲洗食品或作为食品的配料，恰巧被人喝下，那么饮用水就可以传播病毒。

④ 个人卫生不良　病毒通过粪便污染食物加工者的手，可被带到食物中去。即食食品如面包等直接入口的食品必须引起特别注意，而实际上，任何由含有病毒的人类粪便所污染的食物，都可能引起疾病。

2.2.3.2 常见污染食品的病毒

（1）肝炎病毒

肝炎病毒是引起病毒性肝炎的病原体。病毒性肝炎是当前危害人类健康的疾病之一。目前，已发现的肝炎病毒主要有 5 种，它们是甲型肝炎病毒（HAV）、乙型肝炎病毒（HBV）、丙型肝炎病毒（HCV）、丁型肝炎病毒（HDV）、戊型肝炎病毒（HEV）。它们的特性、传播途径、临床症状均不完全相同（表 2-1），但它们均能引起肝脏病变。

表 2-1　五种类型病毒性肝炎比较

项目	甲型肝炎	乙型肝炎	丙型肝炎	丁型肝炎	戊型肝炎
病毒	HAV	HBV	HCV	HDV	HEV
病毒分类	微小核糖核酸病毒	嗜肝脱氧核糖核酸病毒	黄病毒	（缺陷病毒）	杯状病毒
病毒大小	27nm	42nm	30～60nm	40nm	27～34nm
基因	ss RNA（+） 7.8kb	dsDNA 3.2kb	ssRNA（+） 10.5kb	ssRNA(-) 1.7kb	ssRNA（+） 3.5kb
抗原	HAVAg （VP1～4）	HBsAg HBcAg HBeAg	HCVAg	HDVAg	HEVAg
传播途径	肠道传播	肠道外及性传播	多数肠道外传播	多数肠道外传播	肠道传播
潜伏期（范围）	25 天(15～45 天)	75 天(40～120 天)	50 天(15～90 天)	50 天(25～75 天)	40 天(20～30 天)
慢性化	无	3%～10%	40%～70%	2%～70%	无
暴发性肝炎	0.2%	0.2%	0.2%	2%～20%	0.2%～10%
控制措施	加强卫生宣教工作和饮食业卫生管理，食物充分加热后食用，管好粪便，保护水源，加强免疫等是预防肝炎的主要环节				

其中甲型肝炎病毒与戊型肝炎病毒由消化道传播，引起急性肝炎。乙型与丙型肝炎病毒均由输血、血制品或注射器污染而传播，除引起急性肝炎外，可致慢性肝炎，并与肝硬化及肝癌相关。丁型肝炎病毒为一种缺陷病毒，必须在乙型肝炎病毒等辅助下方能复制，故其传播途径与乙型肝炎病毒相同。近年来还发现一些与人类肝炎相关的病毒，如己型肝炎病毒（HFV）、庚型肝炎病毒（HGV）和 TT 型肝炎病毒（TTV）等。

（2）诺如病毒

诺如病毒又称为小圆结构病毒，在病毒引起的肠道传染病中，诺如病毒属于常见的致病原，它已成为很多国家非细菌性肠胃炎的最主要致病原。该病毒引致的肠道传染病于冬季较常见，并且人类是该病毒唯一已知的宿主。

传播途径：受粪便污染的食品及水则是诺如病毒主要的传播媒介，其他的传播途径包括空气，与受感染的病人有亲密接触，直接接触受污染的物件。由于诺如病毒可存在于污水内，贝类海产品若生长于污水区或其附近水域，蔬菜经污水灌溉，受此病毒污染的机会就会大大增加。进食一些生的或未经煮熟的食品（包括贝类海产及生的蔬菜）较易受诺如病毒感染。在我国香港，就曾发现进食生蚝与诺如病毒所导致的食物中毒个案有关。在其他国家，亦已确定冰块、生的蔬菜和贝类海产品均是诺如病毒食物中毒的主要传染媒介。

诺如病毒潜伏期为 24～48h，中毒表现为病毒性胃肠炎、急性非细菌性胃肠炎。该病毒引起的肠道疾病较轻微而且短暂，主要表现为突发的恶心、呕吐、腹泻、腹痛。吐泻物为水样，伴有低热、头痛、乏力及食欲减退，病程一般为 2～3 天。感染剂量不清楚，但可能较低。

控制措施：加强患者及其排泄物的管理；避免进食受污染的食品；确保食品、个人及环境卫生；尽量少吃生的或半生食品。

（3）禽流感病毒

禽流感病毒（Avian Influenza Virus，AIV）一般为球形，直径为 80～120nm，但也常有同样直径的丝状形态，长短不一。病毒表面有 10～12nm 的密集钉状物或纤突覆盖，病毒囊膜内有螺旋形核衣壳。两种不同形状的表面钉状物是 HA（棒状三聚体）和 NA（蘑菇形四聚体）。流感病毒的抗原结构分为 H 和 N 两大类。H 代表 Hemagglutinin（血细胞凝集素），有如病毒的钥匙，用来打开及入侵人类或牲畜的细胞；N 代表神经氨酸酶（Neuramidinase），是帮助病毒感染其他细菌的酵素。

在野外条件下，禽流感病毒常从病禽的鼻腔分泌物和粪便中排出，病毒受到这些有机物的保护极大地增加了抗灭活能力。此外，禽流感病毒可以在自然环境中，特别是凉爽和潮湿的条件下存活很长时间。粪便中病毒的传染性在 4℃ 条件下可以保持长达 30～50 天，20℃时为 7 天。

人感染禽流感病毒后的临床症状：①急性起病，早期表现类似普通流感，主要为发热、流涕、鼻塞、咳嗽、咽痛、头痛、全身不适，有些患者可见眼结膜炎。②体温大多持续在 39℃ 以上，热程 1～7 天，一般为 2～3 天。③部分患者可有恶心、腹痛、腹泻、稀水样便等消化道症状。④半数患者有肺部实变体征；淋巴细胞大多减少；骨髓穿刺显示细胞增生活跃，反应性组织细胞增生伴出血性吞噬现象；部分患者 ALT（丙氨酸氨基转移酶）升高，咽拭子细菌培养阴性；⑤半数患者胸部 X 射线摄像显示单侧或双侧肺炎，少数伴胸腔积液。

传播途径：①经过呼吸道飞沫与空气传播。病禽咳嗽和鸣叫时喷射出带有 H5N1 病毒的飞沫在空气中飘浮，人吸入呼吸道被感染发生禽流感。②经过消化道感染。进食病禽的肉及其制品、禽蛋，病禽污染的水、食物，用病禽污染的食具、饮具，或用被污染的手拿东西吃，受到传染而发病。③经过损伤的皮肤和眼结膜容易感染 H5N1 病毒而发病。

预防措施：远离家禽的分泌物，尽量避免触摸活的鸡、鸭等家禽及鸟类；保持空气清新；注意个人卫生；避免食用未经煮熟的鸡、鸭；发现有类似流感症状要及时就诊等。

（4）疯牛病病毒

牛海绵状脑病（Bovine Spongiform Encephalopathy，BSE）又称疯牛病，它是一种侵犯牛中枢神经系统的慢性的致命性疾病，是由一种非常规的病毒——朊病毒引起的一种亚急性海绵状脑病，这类病还包括绵羊的痒病、人的克-雅氏病（Creutzfeldt-Jakob Disease，CJD）（又称早老痴呆症）以及致死性家庭性失眠症，等等。共同特征是：生物体的认知和运动功能严重衰退直至死亡。

朊病毒（Prion）是一类非正常的病毒，它不含有病毒通常所含的核酸，而是一种不含核酸仅有蛋白质的蛋白感染因子。其主要成分是一种蛋白酶抗性蛋白，对蛋白酶具有抗性。

朊病毒从一类动物传染给另一类动物后，即这种病毒跨物种传播后，其毒性更强，潜伏期更短。

此病临床表现为脑组织的海绵体化、空泡化、星形胶质细胞和微小胶质细胞的形成以及致病性蛋白积累，无免疫反应。

人感染途径：一是食用了患疯牛病的牛肉及其制品，特别是从脊椎剔下的肉；二是接触含有病畜原料成分的制品，或接触病畜污染的牧场；三是使用病畜内脏制备的药品等造成医源性传播。

控制措施：对于疯牛病，目前还没有什么有效的治疗办法，只有防范和控制这类病毒在牲畜中的传播。一旦发现有牛只感染了疯牛病，只能坚决予以宰杀并进行焚化深埋处理。但也有说法认为，染上疯牛病的牛只即使经过焚化处理，灰烬仍然含朊病毒，把灰烬倒在堆田区，病毒就可能会因此而散播。

（5）口蹄疫病毒

口蹄疫是由口蹄疫病毒（Foot-and-mouth Disease Virus，FMDV）感染引起的偶蹄动物共患的急性、热性、接触性传染病，最易感染的动物是黄牛、水牛、猪、骆驼、羊、鹿等，黄羊、麝、野猪、野牛等野生动物也易感染此病。本病以牛最易感，羊的感染率低。口蹄疫在亚洲、非洲和中东以及南美均有流行，在非流行区也有散发病例。

口蹄疫病毒是偶蹄类动物高度传染性疾病。口蹄疫的病原，由一条单链正链 RNA 和包裹于周围的蛋白质组成，蛋白质决定了病毒的抗原性、免疫性和血清学反应能力；病毒外壳为对称的二十面体。FMDV 在病畜的水疱内和淋巴液中含毒量最高。感染了该病毒的动物在发热期间其血液内含毒量最多，奶、尿、口涎、泪和粪便中都含有 FMDV。不过，FMDV 也有较大的弱点，即耐热性差，所以夏季很少暴发，而病畜的肉只要加热超过 100℃ 也可将病毒全部杀死。

人一旦受到口蹄疫病毒感染，经过 2~18 天的潜伏期后突然发病，表现为发热，口腔干热，唇、齿龈、舌边、颊部、咽部潮红，出现水疱（手指尖、手掌、脚趾），同时伴有头痛、恶心、呕吐或腹泻。患者在数天后痊愈，预后良好，但有时可并发心肌炎。患者对他人基本无传染性，但可把病毒传染给牲畜，再度引起畜间口蹄疫流行。

传播来源和途径：病畜和带毒畜是主要的传染源，它们既能通过直接接触传染，又能通过间接接触传染给易感动物。口蹄疫主要通过消化道和呼吸道，损伤的皮肤、黏膜以及完整皮肤（如乳房皮肤），眼结膜传播，另外还可通过空气、尿、奶、精液和唾液等传播。

控制措施：我国对口蹄疫的防治预防主要通过疫苗注射接种，发生口蹄疫的牲畜则捕杀，无害化处理。

2.2.4　食源性寄生虫

国家卫生健康委 2019 年初发布第三次全国人体重要寄生虫病现状调查结果，我国重点寄生虫病人群感染率显著下降，全国总感染率降到 6% 以下，绝大部地区均已处于低度流行或散发状态。华支睾吸虫病等各种食源性寄生虫病感染也已经明显下降。土源性线虫感染较第二次调查下降幅度达 80% 以上，寄生虫病仍是危害经济欠发达地区与偏远农村地区群众身体健康的重要公共卫生问题。

食源性寄生虫病是进食生鲜的或未经彻底加热的含有寄生虫虫卵或幼虫的食品而感染的一类疾病的总称。目前，对人类健康危害严重的食源性寄生虫有华支睾吸虫（肝吸虫）、卫氏并殖吸虫（肺吸虫）、姜片虫、猪囊尾蚴、旋毛虫、溶组织内阿米巴、隐孢子、肉孢子虫、蓝氏贾第鞭毛虫、贝氏等孢球虫、微孢子虫、人芽囊原虫、结肠小袋纤毛虫、刚地弓形虫、广州管圆线虫等。通常这类疾病是通过进食生鱼片、生鱼粥、生鱼佐酒、醉虾蟹或未经彻底加热的涮锅、烧烤的水生动植物感染。而抓鱼后不洗手、使用切过生鱼的刀及砧板切熟食或用盛过生鱼的器皿盛熟食也能使人感染，饮用含有囊蚴的生水则是感染姜片虫的另一种重要方式。

食源性寄生虫病发病后可出现不同的症状或体征：华支睾吸虫病的危害主要是肝受损，轻者可以引起腹痛、腹泻、营养不良、肝肿大，重者可以出现肝硬化、腹水和侏儒症。感染肺吸虫囊蚴后，童虫或成虫在人体组织与器官内移行，若寄居在肺，患者有咳嗽、胸痛的症状，寄居在脑则出现癫痫、偏瘫等，寄居在肝主要表现为肝大、肝痛，寄居在皮下则形成移行性包块或结节。感染姜片虫后可出现腹痛、腹泻、营养不良等现象。广州管圆线虫的幼虫在人体移行，病变集中在脑组织，可引起剧烈头痛、恶心、呕吐、发热及颈硬等，严重者出现瘫痪、嗜睡、昏迷甚至死亡。另外，因生食或半生食猪肉而感染猪带绦虫（又叫猪肉绦虫、链状带纤虫），可出现消化道症状，并发肠梗阻、阑尾炎；人若食入含有猪带绦虫卵的食物还可以引起脑囊虫病，造成癫痫、脑膜炎等严重后果。

因此，应该从食品安全的源头抓起，要把好"病从口入"关，改变生食或半生食淡水鱼和肉类的饮食习惯；注意饮食卫生，减少感染机会；加强对鱼类等食品的卫生检疫工作；加强对群众的宣传教育。

2.2.5　各类害虫

粮食收获后会遭受老鼠、昆虫和螨类等各种害虫的危害，根据国际植物保护机构的估计，全世界仅昆虫造成的收获后的粮食产量损失达到10％，若把食品全部包括在内，损失更大。这些害虫不仅使食品的产量与质量受到损失，而且有些昆虫和螨类还能使人产生疾病。危害食品的害虫主要有鼠类、苍蝇、甲虫、蚂蚁、蛾类、蟑螂、螨类等。

老鼠盗食、糟蹋粮食数量非常大，造成物品损坏，更主要的是老鼠是许多疾病的传播媒介。老鼠身上带有细菌、寄生虫等病原体和蜱、螨、蚤等媒介昆虫，在四处活动中造成食品的污染，并能传播很多种传染病。消灭老鼠是餐饮行业和食品行业卫生管理中的一项常规性重要工作，可采用器械或药物灭鼠，同时要做好食品的保管工作。

苍蝇是日常生活中最常见、最主要的传播疾病的媒介昆虫，也是食品卫生中普遍存在的老问题。苍蝇可传播几乎所有病原体如病毒、细菌、霉菌、寄生虫。控制措施：防止其飞入加工、储藏、制备及经营食品的区域，从而减少这些区域中苍蝇的数量。

甲虫、蛾通常出没于干燥的储藏区内，根据织物和食品与包装材料中的蛀洞可以鉴别害虫的种类。蚂蚁、甲虫和蛾生长所需的食物量很少，所以保持良好的环境卫生、合理存放食物及其他物品是防治这些害虫的必要条件。

蟑螂又名蜚蠊，是广泛污染食品的害虫。它能分泌一种臭味物质，体内常带有细菌、病毒等多种病原体，可污染食物及传播疾病。防治措施：①保持环境卫生；②消除蟑螂的栖息场所；③化学药剂防治（二嗪农、除虫菊酯等）。

螨类污染食物如奶粉、糕点、干果、粮食后，会引起人类肠道疾病。

预防昆虫引起的生物性危害，一般可采取切断污染源，加强食品卫生管理和完善贮藏条件等措施。

2.2.6　生物毒素

2.2.6.1　生物毒素概述

生物毒素又称天然毒素，是指生物来源并不可自我复制的有毒化学物质，包括动物、植物、微生物产生的对其他生物物种有毒害作用的各种化学物质。

人类对生物毒素的最早体验源于自身的食物中毒。据统计，由食用真菌、植物和鱼贝等引起的食物中毒的发生率远远高于化学中毒。生物毒素离人类并不遥远，被蛇类及其他动物咬伤仍然是热带和亚热带地区常见的中毒现象；随着人类对海洋生物利用程度的增加，形成赤潮的藻类毒素中毒、西加中毒和麻痹神经性中毒的发生率有日趋增加的趋势；污染谷类的黄曲霉毒素、杂色曲霉毒素等，玉米、花生作物中的真菌霉素等都已经证明是地区性肝癌、胃癌、食道癌的主要诱导物质；现代研究还发现自然界中存在与细胞癌变有关的多种具有强促癌作用的毒素，如海兔毒素等。生物毒素除以上对人类的直接中毒危害以外，还可以造成农业、畜牧业、水产业的损失和环境危害，如紫茎泽兰等有毒植物对我国西部畜牧业的危害和赤潮对海洋渔业造成的损失等。

由于生物毒素的多样性和复杂性，许多生物毒素还没有被发现或被认识，因此时至今日，生物毒素中毒的救治与公害防治仍然是世界性的难题。

2.2.6.2　常见的生物毒素种类及其危害

根据生物毒素的来源和产生方式不同，将其分为内因毒素和外因毒素。由食品原料自身产生并带进最终食品中的为天然内因毒素，由食品原料以外其他天然方式产生的且污染食品的或在食品中蓄积的为天然外因毒素。

（1）天然内因毒素

食用的少数动、植物在生长过程中，某个器官或部位会产生一些对人体有害的物质，它们可随着生长而被破坏或逐渐蓄积。这些有害物质概括起来有以下几类。

① 有毒蛋白类　目前所发现的有毒蛋白质主要来自植物性食品，包括血凝素和酶抑制剂。血凝素是某些豆科、大戟科等蔬菜中的有毒蛋白质。这类毒素现在已发现 10 多种，包括蓖麻毒素、巴豆毒素、相思子毒素、大豆凝集素、菜豆毒素等。凝集素含量最高的农作物是红腰豆，生的红腰豆含有 20000～70000 凝集素单位，煮熟后仍有 200～400 凝集素单位。

酶抑制剂主要是胰蛋白酶抑制剂和淀粉酶抑制剂，能引起消化不良和过敏反应，有人称其为过敏原。人们食用的黄豆中已发现至少有 16 种蛋白质能引起过敏反应，其中主要的过敏原是胰蛋白酶抑制剂。

② 有毒氨基酸　主要指有毒的非蛋白氨基酸。在发现的 400 多种非蛋白氨基酸中，有 20 多种具有积蓄中毒作用，且大都存在于毒草和豆科植物中；它们作为一种"伪神经递质"取代正常的氨基酸，而产生神经毒性。另外，还有一些含硫、氰的非蛋白氨基酸可在体内分解为有毒的氰化物、硫化物而间接发生毒性作用。重要的毒性非蛋白氨基酸是刀豆氨酸、香豌豆氨酸等。值得注意的是色氨酸是蛋白氨基酸，现已发现它的某些衍生物对中枢神经有毒害作用。

③ 生物碱类　生物碱类是存在于毛茛科、芸香科、豆科等许多植物根、果中的有毒生物碱，成分极其复杂，依其化学结构可细分为非杂环氮类、吡咯烷类、吡啶类、哌啶类、异喹啉类、吲哚类和萜类等。根据生物源特点可分为原生物碱、真生物碱和伪生物碱；典型的生物碱是吡咯烷生物碱。它们能引起摄食者轻微的肝损伤，但中毒的第一反应是恶心、腹痛、腹泻甚至腹水，连续食用生物碱食品 2 周甚至 2 年才有可能出现死亡，一般中毒者都可康复。由于生物碱大都具有苦涩性，容易使动物产生拒食，所以引起人体生物碱中毒的主要食物源：一是农作物被含生物碱的杂草污染，进入面粉及相关食品中；二是食用含生物碱植物的动物所产的奶和蜂蜜等食品；三是特殊食疗食品、个别调味料和特殊提取物饲料等。

④ 蕈毒素　食用野生毒蘑菇而引起的食物中毒称蕈毒中毒，其有毒物质称为蕈毒素。目前已发现的蕈毒素主要有鹅膏菌素、鹿花菌素、蕈毒定、鹅膏蕈氨酸、蝇蕈醇和二甲-4-羟基色氨磷酸等。最典型的毒素是产生原生毒的鹅膏菌素，这种毒素潜伏期平均 6～15h，潜伏期后期症状突然发作，表现出剧烈腹痛、不间断呕吐、水泻、干渴和少尿，随后病程很快进入不可逆的严重肝脏、肾脏以及骨骼肌损伤，表现出黄疸、皮肤发绀和昏迷，中毒死亡率一般为 50％～90％，个别救治及时的中毒者康复期至少需要一个月。由于蕈毒素不能通过热处理、罐装、冷冻等食品加工工艺被破坏，许多毒素化学结构还没有确定而无法检测，再加上有毒和无毒蘑菇不易辨别，所以目前唯一的预防措施是避免食用野生蘑菇。

⑤ 毒苷和酚类衍生物　主要毒苷化合物是氰苷。典型的有苦杏仁苷、芥子油苷、甾苷、多萜苷等，它们蓄积在植物的种子、果仁和茎叶中，在酶的作用下它们在摄食者体内水解生成剧毒氰、硫氰化合物而使人中毒。

食品原料尤其是植物性原料中往往含有一些酚类化合物，其中的简单酚类毒性很小，有杀菌、杀虫作用；但食品中还含有复杂酚类如香豆素、鬼臼毒素、大麻酚和棉酚等特殊结构的酚类化合物，最典型的食物中毒是棉籽引发的棉酚中毒。

⑥ 动物甲状腺素和肾上腺素　动物甲状腺内含有甲状腺素，其毒理作用是使组织细胞的氧化速率突然提高，分解代谢加速，产热量增加，扰乱正常的内分泌活动，使机体代谢平衡失调。食用 2～3g 就可引起类似甲状腺功能亢进的中毒反应，出现头晕、头痛、烦躁、失眠、心慌、气短、四肢酸痛、疲乏无力、腹痛、恶心及呕吐等症状；有些人还可出现皮疹、水疱、下肢水肿、手指震颤和精神失常。中毒潜伏期一般 1～10d，一般 12～36h 出现症状。甲状腺耐高温，一般烧煮方法不能使之无害化。

肾上腺俗称"小腰子"，分别在两肾脏两端上侧，其含有肾上腺素，肾上腺素会使心脏收缩力上升，使心脏、肝和筋骨的血管扩张，使皮肤、黏膜的血管收缩。过量食用肾上腺素后会引起头昏、眼花、恶心、呕吐、腹痛、腹泻、手足发麻及心慌气短等；严重者可出现颜面苍白、瞳孔散大等反应。潜伏期短，食用后 15～30min 就会发病。

⑦ 动物胆汁毒素　动物胆汁含有胆汁毒素，此毒素不能被热与乙醇破坏，能够严重损伤人体的肝、肾，使肝脏变性坏死，肾脏肾小管受损，集合管阻塞，肾小球过滤功能降低，短时间内导致肝肾功能衰竭，也能损伤脑细胞和心肌。服用 2kg 以上的鱼的一个鱼胆，就出现中毒症状，服用 5～12h 就出现症状，起初恶心、呕吐、腹痛、腹泻，随之出现黄疸、肝肿大、肝功能变化、少尿、肾功能衰竭，严重者死亡。

⑧ 河鲀毒素　河鲀新鲜鱼肉中不含毒素，而肝脏、血液、皮肤、卵巢、肠道中均有毒素，为神经性中毒。河鲀毒素作为钠离子阻断剂，是最毒的天然产物之一。人类摄取一定量后先有手指、唇、舌的刺痛感，然后恶心、呕吐、腹泻，最后肌肉麻痹，呼吸困难、衰竭而死，致死率很高，湿组织每千克河鲀毒素含量达 5～30mg 时，对食用者就能致命。中毒无特效解毒药物，较轻中毒者经救治后完全康复需要 7d。在 pH 值为 1 的强酸条件下，100℃长时间煮沸可使毒源的毒性减弱，显然这种烹调方式是不可能的。因为河鲀鱼"有毒"已被人们广泛熟知，所以除了在日本因特殊嗜好中毒事件较多外，在其他国家包括我国实际中毒事件（除误食）并不比海藻毒素中毒更突出。

⑨ 蟾酥　蟾蜍耳后腺、皮脂腺可分泌蟾酥。蟾酥是一种药物原料，可作强心剂，具有解毒、消肿、强心、止痛作用，儿童不可服用。中毒症状为呼吸急促，肌肉痉挛，心跳不整，最后麻痹而死，阿托品对此有一定的解毒作用，肾上腺素对此则无解毒作用，蟾酥经煮沸后毒性大减。

（2）天然外因毒素

天然外因毒素大都由附在食品上的微小生物（如有害细菌、真菌、藻类等）产生，被人类的食物源所吸收并蓄积，最终危害误食者的健康。由微生物引起食源性疾患有两方面，一是由有害微生物本身引起的；二是由有害微生物在食品上代谢分泌的毒素引起。

2.3　化学性危害因素及其预防措施

食品中化学危害分为三类：天然存在的化学物质、有意添加的化学物质以及无意或偶尔进入食品的化学物质。天然存在的化学物质如天然毒素、植物蛋白酶抑制剂、植物凝集素、棉酚等；有意、无意或偶尔进入的化学

化学性危害因素
及其预防措施

物质如食品添加剂，农药、兽药，润滑剂、消毒剂、清洁剂，化学试剂等。

2.3.1 不合理使用食品添加剂

2.3.1.1 食品添加剂概述

食品添加剂是指为改善食品品质和色、香、味以及防腐和加工工艺的需要，加入食品中的化学合成或天然物质。

一般来说，食品添加剂按其来源可分为天然的和化学合成的两大类。天然食品添加剂是指以动植物或微生物的代谢产物等为原料，经提取所获得的天然物质；化学合成的食品添加剂是指采用化学手段，使元素或化合物通过氧化、还原、缩合、聚合、成盐等合成反应而得到的物质。目前使用的大多属于化学合成食品添加剂。按用途，各国对食品添加剂的分类大同小异，差异主要是分类多少的不同。美国将食品添加剂分成 16 大类，日本分成 30 大类，我国的国家标准 GB 2760—2014《食品安全国家标准 食品添加剂使用标准》将其分为 22 类：①酸度调节剂；②抗结剂；③消泡剂；④抗氧化剂；⑤漂白剂；⑥疏松剂；⑦胶基糖果中基础剂物质；⑧着色剂；⑨护色剂；⑩乳化剂；⑪酶制剂；⑫增味剂；⑬面粉处理剂品质改良剂；⑭被膜剂；⑮水分保持剂；⑯防腐剂；⑰稳定剂和凝固剂；⑱甜味剂；⑲增稠剂；⑳食品用香料；㉑食品工业用加工助剂；㉒其他。

食品添加剂的使用要求：

① 经过安全性毒理学评价证明在使用限量内长期使用对人体安全无害；

② 不影响食品感官理化性质，对食品营养成分不应有破坏作用；

③ 食品添加剂应有严格的卫生标准和质量标准，并经国家有关部门正式批准、公布；

④ 食品添加剂在达到一定使用目的后，经加工、烹调或储存时，能被破坏或排除；

⑤ 不得使用食品添加剂掩盖食品的缺陷或作为伪造的手段；

⑥ 不得使用非定点生产厂、无生产许可证及污染或变质的食品添加剂。

2.3.1.2 食品添加剂的安全性

随着食品工业的现代化，食品添加剂的研制和应用越来越广泛，据统计，全世界目前有一万多种食品添加剂。我国允许使用的食品添加剂（GB 2760—2014，食品安全国家标准 食品添加剂使用标准）有 22 类，并且每年都有不少新的品种被批准使用。粮农组织/世卫组织食品添加剂联合专家委员会在批准使用新的添加剂之前，首先要考虑它的安全性，搞清楚它的来源，并进行动物试验。经过科学试验证明，确实没有蓄积毒性，才能批准投产使用，并严格规定其安全剂量。假如该食品添加剂在动物试验中发生问题，则被淘汰。

食品添加剂的安全危害主要是滥用造成的，不合理使用食品添加剂具体表现在以下 4 个方面。

第一，不按国家规定的使用范围和使用量。如在大米上着色素、加香料，三黄鸡上涂黄色色素，茶叶中加绿色色素，枸杞用红色素浸泡等。

第二，为掩盖食品质量使用食品添加剂。如在不新鲜的卤菜中添加防腐剂，在变质有异味的肉制品中加香料、色素等。

第三，国家规定必须使用食品级的食品添加剂，但部分食品生产单位为降低成本，使用工业级产品。如在面制品中添加工业用碳酸氢钠，成本降低了一半，但其中铅和砷的含量严重超标。

第四，标识不注明，误导消费者。某些食品生产单位在产品中明明使用了食品添加剂，却在产品标识上标注"不含任何添加剂""不含防腐剂"等词误导或欺骗消费者。

2.3.2 农药、兽药残留

2.3.2.1 农药残留及其危害

广义的农药包括所有在农业中使用的化学品,狭义的农药一般是指用于防治农、林有害生物(病、虫、草、鼠等)的化学药剂,以及为改善其理化性状而用的辅助剂,还包括植物生长调节剂。目前,在国际交流中,已统一使用农药(Pesticide)一词,其定义和包括的范围也大体趋于一致,即狭义解释的农药。

化学农药施用以后,大部分由于风吹雨淋、日光分解和高温挥发等逐渐消失,但仍有一部分黏附在农作物的叶片上,被吸收或渗入植物体内;另一部分渗入土壤和水中,又被植物的根部摄取,进入植物体内;还有一部分散布到大气中,随雨水进入土壤和水中,被水生生物吸收。农药残留量是指使用农药后,残存在植物体内、土壤和环境中的农药及其有毒代谢物的量。

残留的农药可通过食物链逐步富集,并通过粮食、蔬菜、水果、鱼虾、肉、蛋、奶等食物进入人体,造成危害,严重时会造成身体不适、呕吐、腹泻甚至导致死亡。蔬菜农药残留超标,会直接危及人体的神经系统和肝、肾等重要器官;同时残留农药在人体内蓄积,超过一定量后会导致一些慢性疾病,如肌肉麻木、咳嗽等,甚至会诱发血管疾病、糖尿病和癌症等。为了防止农药残留所造成的危害,要大力推广使用高效、低毒、低残留农药。

2.3.2.2 兽药残留及其危害

兽药是指用于预防、治疗和诊断家畜、家禽、鱼类、蜜蜂、蚕以及其他人工饲养的动物疾病,有目的地调节其生理机能并规定作用、用途、用法、用量的物质(包括饲料添加剂)。其主要包括:血清制品、疫苗、诊断制品、微生态制品、中药材、中成药、化学药品、抗生素、生化药品、放射性药品及外用杀虫剂、消毒剂等。

兽药残留是指动物产品的任何可食用部分所含兽药的母体化合物及/或其代谢物,以及与兽药有关的杂质的残留。兽药残留已成为一个社会热点问题。药物残留不仅可以直接对人体产生急慢性毒性作用,引起细菌耐药性的增加,还可以通过环境和食物链的作用间接对人体健康造成潜在危害。

若一次摄入残留物的量过大,会出现急性中毒反应。如,在西班牙曾有43个家庭的成员在一次吃了牛肝后,发生了集体食物中毒。原因是牛肝中含大量由饲料而来的盐酸克伦特罗。

一些抗菌药物如青霉素、磺胺类药物、四环素及某些氨基糖苷类抗生素能使部分人群发生过敏反应。过敏反应症状多种多样,轻者表现为麻疹、发热、关节肿痛及蜂窝织炎等;严重时可出现过敏性休克,甚至危及生命。

药物及环境中的化学药品可引起基因突变或染色体畸变而造成对人类潜在的危害,如苯并咪唑类抗蠕虫药,通过抑制细胞活性,可杀灭蠕虫及虫卵,抗蠕虫效果良好。然而,其抑制细胞活性的作用使其具有潜在的致突变性和致畸性。

兽药残留对胃肠道菌群也有影响。正常机体内寄生着大量菌群,如果长期与动物性食品中低剂量残留的抗菌药物接触,就会抑制或杀灭敏感菌,耐药菌或条件性致病菌大量繁殖,微生物平衡遭到破坏,使机体易发感染性疾病,而且由于产生耐药性而难以治疗。

2.3.3 环境污染物

2.3.3.1 环境污染物概述

由环境污染带来的危害是多方面的，其中与人类健康直接相关的是环境对食品的污染。在食品的生产、加工、储存、运输和消费过程中，都有可能受到有毒有害化学品的污染，进而造成食品安全问题。

环境污染可以使环境中的物质组成发生改变，而且环境污染物可通过大气、水体、土壤和食物链等多种途径对人体产生影响，从而造成人体对生存的不适应。食品作为环境中物质、能量交换的产物，其生产、加工、贮存、分配和制作都是在一个开放的系统中完成的。那么，在食品的整个生命周期链中，都可能出现由环境污染因素而导致的食品不安全情况。

2.3.3.2 常见的环境污染物及其危害

（1）氟化物

氟化物是重要的大气污染物之一，氟化物主要来自生活燃煤污染及化工厂、铝厂、钢铁厂和磷肥厂排放的氟气、氟化氢、四氟化硅和含氟粉尘。氟能够通过作物叶片上的气孔进入植物体内，使叶尖和叶缘坏死，特别是嫩叶、幼叶受害严重。由于农作物可以直接吸收空气中的氟，而且氟具有在生物体内富集的特点，因此在受氟污染的环境中生产出来的茶、蔬菜和粮食的含氟量一般都会远远高于空气中氟的含量。另外，氟化物会通过禽畜食用牧草后进入食物链，对食品造成污染，危害人体健康。氟被吸收后，95％以上沉积在骨骼里。由氟在人体内积累引起的最典型的疾病为氟斑牙和氟骨症，表现为齿斑、骨增大、骨质疏松、骨的生长速率加快等。

（2）重金属污染物

重金属污染物多来源于矿山、冶炼、电镀、化工等产生的工业废水。若使用未经处理或处理不达标的污水灌溉农田，就会造成土壤和农作物的污染。重金属对植物的危害常从根部开始，然后再蔓延至地上部分，重金属会妨碍植物对氮、磷、钾的吸收，使农作物叶黄化、茎秆矮化，从而降低农作物产量和质量。水体中重金属对水生生物的毒性，不仅表现为重金属本身的毒性，而且重金属可在微生物的作用下转化为毒性更大的金属化合物，如汞的甲基化作用。曾经轰动世界的"水俣病"，就是日本九州岛水俣地区居民因长期食用受甲基汞污染的鱼贝类而引起的慢性甲基汞中毒。另外，水体中的重金属还可以经过食物链的生物放大作用，在水生生物体内富集，并通过食物进入人体，造成人类的慢性中毒。

（3）多氯联苯

多氯联苯是联合国环境署致力消除的12种持久性有机污染物之一，存在于水体、空气和土壤中，并通过食物这一途径进入人体，对环境和人体构成危害。由于多氯联苯的脂溶性强，进入机体后可贮存于各组织器官中，尤其是脂肪组织中含量最高。有关资料表明，人类接触多氯联苯可影响机体的生长发育，使免疫功能受损。孕妇如果多氯联苯中毒，胎儿将受到影响，发育极慢。多氯联苯还可导致癌症和免疫力低下。最典型例子是1968年发生在日本的米糠油中毒事件，受害者因食用被多氯联苯污染的米糠油而中毒，主要表现为皮疹、色素沉着、眼睑浮肿、眼分泌物增多及胃肠道症状等，严重者可发生肝损害，出现黄疸、肝性昏迷，甚至死亡。

（4）二噁英

二噁英为两组氯代三环芳烃类化合物的统称，是一种无色无味的脂溶性化合物，其毒性比氰化钠要高 50～100 倍，比砒霜高 900 倍，俗称"毒中之王"。二噁英主要是在一系列包括熔炼、纸浆的漂白以及生产某些除草剂和杀虫剂的工业生产过程中产生的有害副产品。此外，汽车尾气和香烟燃烧都可以产生二噁英。二噁英具有高度的亲脂性，容易存在于动物的脂肪和乳汁中，因此，常见且易受到二噁英污染的是鱼、肉、禽、蛋、乳及其制品。人体中的二噁英主要来源于膳食。它具有强烈的致癌、致畸作用，同时还具有生殖毒性、免疫毒性和内分泌毒性。如果人体短时间暴露于较高浓度的二噁英中，就有可能会导致皮肤的损伤，如出现氯痤疮及皮肤黑斑，还出现肝功能的改变。如果长期暴露则会对免疫系统、发育中的神经系统、内分泌系统和生殖功能造成损害。

2.4 物理性危害及控制措施

2.4.1 食品中的物理性危害及其种类

物理性危害包括任何在食品中发现的不正常的有潜在危害的外来物，例如食品与金属的接触，特别是机器的切割和搅拌操作及使用中部件可能破裂或脱落的设备，如食品生产加工中使用的金属网与皮带，都可能使金属碎片进入产品。此类碎片会对消费者构成危害。

物理性危害及
控制措施

在食品中能引起物理性危害的主要物质种类及来源：①玻璃、罐、灯罩、温度计、仪表表盘等；②石块、装修材料、建筑物等；③塑料、包装材料、原料等；④珠宝、首饰、纽扣等；⑤放射性物质、食品超剂量辐照等；⑥其他外来物。

2.4.2 物理性危害的预防措施

2.4.2.1 应用于检查食品原料的方法

可通过视觉方法（最常用也是较有效的方法）、金属探测器、瓶底及瓶边扫描仪、X 射线照射等方法进行食品原料中物理性危害的检查。

2.4.2.2 应用于检查食品生产过程的方法

① 建立完善的设施设备定检、巡检制度，经常检查及维修用具，确保设备正常运转，避免害虫的出没。

② 拆除包装、处理食物和包装食物的地点要分隔清楚，并且要经常保持整齐清洁，拆下的包装物要及时处理或弃掉，以免滋生害虫。

③ 加工过程中操作间光线要充足，以便察觉异物，尤其是以玻璃瓶包装食物的工作间。

④ 操作过程中使用小竹竿、牙签这类物品时要特别小心，这些用品的处理和存放方式要有条理，以免掉进食物中。

⑤ 员工工装要合乎标准，工作时严禁佩戴饰品，要有良好的工作习惯，不携带不必要的东西（零食等）进入操作间。

⑥ 鼓励员工在工作中发现问题或怀疑有污染可能时，要及时向管理者报告，及时采取补救检查措施。

2.4.2.3 能够降低物理性危害的措施

① 建立完善的食品安全计划，从原料采购、验收、储存、加工的每个环节制定完善的标准制度、流程，培训员工熟知。

② 加强规范流程执行情况的检查，及时发现问题并纠偏，并形成文字性案例以培训员

工，进而杜绝类似事件发生。

③ 定期维护硬件设备，创造良好的生产加工环境。

2.5 放射性危害因素及其预防措施

食品吸附的人为的放射性核素高于自然放射性本底时，称为食品的放射性污染。污染食品的放射性物质主要来自工农业生产和科学实验中排放的核素废物、核爆炸的沉降灰以及核装置的意外事故等。污染食品的放射性核素种类很多，产量高、半衰期长且能在人体长期储留的放射性核素，如 ^{90}Sr、^{137}Cs、^{89}Sr、^{131}I 和 ^{14}C 等对人体危害极大。这些放射性核素进入人体后，分别参加其同位素的代谢，引起白细胞减少、血象改变、生化变化以至致癌等。

例如 ^{131}I 是在核爆炸中早期出现的最突出的裂变产物，它可通过牧草进入牛体造成牛奶污染；通过消化道进入人体，可被胃肠道吸收，并且有选择性地浓集于甲状腺中，造成甲状腺损伤和可能诱发甲状腺癌。^{90}Sr 在核爆炸过程中大量产生，污染区牛奶、羊奶中含有大量的 ^{90}Sr，^{90}Sr 进入人体后参与钙代谢过程，大部分沉积于骨骼中。^{137}Cs 易被机体充分吸收，化学性质与钾相似，参与钾的代谢过程，随血液分布全身，无特殊浓缩器官，主要通过尿液排出，通过肠道可排出部分，奶中排出少量。

食品放射性污染的卫生学意义在于它的小剂量长期内照射作用。预防其污染及防止对人体危害应加强对污染源的经常性卫生监督。定期进行食品卫生监测，严格执行卫生标准，使食品放射性污染量控制在限制浓度范围内。

2.6 食品加工、贮藏、运输与包装

2.6.1 食品加工与食品安全

大多数食品加工可以提高食品的安全性，例如，牛奶巴氏杀菌可以杀灭有害菌群、豆奶煮沸过程使蛋白酶抑制剂失活等。但是由食品加工不当或不良饮食习惯造成的食物中毒，引起社会广泛关注。

细菌性食物中毒与食品加工方式密切相关。例如，1998 年以来，美国、加拿大因食用受李斯特菌污染的"热狗"、香肠、午餐肉等制品而发病、死亡的报道有多起，这种菌对食品的污染和危害，已引起世界各国的重视。动物屠宰、加工、包装、运输过程中的污染和冷藏期污染的控制，对食品、肉制品加工过程中的消毒、灭菌措施是否妥当，都关系到李斯特菌是否会污染食品。此外，在英国和美国，食用生的或未进行巴氏消毒的牛奶也是食物中毒的重要原因。

传统的发酵工艺一般被认为是安全的，但随着科技的进步，有关食品工作者也在对其进行食品安全检测，并对其进行新的安全性评价。例如，我国利用红曲霉已经有数千年的历史，人们一直认为红曲霉及其发酵产物红曲色素是安全的，但研究结果表明，在一定条件下，红曲霉会产生橘霉素（Citrinin，$C_{13}H_{14}O_5$），这种毒素能导致畜禽肝脏、肾及中枢神经中毒。有关实验表明色素及橘霉素的产生与菌体生长有一定的偶联关系，发酵过程中和橘霉素产生过程中一定要控制菌种和发酵条件，降低色素中橘霉素含量至安全水平。

食品加工不当产生的化学有害物质也越来越引起人们的重视，例如"酱油氯丙醇"事件，油炸食品中产生丙烯酰胺等。

2.6.2 食品贮藏、运输与食品安全

有些食品可能由贮藏不当引起食品安全问题。如玉米、稻谷、花生、棉籽、椰子、核桃及其他坚果等由于贮藏不当而发生霉变，产生的霉菌毒素有可能污染食品从而带来安全问题。

马铃薯贮藏不当也会引起食物中毒，这是因为马铃薯的芽及其周围的皮层组织中存在着有毒的龙葵素，如果食入超量就会产生恶心、腹泻、腹痛等胃肠障碍，还会产生晕眩、胸闷、轻度神经症状等，严重时甚至危及生命。

许多食品在生产过程中采用巴氏杀菌进行消毒，需要在冷藏条件下进行贮藏、运输和销售，如果未采用冷藏条件或在冷藏条件下超过保质期，食品中的微生物就会大量繁殖，可能导致食物中毒的发生，冰箱中超过保质期的鲜奶、酸奶，开盖后冷藏超过 7d 的果汁饮料等都不能食用。

同样在运输过程中，由于运输温度、湿度不当及运输环境卫生条件差造成食品腐败变质和二次污染，也会引起食品安全问题。

2.6.3 食品包装与食品安全

食品包装是现代食品工业的最后一道工序，它起着保护、宣传和方便食品贮藏、运输、销售的重要作用。在一定程度上，食品包装已经成为食品不可分割的重要组成部分，对食品质量产生直接或间接的影响。然而，由于食品包装材料以及印刷油墨有害物质残留过高，食品被污染而引起的中毒事件时有发生，不但危害消费者的身体健康，而且影响我国整个食品包装业，甚至是食品工业的健康发展。国家已经把食品包装列入质量监管行列，进行重点监管，也就是说，食品包装和食品安全同等重要。

包装的一项基本功能是保护内部食品的安全，然而，目前市场上一些劣质的食品包装不仅没有起到保护食品的作用，反而由于包装本身不合格而污染了食品。由包装而导致的食品安全问题的原因是多方面的，归结起来，主要有以下几点。

① 包装材料的问题 一些小型企业或家庭作坊利用工业级包装材料甚至再生原料制作食品包装，特别是塑料制品，利用垃圾站收拣的废旧塑料垃圾、农用薄膜、医院废弃物等回收加工，未经消毒处理，就作为食品用包装物投入市场。这些再生塑料虽然在加工过程中经高温加热，但其中的增塑剂、稳定剂和甲醛等种种有害物质却不能完全去除掉，用这种塑料制品包装直接入口的食品，会对人体健康造成严重的损害，长期使用将引起慢性中毒甚至致癌。

② 违规添加各种原料或助剂 以食品保鲜盒为例，有的厂家为了降低成本，在产品中添加滑石粉、碳酸钙等竟超过了 50%，有的高达 80%，这就导致其中的醋酸蒸发残渣以及正己烷蒸发残渣严重超标，甚至超过国家标准上百倍。食品温度较高或微波炉加热时，有害物质就会溶解在食物中，长期摄入会导致消化不良、肝系统病变等，甚至导致胆结石等疾病，对身体健康造成重大危害。如果其中含有工业石蜡，甚至可能致癌。

③ 印刷 油墨中苯类溶剂及重金属残留的问题。如，2005 年初，甘肃某食品厂发现生产的薯片有股很浓的怪味，经过检测，怪味来自食品包装袋印刷油墨里的苯。

2.7　食物过敏及其预防措施

人类对食物过敏的认识经历了一个漫长过程，直到 20 世纪 80 年代末，食物过敏仍然被认为是食品安全领域的一个次要问题。近年来流行病学研究显示，约 33％的过敏反应是由食物诱发的，严重时甚至会危及生命。由此，食物过敏对大众健康的影响才开始受到重视，成为全球关注的公共卫生问题之一。

食物过敏及其
预防措施

食物过敏，即食物变态反应，是一种特殊的病种。通俗地说，就是指某些人在吃了某种食物之后，引起身体某一组织、某一器官甚至全身的强烈反应，以致出现各种各样的功能障碍或组织损伤。

一般来讲，患有食物过敏症的人，进食某种食物后，体内会产生 IgE，过量的 IgE 能和一种含多种过敏递质的肥大细胞结合。再次进食这种食物时，食物蛋白就会和附着在肥大细胞上的 IgE 发生反应，刺激肥大细胞释放出组胺等物质，使血管扩张，平滑肌收缩，分泌物、溢出物增多，从而出现过敏症状。对于婴幼儿来讲，由于胃肠功能还不够完善，某些食物中的蛋白质未经充分消化就直接进入了体内，所以更容易发生食物过敏。

引起过敏的食物范围很广，鱼、肉、蛋、奶、菜、果、面、油、酒、醋、酱等都会引起过敏。但一般来说，常见的也是最易引起过敏的物质主要是蛋白质，包括牛奶、花生、豆类、坚果、海产品等。

食物过敏最常见的临床表现为出现皮肤症状，并可见呼吸道症状和消化道症状，如皮肤瘙痒、湿疹、荨麻疹、头晕、恶心、呕吐、腹泻，甚至少数人还会发生过敏性休克。而最新研究发现，当机体发生过敏反应时，会累及心脏，导致血管扩张、心跳加快、血压降低、心脏负担加重，突出症状就是心律失常。

目前，食物过敏尚无有效根治办法，但生活中加以注意是可以防止的：一是避免食入引起过敏的食物，二是避免同时食用相互之间有不良反应的食物。

2.8　特殊新型食品

目前，很多国家都对新型食品的研究给予越来越多的重视。所谓的新型食品，是指出于促进健康和保护健康之目的而生产的一类食品（保健食品、绿色食品、有机食品等）以及采用新的食品加工技术而生产的一类食品（转基因食品、超高压技术生产的食品、辐照食品、微胶囊化技术生产的食品、超高温或超低温技术生产的食品、纳米技术生产的食品等）。

2.8.1　保健食品的安全性

GB 16740—2014《食品安全国家标准 保健食品》中，将保健食品定义为"声称并具有特定保健功能或者以补充维生素、矿物质为目的的食品，即适宜于特定人群食用，具有调节机体功能，不以治疗疾病为目的，并且对人体不产生任何急性、亚急性或者慢性危害的食品。"

保健食品是否安全呢？据报道，加拿大卫生部门根据其收集的数据资料（1998 年 1 月至 2003 年 6 月），列举了如下 3 种最流行草药的不良反应来说明天然保健品存在的安全问题。

① 紫锥花　有报告称使用紫锥花可发生变态反应。

② 银杏　最常见的症状是血小板异常、出血和凝血障碍，这与银杏可抑制血小板活化因子是一致的。

③ 贯叶连翘　贯叶连翘可诱发 5-羟色胺（5-NT）综合征等。

2.8.2　辐照食品的安全性

所谓"辐照食品"是指通过一种辐照工艺处理而达到灭菌保鲜的安全食品，它是核科技在食品领域的应用成果。通过辐照工艺处理的食品具有营养损失小，不改变食品原有色香味形，卫生安全，保鲜期较长，同时可避免药物保鲜带来的物质残留等优点。

辐照杀菌保鲜原理是采用电子光束、γ射线或X射线对食品进行辐照，通过激发食品中所含的水分及其他分子，有效地杀灭食源性致病菌等微生物和传染性寄生虫，从而达到灭菌保鲜的目的。

食品辐照一方面能够延长食品的货架寿命，增强食品安全卫生性；另一方面，这种技术可以引起辐照食品的物理、化学和生物性变化，从而影响食品的营养价值和感官特性。在低剂量辐照（<10kGy）时，这种营养成分的丢失检测不出来或不明显；在高剂量辐照（>10kGy）时，可监测出营养素丢失，但较烹调或冷藏小。在低剂量时，大多数食品的感官和温度变化不明显，而在高剂量时，辐照食品的温度升高，并且出现感官的变化如异味、变褐色。

辐照食品的安全性问题，尤其是食品经辐照后是否有放射性物质的残留，是否产生新的放射源，是否引起化学裂变或产生毒性物质等卫生安全问题，一直是人们所关注的。各国科学家对辐照食品的安全性进行了数十年的研究，通过长期的动物饲养实验、临床症状、血液学、病理学、繁殖及致畸等方面的研究，证明上述疑虑是可以消除的。

（1）辐照食品是否具有放射性

人类始终生活在一个被各种波长射线包围的世界中，每个人都不可避免地承受一定水平的照射。γ射线、X射线其实就是波长很短的电磁波，与微波、红外线、可见光波、紫外线的区别只是在于波长的不同，X、γ射线波长短能量大。食品在接受照射时，不直接与放射源接触，只接触由γ射线、X射线或电子束带来的能量，因此不存在食品带有放射性的问题。

（2）食品辐照的辐射化学研究

辐射化学的研究结果表明成分类似的食品，对辐射具有共同的辐解产物，这些产物绝大部分是非特异反应的；辐解产物的量即使是在辐射灭菌的剂量下也是很少的（辐射灭菌剂量应在 25kGy 以下）。表 2-2 所示数据表明在辐射灭菌的牛肉中，各类挥发性辐射分解化合物的总量大约是 30mg/kg，显然辐照分解产物的量是很小的。而这些产物在通常的食品加工中也是能见到的。

表 2-2　辐射灭菌的牛肉中挥发物含量

化合物	挥发物含量/(mg/kg)	化合物	挥发物含量/(mg/kg)
链烷	12	烷酮	<0.5
链烯	14	烷基苯	<0.1
烷醛	1.5	酯	<0.1
硫化物	1.0	总计(大约)	30

（3）食品辐照的毒理学研究

在毒理学方面开展的研究提供了动物生长、食品效率、存活血液学、临床化学、毒性、尿分析、整体和组织病理学方面的信息，另外一些研究用来考查生殖、致畸与致突变。

国际上，尤其是美国在卫生安全性方面的大量实验动物研究结果表明：人类消费的辐照食品在剂量达到 10kGy 时没有出现任何对健康有危害的物质。从对一些特定食品的辐射化学研究的结果得出了这样的结论：辐照并没有在食品中形成其存在量足以观察到具有毒理作用的任何物质。在美国陆军进行了人体试食试验，我国原卫生部也批准组织了人体试食试验，经过几十年的跟踪检查，无论血象，还是 B 超等检查，都未发现出现任何问题。事实已经证明了辐照食品是安全的。

（4）辐照食品的营养学研究

辐照食品的营养价值主要通过下述几个方面进行研究和评价：

① 维生素含量；

② 脂肪含量；

③ 蛋白质含量；

④ 食品中脂肪、糖类和蛋白质组分的消化特性及其潜在生物能的有效性；

⑤ 食用品质。

辐照食品的营养价值研究结果表明辐照食品保持了其宏观营养成分（蛋白质、脂类和糖类）的正常营养值（表 2-3），在辐照食品中可能发生维生素的损失，然而这种损失很少，而且同用其他食品加工方法处理食品的损失相类似，未见明显的差异（表 2-4）。

表 2-3　辐照食品和未辐照食品营养成分的利用率

营养成分	未辐照食品/%	辐照食品/%
蛋白质	85.9	87.2
脂肪	93.3	94.1
碳水化合物	87.9	87.9

表 2-4　不同消毒方法处理后食品中维生素的损失

维生素	热处理消毒/%	25kGy 辐照消毒/%
硫胺素	65	65
核黄素	20	20
尼克酸	25	25
吡哆素	30	25
叶酸	30	5
维生素 A	20	25
维生素 E	10	25
维生素 K	10	85

（5）辐照食品的微生物学研究

国内外对大量辐照食品微生物学的研究也证明，在实际条件下，没有观察到由突变引起生物分类学上有关性状的改变，也没有任何证据证明辐射会加强诱发食源性微生物的致病性。

2.8.3　转基因食品的安全性

转基因食品（Genetically Modified Food，GMF）又称现代生物技术食品，是指利用现代生物技术手段将供体基因转入动植物后所生产的食品。转基因技术可增加食品原料产量，改良食品营养价值和风味，去除食品的不良特性，控制食品的成熟期，减少农药使用等。因而，它具有无法估量的发展潜力和应用价值。

对转基因食品危害性的评估主要有以下几方面：是否有毒性、是否引起过敏反应、营养或毒性蛋白质的特性、注入基因的稳定性、基因改变引起的营养效果及其他不必要的功能等。对人类健康而言，专家们认为，主要应审查转基因食品有无毒性及对环境的影响。

目前国际上通用的转基因食品安全评估的标准，采用实质等同性原则。判断转基因生物是不是安全，要看它与传统的非转基因产品的区别及比较。如果食品的成分大体上跟传统的食品基本相同，就认为是安全的。但是很多专家对这个原则提出质疑，认为不仅仅要对主要的营养成分进行评估，而且需要对所有的常量的和微量的营养元素、抗营养元素、植物内毒素、次级代谢物以及致敏原等基本浓度进行分析之后，才能够说是安全还是不安全。

在过去的几年当中，许多专家做过很多的研究，探究转基因生物到底安全还是不安全。大家认为转基因生物存在一定风险。风险的来源如下。

一是毒素。基因破坏或者其不稳定性可能会带来新的毒素，引起急性的或慢性的中毒。如 J. E. Losey 等（1999）报道，在一种植物马利筋叶片上撒有转基因 Bt 玉米花粉后，普累克西普斑蝶食用叶片就少，长得慢，4d 的幼虫死亡率为 44％。而对照组（饲喂不撒转基因 Bt 玉米花粉的叶片）无一死亡。转基因作物产生的杀虫毒素可由根部渗入周围环境，但尚不清楚会产生何种影响。

二是外来基因产生新的蛋白质可能会引起人类的过敏反应。据报告，对巴西坚果产生过敏的个体也会对用该坚果基因工程化而得到的大豆过敏。科学家把巴西胡桃的基因移植到大豆中去，结果却使一些对胡桃过敏的人在摄取大豆时有过敏的可能。

三是转基因产品的营养成分发生变化，可能使人类的营养结构失衡。美国的研究资料表明，在具有抗除草剂基因的大豆中，异黄酮类激素等防癌的成分减少了。具有芳香、有光泽的红色番茄能贮藏几周，但营养价值较低。消费者在购买水果或蔬菜时，若仅依靠外观和质地，并不能准确判定该产品的真实质量。

四是产生抗生素耐药性细菌。转基因技术采用耐抗生素（如抗卡那霉素、氨苄西林、新霉素、链霉素等）基因来标识转基因化的农作物，这就意味着农作物带有耐抗生素的基因。这些基因通过细菌而影响人类。

五是副作用危害人体健康，甚至是生命。A. N. Mayeno 等（1992）报告，在日本发生一种新的、不明原因的病症，主要表现为嗜酸性肌痛，临床表现有麻痹、神经问题、痛性肿胀、皮肤发痒、心脏出现问题，记忆缺乏、头痛、光敏、消瘦。后查明系日本一公司生产的基因工程细菌产生的色氨酸所致。

目前还不能够确定转基因食品的安全性。主要原因一是资料不全，或者未知因素比较多。有些生物技术公司认为要保护知识产权，属于商业秘密，提供的资料不全，因此评价本身就不全。二是方法问题，目前探寻转基因食品的过敏性的方法，有很大的局限性，很受限制。还有检测手段限制以及短期性，转基因生物的安全性问题、风险问题，需要一个长时间的测定，不是几年就能决定的，这些都是要考虑的因素。

2.9　膳食结构不合理

膳食结构也称食物结构，是指消费的食物种类及其数量的相对构成，它表示膳食中各种食物间的组成关系。居民的膳食结构，必须与居民的经济收入、身体素质、饮食习惯和食物的生产相协调。

合理的膳食结构是指多种食物构成的膳食，这种膳食不但要提供给用餐者足够的热量和所需的各种营养，以满足人体正常的生理需要，还要保持各种营养素之间的比例平衡和多样化的食物来源，以提高各种营养素的吸收和利用率，达到平衡营养的目的。

当今世界的膳食结构大体可分为 3 种类型。第一种类型是西方"三高"型膳食，以欧美发达国家为代表。这些国家植物性食品消费量较少，动物性食品消费量很大，能量、蛋白质、脂肪摄入量均高。第二种类型是东方型膳食，以多数发展中国家为代表。他们的膳食以植物性食物为主，能量基本上可满足人体的需要，但蛋白质、脂肪偏少。第三种类型以日本为代表，它既保留了东方膳食的一些特点，又吸收了西方膳食的一些长处，植物性和动物性食品比较均衡，其中植物性食品占较大比重，但动物性食品仍有适当数量。

长期的膳食结构不合理，将会导致营养不良或营养过剩。

2.9.1 营养不良

营养不良是由于进食不足或进食不能被充分吸收利用，或因为慢性疾病消耗较大所引起的一种慢性营养缺乏症。营养缺乏症又称蛋白质、热能不足性营养不良，一般多发生于三岁以下的婴幼儿。

发病原因大致可分为：营养素摄入不足，消化道对某些营养素吸收障碍，机体代谢障碍，机体需要量增加，某些疾病对物质代谢的影响。

2.9.1.1 蛋白质-能量营养不良

蛋白质和（或）能量的供给不能满足机体维持正常生理功能的需要，就会发生蛋白质-能量营养不良症。重度营养不良可分为 3 种类型。

① 水肿型营养不良　以蛋白质缺乏为主而能量供给尚能适应机体需要，以全身浮肿为特征，如阜阳毒奶粉事件导致大头娃娃的出现。

② 消瘦型营养不良　以能量不足为主，表现为皮下脂肪和骨骼肌显著消耗和内脏器官萎缩。

③ 混合型营养不良　蛋白质和能量均有不同程度的缺乏，常同时伴有维生素和其他营养素缺乏。

2.9.1.2 维生素缺乏症

① 维生素 A 缺乏　维生素 A 缺乏的主要症状为夜盲，眼睛会出现结膜干燥，结膜中的环状细胞消失，并出现毕脱氏斑，继而角膜发生软化，严重者可出现穿孔甚至失明。

② 维生素 D 缺乏　少年儿童维生素 D 缺乏导致佝偻病，初期和急性期可以出现神经精神症状，患儿不活泼、食欲缺乏、易激动、睡眠不安、多汗（头部更明显）。老年人易得骨质疏松，因其肝肾功能降低、胃肠吸收欠佳，而且户外活动减少，容易造成骨质疏松症，严重者引起骨折。

③ 维生素 C 缺乏　即坏血病，前驱症状多为体重减轻、四肢无力、衰弱、肌肉及关节疼痛等。成人患者除上述症状外，早期亦有牙龈松肿，或有感染发炎等症状；婴儿则有不安、四肢动痛、四肢长骨端肿胀以及有出血倾向等。坏血病患者可有全身点状出血（淤点），起初局限于毛囊周围及牙龈等处，进一步发展可有皮下组织、肌肉、关节、腱鞘等处出血，甚至血肿或瘀斑。

④ 维生素 B_1 缺乏　维生素 B_1 缺乏即脚气病，主要损害神经系统。成人维生素 B_1 缺乏，前驱症状有下肢软弱无力，有沉重感；肌肉酸痛，尤以腓肠肌明显；厌食、体重下降、

消化不良和便秘。此外，可有头痛、失眠、不安、易怒、健忘等神经精神系统的症状。病程长者有肌肉萎缩、共济失调，出现异常步态。婴儿维生素 B_1 缺乏多发生于出生数月的婴儿，病情急，发病突然，以心血管症状占优势，初期有食欲不振、呕吐、兴奋、腹痛、便秘、水肿、心跳快、呼吸急促及困难等症状。

⑤ 维生素 B_2 缺乏　维生素 B_2 缺乏是我国常见的营养缺乏病，其症状以口腔和阴囊病变为常见，即所谓"口腔生殖器综合征"。口腔症状主要表现为口角炎、唇炎和舌炎；眼睛可以发生球结膜充血，角膜周围血管形成并侵入角膜，严重时角膜混浊，下部有溃疡，眼睑边缘糜烂。

2.9.2　营养过剩

营养过剩主要包括两个方面，一是肥胖；二是营养品补充过量。

2.9.2.1　肥胖

引起肥胖的原因常常是多方面的，除遗传因素外，同时还与饮食行为密切相关。过度喂养、过早添加高热量的食物、用食物作为奖赏或惩罚的手段等均可导致儿童肥胖症。

肥胖应从小加以注意及防范。母亲孕后期就应防止营养过剩，避免巨大儿的发生，婴儿出生后应坚持母乳喂养。添加辅食后，按婴儿实际需要进行适度喂养，在出生后三个月内避免喂固体食物。

2.9.2.2　营养品补充过量

补钙过多易患低血压，日后有患心脏病的危险。补钙过量的主要症状是身体水肿多汗、厌食、恶心、便秘、消化不良，如果钙和维生素 D 均过量，容易引起高钙血症，钙如沉积在眼角膜周边将影响视力，沉积在心脏瓣膜上将影响心脏功能，沉积在血管壁上将加重血管硬化。

补锌过多易出现锌中毒。表现为食欲减退、上腹疼痛、精神不振，甚至造成急性肾功能衰竭。锌过多还会抑制铁的吸收利用，导致血液和肝脏内含铁量的减少，久而久之就会造成儿童缺铁性贫血。

补鱼肝油过多易致维生素 A、D 中毒。鱼肝油内含丰富的维生素 D 和维生素 A。过量可导致不想吃东西，表情淡漠，皮肤干燥，多饮多尿，体重明显减轻。

食用滋补品过多易造成性早熟。有些"让孩子高个儿"的营养滋补品，可能含有一些不确定的成分，进而可能导致儿童性特征发育异常。还有一些营养滋补品含有人参、鹿茸、阿胶、冬虫夏草、花粉、蜂王浆等成分，儿童经常食用，短期内显得食欲旺盛、精力充沛，长期食用会引起性特征发育异常。

2.10　食品掺伪

食品掺伪是指人为地、有目的地向食品中加入一些非所固有的成分，以增加其重量或体积，而降低成本；或改变某种质量，以色、香、味来迎合消费者心理的行为。

食品掺伪主要包括掺假、掺杂和伪造，这三者之间没有明显的界限，食品掺伪即为掺假、掺杂和伪造的总称。一般的掺伪物质能够以假乱真。

从食品掺伪的方式不难观察其共性，即掺伪行为规律性的特点。其规律性包括以下 3 方面。

① 利用市场价格差是掺伪的基本规律特点。因为掺伪用物质价格低廉、容易获得，将

其掺入价格高的食品中，使食品的净含量增加，从而达到获利目的。例如，将价格低廉的水掺入价格高的白酒、啤酒、奶中；将沙石掺入米中；将价格便宜的玉米淀粉、马铃薯淀粉等掺入价格较高的藕粉中。

② 将食品进行伪装、粉饰是食品掺伪的第二个规律性特点。把劣质食品通过包装、加工粉饰后进行销售，例如夸大某种食品的功效，利用精美包装出售劣质食品；标明今年生产的月饼却使用已过期、变质的去年的月饼馅，再次包装、加工后出售。

③ 食品的保质期一般很短，非法延长食品保质期是掺伪的第三个规律性特点。例如，国家已经规定食品添加剂的种类和最高使用限量，使用非食品防腐剂或超出食品添加剂最高限量都可以延长食品保质期，对人体造成较大损害。

掺假食品对人体健康的危害，主要取决于添加物的化学性质和物理性质，大致可分为以下4种情况。

① 添加物属于正常食品或原辅料，仅是成本较低。例如，乳粉中加入过量的白糖；牛乳中掺水或豆浆；芝麻香油中加米汤或掺葵花油、玉米胚油；糯米粉中掺大米粉；味精中掺食盐等。这些添加物都不会对人体产生急性损害，但食品的营养成分、营养价值降低，干扰经济市场，致使消费者蒙受经济损失。

② 添加物是杂物。例如，米粉中掺入泥土，面粉中混入沙石等杂物，人食用后可能对消化道黏膜产生刺激和损伤，不利于人体健康。

③ 添加物具有明显的毒害作用，或具有蓄积毒性。例如，用化肥（尿素）浸泡豆芽；用除草剂催发无根豆芽；将添加绿色染料的凉粉当作绿豆粉制成的凉粉等。人食用这类食品后，胃部会受到恶性刺激，还可能对人体产生蓄积毒性，具有致癌、致畸、致突变等作用。

④ 添加物因细菌污染而腐败变质的，通过加工生产仍不能彻底灭菌或破坏其毒素。曾有因食用变质月饼、糕点等引起食物中毒的典型事例，使食用者深受其害。

由此可见，掺假食品对人体健康的危害是非常严重的。对于一些生产者或经营者制作、销售掺假食品，必须严加惩治，这是建立和维护社会主义市场经济体制的需要，也是广大企业和消费者的迫切要求。

本章习题：

1. 简述食品安全危害的主要分类。
2. 生物性食品安全危害主要包括哪些？
3. 新型食品安全危害主要有哪些种类？

本章思考与拓展：

敢于质疑，勇于探索是科学研究必备的精神品质，也是助力科技发展的重要动力。食品危害因素也会随着社会发展而不断更新，不断探索发现新的危害对食品安全至关重要。长久以来，传统观点都认为疾病是由细菌引起的，然而美国科学家 Gajdusek 和 Prusiner 敢于质疑，并颠覆科学界传统观点，通过实验证明疯牛病是通过非传统病毒即朊病毒传播的，并因此分别获得 1976 年和 1997 年诺贝尔生理学或医学奖。这个经典案例充分表明敢于质疑、勇于探索、不畏艰难的科研精神对科学成功的重要性。

第**3**章

良好操作规范

3.1 良好操作规范概述

良好操作规范（Good Manufacturing Practice，GMP）是为保障食品安全而制定的贯穿食品生产全过程的一系列措施、方法和技术要求，也是一种注重制造过程中产品质量和安全卫生的自主性管理制度。GMP 涵盖了企业生产过程中从原料、厂房、设备到员工培训和个人卫生等所有方面。简要地说，GMP 要求食品生产企业应具备良好的生产设备，合理的生产过程，完善的质量管理和严格的检测系统，确保最终产品的质量（包括食品安全卫生）符合法规要求。GMP 所规定的内容是食品加工企业必须达到的最低要求，也是实施 HACCP 体系的前提条件。

3.1.1 食品 GMP 的发展历程

食品 GMP 诞生于美国，因为深受消费大众及食品企业的欢迎，于是日本、英国、新加坡和很多工业先进国家也都引用食品 GMP。目前除美国已立法强制实施食品 GMP 以外，其他如日本、加拿大、新加坡、德国、澳大利亚及中国等国家均采取鼓励方式推动企业自动自发实施。

1963 年由美国食品药品管理局（Food and Drug Administration，FDA）制定，美国国会通过，以法令形式颁布了世界上第一部 GMP——药品 GMP。1969 年，FDA 将 GMP 的观念引用到食品生产的法规中，制定并颁发了《现行良好操作规范》（Current Good Manufacturing Practice，CGMP），同年世界卫生组织（WHO）在第 22 届世界卫生大会上向各成员国首次推荐了 GMP。1975 年，WHO 向各成员国公布了实施 GMP 的指导方针。1981 年，国际食品法典委员会（Codex Alimentatrius Commission，CAC）制定了《食品卫生通则》（CAC/RCPI-1981）及 30 多种"食品卫生实施法则"。CAC 制定的食品标准都引入了 GMP 的内容。1985 年，CAC 制定了《食品卫生通用 GMP》。

3.1.2 GMP 在国际上的发展状况

3.1.2.1 CAC 发布的 GMP

CAC 共有 13 卷，含有 237 个食品产品标准，41 个卫生或技术规范，185 种评价农药、

2374个农药残留限量、25个污染物准则、1005种食品添加剂、54种兽药的规范。重要的GMP有《食品卫生通则》[CAC/RCP1-1969，Rev.3（1997）]、《危害分析与关键控制点（HACCP）系统应用导则》[Annex to CAC/RCP1-1996，Rev.3（1997）]、《水果蔬菜罐头的卫生操作规程》（CAC/RCP8-1969）、《速冻食品加工和处理的操作规程》（CAC/RCP8-1976）、《加工肉禽制品操作规程和导则》[CAC/RCP13-1976.Rev.1（1985）]、《国际乳粉卫生操作推荐规程》（CAC/RCP31-1983）、《无菌加工和低酸包装食品卫生操作规程》（CAC/RCP40-1993）、《国际食品贸易的道德规程》[CAC/RCP20-1979，Rev.1（1985）]等。

3.1.2.2 美国 GMP

1963年，FDA制定了药品GMP并于第2年开始实施。1969年，美国公布了《现行良好操作规范》，简称CGMP或食品GMP（FGMP）基本法（1986年修订后的CGMP，将Part128改为Part110），并陆续发布了各类食品的GMP。

《良好操作规范》（FDA21CFR Part110）（1986.6.19版本）内容：A分部——总则：定义、现行的良好操作规范、人员、例外情况；B分部——建筑物与设施，厂房和场地、卫生操作、设施卫生和控制；C分部——设备和工器具；D分部——（预留作将来补充）；E分部——生产和加工控制、仓储与分销；F分部——（预留作将来补充）；G分部——缺陷行动水平：食品中对人体健康无害的天然的或不可避免的缺陷。

3.1.2.3 加拿大 GMP

加拿大卫生部制定了基础计划，其定义为一个食品加工企业中为在良好的环境条件下加工生产安全、卫生的食品所采取的基本的控制步骤或程序。其内容包括：厂房、运输和贮藏、设备、人员、卫生和虫害的控制、回收等。

加拿大农业部以HACCP原理为基础建立了《食品安全促进计划》（FSEP），作为食品安全控制的预防体系。

3.1.2.4 欧盟 GMP

欧盟理事会、欧盟委员会发布了一系列食品生产、进口和投放市场的卫生规范和要求。从内容上分为6类：①对疾病实施控制的规定（4条）；②对农、兽药残留实施控制的规定（3条）；③对食品生产、投放市场的卫生规定（14条）；④对检验实施控制的规定（6条）；⑤对第三国食品准入的控制规定（10条）；⑥对出口国当局卫生证书的规定（2条）。

3.1.3 GMP 在中国的发展与实施情况

与药品和医疗器械的监管略有不同，我国并未就食品良好生产规范的要求出台单独的部门规章或规范性文件，并实施类似于药品GMP的认证管理，而是通过发布相关食品安全国家标准（GB）的形式予以规范，如《食品安全国家标准　乳制品良好生产规范》（GB 12693—2010）、《食品安全国家标准　特殊医学用途配方食品良好生产规范》（GB 29923—2013）以及其他各类食品的良好生产规范、特殊医学用途配方食品通则（GB 29922—2013）等一系列食品安全国家标准。2017年，原国家食品药品监督管理总局取消了GMP认证管理的行政许可事项，而将相应规范要求内化到生产经营许可证准入审批和动态监管环节中。随着2021年《中华人民共和国食品安全法》的修正，监管部门也将修订或出台新的食品安全国家标准。

3.1.3.1 原卫生部颁布的 GMP（国标 GMP）

1988年至今，我国原卫生部（2018年后改为国家卫生健康委员会）共颁布22个国标GMP。其中包括1个食品企业通用卫生规范和21个国标食品厂卫生规范，并作为强制性标准予以发布。

21个国标食品厂卫生规范包括《罐头厂卫生规范》（GB 8950—1988）、《白酒厂卫生规范》（GB 8951—1988）、《啤酒厂卫生规范》（GB 8952—1988）、《酱油厂卫生规范》（GB 8953—1988）、《食醋厂卫生规范》（GB 8954—1988）、《食用植物油厂卫生规范》（GB 8955—1988）、《蜜饯企业良好生产规范》（GB 8956—2003）、《糕点厂卫生规范》（GB 8957—1988）、《乳制品企业良好生产规范》（GB 12693—2003）、《肉类加工厂卫生规范》（GB 12694—1990）、《饮料企业良好生产规范》（GB 12695—2003）、《葡萄酒厂卫生规范》（GB 12696—1990）、《果酒厂卫生规范》（GB 12697—1990）、《黄酒厂卫生规范》（GB 12698—1990）、《面粉厂卫生规范》（GB 13122—1991）、《饮用天然矿泉水厂卫生规范》（GB 16330—1996）、《巧克力厂卫生规范》（GB 17403—1998）、《膨化食品良好生产规范》（GB 17404—1998）、《保健食品良好生产规范》（GB 17405—1998）、《熟肉制品企业生产卫生规范》（GB 19303—2003）、《定型包装饮用水企业生产卫生规范》（GB 19304—2003）。

3.1.3.2 原国家商检局和原国家质量监督检验检疫总局颁布的GMP

1984年，由原国家商检局制定了类似GMP的卫生法规——《出口食品厂、库最低卫生要求》，对出口食品生产企业提出了强制性的卫生要求。后经过修改，于1994年11月由原国家进出口商品检验局发布了《出口食品厂、库卫生要求》。在此基础上，国家又陆续发布了9个专业卫生规范，共同构成了我国出口食品GMP体系。

2011年，根据《出口食品生产企业备案管理规定》（2011年第142号国家质检总局令），国家认证认可监督管理委员会制定了《出口食品生产企业安全卫生要求》、《实施出口食品生产企业备案的产品目录》和《出口食品生产企业备案需验证HACCP体系的产品目录》三项文件，自2011年10月1日起施行。同时废止原《出口食品生产企业卫生要求》、《实施出口食品卫生注册、登记的产品目录》和《卫生注册需评审HACCP体系的产品目录》。其中，《出口食品生产企业安全卫生要求》相当于我国最新的出口食品GMP。

原国家质量监督检验检疫总局于2017年11月14日，修订发布《出口食品生产企业备案管理规定》（质检总局令第192号），自2018年1月1日起正式施行。2018年11月23日海关总署发布第243号令，即修改的《进出口乳品检验检疫监督管理办法》。2021年3月12日经海关总署署务会议审议通过，2021年4月12日发布海关总署第249号令《中华人民共和国进出口食品安全管理办法》，自2022年1月1日起实施。

3.1.3.3 原国家环保总局发布的有机食品GMP

原国家环保总局（2008年改名为中华人民共和国环境保护部，2018年3月，根据第十三届全国人民代表大会第一次会议批准的国务院机构改革方案，将环境保护部的职责整合，组建中华人民共和国生态环境部）颁布的《有机（天然）食品生产和加工技术规范》共有8个部分：有机农业生产的环境；有机（天然）农产品生产技术规范；有机（天然）食品加工技术规范；有机（天然）食品贮藏技术规范；有机（天然）食品运输技术规范；有机（天然）食品销售技术规范；有机（天然）食品检测技术规范；有机农业转变技术规范。

3.1.3.4 原农业部发布的GMP

原农业部（2018年改为农业农村部）颁布的GMP有《水产品加工质量管理规范》（SC/T 3009—1999，2000年1月1日生效），无公害食品生产技术规程如NY/T 5256—2004《无公害食品 火龙果生产技术规程》；2002年，原农业部颁布实施了兽药GMP，2010年7月原农业部组织修订了《兽药生产质量管理规范检查验收办法》，自2010年9月1日起施行。2020 年 4 月 2 日，农业农村部发布《兽药生产质量管理规范（2020 年修订）》（简称"新版兽药 GMP"），2020 年 6 月 1 日起施行。

3.2 国际良好操作规范

3.2.1 美国的良好操作规范

美国良好操作规范（GMP-21CFR Part 110）适用于所有食品，作为食品的生产、包装、贮藏卫生质量管理体系的技术基础，具有法律上的强制性，共分 A、B、C、D、E、F、G 七部分，其中 D 和 F 部分预留作将来补充。其具体内容如下。

3.2.1.1 A 分部——总则

在总则中，美国 GMP 第 110.3 部分规定联邦食品、药物及化妆品条例第 201 节中术语的定义和解释适用于本部分的同类术语。同时也定义了一些术语如：酸性食品或酸化食品、关键控制点、食品、食品接触面、水分活度等。

利用现行的良好操作规范可以确定某种食品是否为条例 402(a)(3) 节所讲的劣质食品，也就是说这种食品是在不适合生产食品的条件下加工的；或者是条例 402(a)(1) 节所讲食品，就是说食品是在不卫生的条件下制作、包装或存放的，因而可能已经受到污染，或者已经变得对人体健康有害。

现行的良好操作规范也适用于确定某种食品是否违反了公共卫生服务条例（42 U.S.C.264）的 361 节。受特殊的"现行良好操作规范"法规管理的食品也必须符合本法规的要求。

在美国 GMP 第 110.10 部分中对员工作了规定，要求员工定期体检，凡是患有或疑似患有疾病、创伤，包括疖、疮或感染性的创伤，或可成为食品、食品接触面或食品包装材料的微生物污染源的员工，直至上述病症消除之前，均不得参与食品生产加工，否则会造成污染。要求员工在发现上述疾病时必须向上级报告。

员工要注意个人卫生。凡是在工作中直接接触食品、食品接触面及食品包装材料的员工必须严格遵守卫生操作规范，以免使食品受到污染。此外，对员工要定期进行教育与培训，明确地指定由符合要求的监督人员监管全体员工。

3.2.1.2 B 分部——建筑物与设施

在美国 GMP 第 110.20 中对厂房和地面作了规定。食品生产加工企业的地面必须保持良好的状态，防止食品受污染。厂房建筑物的大小、结构与设计必须便于食品生产设备的维修和卫生操作。

生产加工企业的建筑物、固定装置及其他有形设施必须在卫生的条件下进行维护和保养，防止食品成为条例所指的劣质食品。对工器具和设备进行清洗和消毒时必须认真操作，防止食品、食品接触面或食品包装材料受到污染。

用于清洗和消毒的物质、有毒化合物必须在使用时绝对安全和有效。有毒的清洁剂、消毒剂及杀虫剂必须易于识别、妥善存放，防止食品、食品接触面或食品包装材料受其污染。必须遵守联邦、州及地方政府机构制定的关于使用或存放这些产品的一切有关法规。

食品生产加工企业的任何区域均不得存在害虫。看门或带路的狗可以养在生产加工企业的某些区域，但它们在这些区域不得构成对食品、食品接触面或食品包装材料的污染。必须采取有效措施在加工区域内除虫，以避免食品在上述区域内受害虫污染。只有认真谨慎且有限制地使用杀虫剂和灭鼠剂才能避免其对食品、食品接触面及食品包装材料的污染。

所有食品接触面，包括工器具及设备的食品接触面，均必须尽可能地经常进行清洗，以免食品受到污染。

与食品接触的、已清洗干净并消毒的、可移动的设备以及工器具应以适当的方法存放在适当的场所，防止食品接触面受污染。

在美国GMP第110.37部分中要求每个生产加工企业都必须配备足够的卫生设施及用具，包括（但不仅限于）供水设施、输水设施、污水处理设施、卫生间设施、洗手设施、垃圾及废料存放设施，并确保这些卫生设施及用具受到控制。

3.2.1.3　C分部——设备

生产加工企业的所有设备和工器具，其设计、采用的材料和制作工艺，必须便于适当地清洗和维护，这些设备和工器具的设计、结构和使用，必须防止食品中润滑剂、燃料、金属碎片、污水或其他污染物的掺杂。在安装和维修所有设备时必须考虑到，应便于设备及其邻近位置的清洗。接触食品的表面必须耐腐蚀。设备和工器具必须采用无毒的材料制成，在设计上应能耐受加工环境、食品本身以及清洁剂、消毒剂（如果可以使用）的侵蚀作用。必须维护好食品接触面，防止食品受到任何有害物，包括未按标准规定使用的食品添加剂的污染。

食品接触面的接缝必须平滑，而且维护良好，以尽量减少食品颗粒、异物及有机物的堆积，将微生物生长繁殖的机会降低到最低限度。

食品加工、处理区域内不与食品接触的设备必须安装在合理的位置，以便于卫生清洁的维护。

食品的存放、输送和加工系统，包括重量分析系统、气体流动系统、封闭系统及自动化系统等，其设计及结构必须能使其保持良好的卫生状态。

凡用于存放食品并可抑制微生物生长繁殖的冷藏库及冷冻库，必须安装准确显示库内温度的测量显示装置或温度记录装置，并且还须安装调节温度的自动控制装置或人工操作控制温度的自动报警系统。

用于测量、调节或记录控制或防止有害微生物在食品中生长繁殖的温度、pH值、酸度、水分活度或其他条件的仪表和控制装置，必须精确并维护良好，同时其计量范围必须与所指定的用途相匹配。

用以注入食品，或用来清洗食品接触面或设备的压缩空气及其他气体，必须经过严格的处理，防止食品受到气体中有害物质的污染。

3.2.1.4　D分部——预留作将来补充

3.2.1.5　E分部——生产加工控制

食品的进料、检查、运输、分选、预制、加工、包装及贮存等所有生产加工环节都必须严格按照卫生要求进行控制，必须采用合适的质量管理措施，确保食品适合人类食用，并确保包装材料安全无害。

原料和其他辅料必须经过检查、分选或用其他方法进行必要的处理，确保其干净卫生；同时，必须将原料和其他辅料贮存在适当的条件下，使其免受污染并将腐败变质降低到最低程度，以确保适合食品的生产加工。原料和其他辅料中的微生物不得超标，避免使人发生食物中毒或患其他疾病。易受黄曲霉毒素或其他天然毒素污染的食品原料和其他辅料必须符合FDA关于各种有毒或有害物质的现行法规、指标和作用水平。容易受害虫、有害微生物或外来物质污染的原料、其他辅料及返工品必须符合FDA关于天然的或不可避免的缺陷的法规、指标和作用水平。原料、其他辅料及返工品必须散装存放，或盛入设计及结构能防止污染的容器中，并且以一定的方式存放在一定的温度和相对湿度下，以防止食品成为条例所讲的劣质制品。返工的原料必须有明确的标识。冷冻的原料及其他冷冻辅料必须保存在冷冻状态。散装购进和贮存的液体或固体原料及其他辅料必须注意存放，防止污染。

在生产加工过程中，设备、工器具及装载成品的容器，必须通过适当的清洗和消毒，使其保持良好的卫生状态。所有的食品加工，包括包装和贮存，都必须在必要的条件和控制下进行，尽量减少微生物生长繁殖的可能性，或尽量防止食品受污染。凡是利于有害微生物，特别是对公众健康有危害的微生物快速生长繁殖的食品必须注意存放方式，防止其成为条例所指的劣质食品。为消灭或防止有害微生物，尤其是对公众健康有害的微生物的生长繁殖而采取的各种措施，如消毒、辐射、巴氏杀菌、冷冻、冷藏、控制 pH 值或控制水分活度，必须确保符合加工、运输和销售的条件要求，以防止食品成为条例所指的劣质品。正在进行的操作必须认真仔细，防止污染。必须采取有效措施防止成品食品受到原料、其他辅料或废料的污染。当原料、其他辅料或废料未得到保护时，如果它们在收缴、装卸或运输、加工中会污染食品，那么必须加以防护。必须采取必要的措施防止用传送带输送的食品受污染。用来传送、放置或贮存原料、半成品、返工品或食品的设备、容器及工器具，在加工和贮藏中必须结构合理，便于操作，易于维护以防止污染。必须采取有效措施防止金属或其他外来物质掺入食品。进行清洗、剥皮、修边、切割、分选以及检验、捣碎、脱脂、成形等机械加工步骤时必须防止食品污染。制备食品需要热漂烫时，应该将食品加热到一定的温度，并在此温度下维持一定时间，然后或快速冷却或立即送往下一加工步骤。面糊、面包糖、调味汁、浇汁、调料及其他预制物必须以适当的方式处理和维护，防止污染。必须以适当的方式进行装填、配套、包装以及其他生产加工，防止食品受污染。干制食品必须加工至保持安全的水分含量。酸性及酸化食品必须监测 pH 值并使其保持在 4.6 或 4.6 以下。食品在生产、存放过程中需与冰接触时，制冰用水必须安全卫生，并且完全符合卫生质量标准。为保障供人类食用食品免受污染，不得使用供人类食用食品的加工区域和设备生产加工动物饲料或非食用性产品。

食品成品的储藏与运输必须有一定条件，避免食品受物理的、化学的与微生物的污染，同时避免食品变质和容器的再次污染。

3.2.1.6 F 分部——预留作将来补充

3.2.1.7 G 部分——缺陷水平

缺陷水平（Defect Action Level）指的是供人食用的食品中对健康无危害的、天然的、不可避免的缺陷程度。

有些食品，即使按照现行良好操作规范生产，也可能带有天然的或不可避免的缺陷，这些缺陷在低水平时对人体健康无害。FDA 为按照现行良好操作规范生产加工食品的缺陷制定了其上限标准，并用这些标准判断是否需要采取法律措施。在必要和理由充分时，FDA 将为食品制定缺陷行动水平。

虽然食品符合缺陷行动水平，但不能以此作为借口而违反相关的规定，使食品不得在卫生不良的条件下生产加工、包装或存放，不得将含有高于现行缺陷水平的食品与其他食品相混合。

3.2.2 CAC 的《食品卫生通则》

CAC 是国际食品法典委员会，隶属于 FAO/WHO。《食品卫生通则》为保证食品卫生奠定了坚实的基础，在应用通则时，应根据情况，结合具体的卫生操作规范和微生物标准指南使用。本文件是按食品由最初生产到最终消费的食品链，说明每个环节的关键卫生控制措施，并尽可能地推荐使用以 HACCP 为基础的方法，根据 HACCP 体系及其应用准则的要求，加强食品的安全性。

通则中所述的控制措施，是国际公认的保证食品安全性和消费的适宜性的基本方法，可用于政府、企业（包括个体初级食品生产者、加工和制作者、食品服务者和零售商）和消费者。

《食品卫生通则》包括 10 部分，其内容如下。

3.2.2.1 目标

明确适用于整个食品链（包括由最初生产直到最终消费）的基本卫生原则，以达到保证食品安全和适于消费的目的；推荐基于 HACCP 的方法作为加强食品安全性的手段；为可能用于食品链某一环节、加工过程、零售、加强上述区域的卫生要求的具体的法典提供指南。

3.2.2.2 范围、使用和定义

① 范围　按照食品由最初生产者到最终消费者的食品链制定食品生产必要的卫生条件，以生产出安全且适宜消费的产品，也为某些特殊环节应用的其他细则的制定提供了一个基本框架。政府可参考本文件内容来决定如何才能最好地促进通则的贯彻执行，以达到保护消费者，确保食品的食用安全以及保证人们对国际贸易食品的信心的目的。

② 使用　通则就有关食品的安全性和适宜性问题不仅对其应达到的目标进行了说明，而且还对这些目标的基本原理加以说明。

③ 定义　为便于本法规的使用，通则中对一些术语做了解释。

3.2.2.3 初级生产

目标：初级生产的管理应根据食品的用途保证食品的安全性和适宜性。

环境卫生要求对周围环境的潜在污染源应加以考虑，尤其是对于最初食品的生产加工，应避免在有潜在有害物的场所进行；要始终考虑到初级生产活动可能对食品的安全性和适宜性产生的潜在影响。生产者要控制由空气、泥土、水、饲料、化肥（包括天然肥料）、杀虫剂、兽药或其他在初级生产中使用的试剂产生的污染；保持动、植物本身的卫生健康，以避免它作为食品对人体健康带来的危害，或者对产品的适宜性带来不利影响；保护食物源，使之不受粪便或其他有害物的污染。在搬运、贮藏和运输食品时，将食品及食品配料与那些明显不适宜人们食用的物质分开；按要求将废弃物处理掉；在搬运、贮藏和运输期间，保护食品及食品配料，使其免受害虫或者化学、物理及微生物污染物或者其他有害物质的污染。初级生产中的清洁、维护和个人卫生要按照标准进行。

3.2.2.4 加工厂：设计和设施

设计的目标是使污染降到最低；厂房、设备和设施的设计与布局应方便维护、清洁和消毒，并使空气带来的污染降到最低；表面及材料要无毒、耐用、易于清洁和维护；配有温度、湿度控制仪器；防止虫害发生。

本部分对加工厂的选址、厂房和车间、设备、设施做了规定。

选址：加工厂要远离污染源；设备摆放时要便于维护和清洁。

厂房和车间：内部设计和布局应满足良好食品卫生操作的要求，防止食品交叉污染；内部结构应采用耐用材料，且易于维护、清洁和消毒。

设备：设备的设计要便于清理、消毒及养护；设备和容器应采用无毒材料制成。

设施：饮用水供水系统应配有适当的存储、分配和温度控制设施，必要时能提供充足的饮用水以保证食品的安全性和适宜性。应当具有完善的排水和废物处理系统和设施，在设计排水和废物处理系统时应使其避免污染食物和饮用水；保持个人和厕所卫生；监控食品温度及必要时控制周围环境温度，以保证食品的安全性和适宜性；通风系统的设计和安装应能避免空气从受污染区流向清洁区；应提供充足的自然或人造光线，以保证工作在卫生的环境下进行；要有完善的贮藏食品、配料和非食物性化学药品（例如清洁材料、润滑剂、燃油等）的设施。

3.2.2.5 生产控制

目标：通过食品安全危害控制等措施生产出安全的和适宜人们消费的食品。

食品经营者应通过采用诸如 HACCP 等体系来控制食品危害。通过控制时间和温度等保证食品的安全。将原料、未加工食品与即食食品有效地分离，防止微生物交叉污染；采用适当的体系来防止食品受其他异物诸如玻璃或机器上的金属碎块、灰尘、有害烟气和有害化学物质等污染；包装设计和包装材料应能为产品提供可靠的保护以尽量减少污染，防止破损，并配有适当的标识。除蒸气、消防及其他不与食品直接相关的类似场合用水外，在食品的加工和处理中都应只使用饮用水；管理与监督工作应有效进行；加工、生产和销售过程中的有关记录应当保留，保留时间一般要超过产品的保质期；建立产品召回程序，以便处理食品安全问题，并在发现问题时能及时、完全地从市场上撤回产品。

3.2.2.6 工厂：维护与卫生

目标：为达到有效维护和清洁、控制害虫、处理废弃物等建立有效的体系。

本部分包括维护和清洁的一般要求，清洁程序与方法、清洁计划；害虫控制体系（总体要求、防止进入以及栖身和出没、监控与检查、消除隐患）；废弃物管理；监控的有效性。

3.2.2.7 工厂：个人卫生

目标：通过个人清洁、行为和正确操作保证直接或间接接触食品的人员不会污染食品。

被查明或被怀疑患有某种疾病或携带某种病原微生物的人员不得从事食品的加工工作；保持个人清洁，注意个人行为，不得佩戴首饰；参观者应穿戴防护性工作服并注意个人卫生。

3.2.2.8 运输

目标：保护食品不受潜在污染源的危害；不受可能使食品变得不适于消费的损伤；为食品提供一个良好的环境。

食品在运输过程中必须得到充分保护。运输食品的运输工具和运输箱应保持在良好的清洁、维修和工作状态。

3.2.2.9 产品信息和消费者的认知

目标：产品应具有适当的信息，以保证为食品链中的下一个经营者提供充分、易懂的产品信息，使其能够对食品进行处理、储存、加工、制作和展示；对产品批次应易于辨认或者必要时易于召回。消费者应对食品卫生知识有足够的了解，以保证消费者认识到产品信息的重要性，做出适合其个人的选择，通过食品的正确存放、烹饪和使用，防止食品污染和变质，或者防止食品产生的病原菌的残存或滋生。

具体内容包括不同批次产品的标识；产品信息；依据标准；对消费者的教育。

3.2.2.10 培训

目标：对于从事食品操作并直接或间接与食品接触的人员，应进行食品卫生知识培训和（或者）指导，以使他们达到其职责范围内的食品卫生标准要求。

认识与责任：食品卫生培训是十分重要的，每个人都应认识到自己在防止食品污染和变质中的任务和责任。食品加工处理者应有必要的知识和技能，以保证食品的加工处理符合卫生要求。

培训计划：在评估要求达到培训水平时应考虑的因素包括食品的性质，尤其是承受病原微生物和致病微生物滋生的能力；加工的深度和性质或者在最终消费前的进一步烹调；食品储存的条件；消费前预计的食品保质期。

指导与监督：对培训和指导计划的有效性应该进行定期评估，而且还要做好日常的监督和检查工作，以保证卫生程序得以有效地贯彻和执行。

回顾性培训：对培训计划应进行常规性复查，必要时可作修订，培训制度应正常运作以保证食品操作者在工作中始终了解保证食品的安全性和适宜性所必需的操作程序。

我国目前比较新的、通用的 GMP 主要有《出口食品生产企业安全卫生要求》（2011）、《食品安全国家标准　食品生产通用卫生规范》（GB 14881—2013）、《食品安全国家标准　食品经营过程卫生规范》（GB 31621—2014）这三个，本书以 GB 14881—2013 为例作简要介绍。

3.3　我国的良好操作规范

为了从根本上保证我国食品的质量与卫生，规范食品生产企业的安全卫生管理，我国于2013 年 5 月发布了新版《食品安全国家标准 食品生产通用卫生规范》（GB 14881—2013），并于 2014 年 6 月 1 日起施行。这一规定是我国对食品生产加工企业的官方要求，也是我国食品生产企业的良好操作规程。

《食品安全国家标准 食品生产通用卫生规范》（GB 14881—2013）是我国最新一版GMP 标准。凡新建、扩建、改建的工程项目有关食品卫生部分均应按此标准和各类食品生产卫生规范的有关规定进行设计和施工。各类食品加工厂应将本厂的总平面布置图，原材料、半成品、成品的质量和卫生标准、生产工艺流程以及其他有关资料，报当地食品监管机构备查。

3.3.1　选址及厂区环境

3.3.1.1　选址

① 厂区不应选择对食品有显著污染的区域。如某地对食品安全和食品宜食用性存在明显的不利影响，且无法通过采取措施加以改善，应避免在该地址建厂。

② 厂区不应选择有害废弃物以及粉尘、有害气体、放射性物质和其他扩散性污染源不能有效清除的地址。

③ 厂区不宜选择易发生洪涝灾害的地区，难以避开时应设计必要的防范措施。

④ 厂区周围不宜有虫害大量滋生的潜在场所，难以避开时应设计必要的防范措施。

3.3.1.2　厂区环境

① 应考虑环境给食品生产带来的潜在污染风险，并采取适当的措施将其降至最低水平。

② 厂区应合理布局，各功能区域划分明显，并有适当的分离或分隔措施，防止交叉污染。

③ 厂区内的道路应铺设混凝土、沥青或者其他硬质材料；空地应采取必要措施，如铺设水泥、地砖或铺设草坪等方式，保持环境清洁，防止正常天气下扬尘和积水等现象的发生。

④ 厂区绿化应与生产车间保持适当距离，植被应定期维护，以防止虫害的滋生。

⑤ 厂区应有适当的排水系统。

⑥ 宿舍、食堂、职工娱乐设施等生活区应与生产区保持适当距离或分隔。

3.3.2　厂房和车间

3.3.2.1　设计和布局

① 厂房和车间的内部设计和布局应满足食品卫生操作要求，避免食品生产中发生交叉污染。

② 厂房和车间的设计应根据生产工艺合理布局，预防和降低产品受污染的风险。

③ 厂房和车间应根据产品特点、生产工艺、生产特性以及生产过程对清洁程度的要求合理划分作业区，并采取有效分离或分隔措施。如：通常可划分为清洁作业区、准清洁作业区和一般作业区；或清洁作业区和一般作业区等。一般作业区应与其他作业区域分隔。

④ 厂房内设置的检验室应与生产区域分隔。

⑤ 厂房的面积和空间应与生产能力相适应，便于设备安置、清洁消毒、物料存储及人员操作。

3.3.2.2　建筑内部结构与材料

（1）内部结构

建筑内部结构应易于维护、清洁或消毒。应采用适当的耐用材料建造。

（2）顶棚

① 顶棚应使用无毒、无味、与生产需求相适应、易于观察清洁状况的材料建造；若直接在屋顶内层喷涂涂料作为顶棚，应使用无毒、无味、防霉、不易脱落、易于清洁的涂料。

② 顶棚应易于清洁、消毒，在结构上不利于冷凝水垂直滴下，防止虫害和霉菌滋生。

③ 蒸汽、水、电等配件管路应避免设置于暴露食品的上方；如确需设置，应有能防止灰尘散落及水滴掉落的装置或措施。

（3）墙壁

① 墙面、隔断应使用无毒、无味的防渗透材料建造，在操作高度范围内的墙面应光滑、不易积累污垢且易于清洁；若使用涂料，应无毒、无味、防霉、不易脱落、易于清洁。

② 墙壁、隔断和地面交界处应结构合理、易于清洁，能有效避免污垢积存。例如设置漫弯形交界面等。

（4）门窗

① 门窗应闭合严密。门的表面应平滑、防吸附、不渗透，并易于清洁、消毒。应使用不透水、坚固、不变形的材料制成。

② 清洁作业区和准清洁作业区与其他区域之间的门应能及时关闭。

③ 窗户玻璃应使用不易碎材料。若使用普通玻璃，应采取必要的措施防止玻璃破碎后对原料、包装材料及食品造成污染。

④ 窗户如设置窗台，其结构应能避免灰尘积存且易于清洁。可开启的窗户应装有易于清洁的防虫害窗纱。

（5）地面

① 地面应使用无毒、无味、不渗透、耐腐蚀的材料建造。地面的结构应有利于排污和清洗。

② 地面应平坦防滑、无裂缝，并易于清洁、消毒，且有适当的措施防止积水。

3.3.3　设施与设备

3.3.3.1　设施

（1）供水设施

① 应能保证水质、水压、水量及其他要求符合生产需要。

② 食品加工用水的水质应符合《生活饮用水卫生标准》（GB 5749—2022）的规定，对加工用水水质有特殊要求的食品应符合相应规定。间接冷却水、锅炉用水等食品生产用水的水质应符合生产需要。

③ 食品加工用水与其他不与食品接触的用水（如间接冷却水、污水或废水等）应以完全分离的管路输送，避免交叉污染。各管路系统应明确标识以便区分。

④ 自备水源及供水设施应符合有关规定。供水设施中使用的涉及饮用水卫生安全的产品还应符合国家相关规定。

（2）排水设施

① 排水系统的设计和建造应保证排水畅通、便于清洁维护；应适应食品生产的需要，保证食品及生产、清洁用水不受污染。

② 排水系统入口应安装带水封的地漏等装置，以防止固体废弃物进入及浊气逸出。

③ 排水系统出口应有适当措施以降低虫害风险。

④ 室内排水的流向应由清洁程度要求高的区域流向清洁程度要求低的区域，且应有防止逆流的设计。

⑤ 污水在排放前应经适当方式处理，以符合国家污水排放的相关规定。

（3）清洁消毒设施

应配备足够的食品、工器具和设备的专用清洁设施，必要时应配备适宜的消毒设施。应采取措施避免清洁、消毒工器具带来的交叉污染。

（4）废弃物存放设施

应配备设计合理、防止渗漏、易于清洁的存放废弃物的专用设施；车间内存放废弃物的设施和容器应标识清晰。必要时应在适当地点设置废弃物临时存放设施，并依废弃物特性分类存放。

（5）个人卫生设施

① 生产场所或生产车间入口处应设置更衣室；必要时特定的作业区入口处可按需要设置更衣室。更衣室应保证工作服与个人服装及其他物品分开放置。

② 生产车间入口及车间内必要处，应按需设置换鞋（穿戴鞋套）设施或工作鞋靴消毒设施。如设置工作鞋靴消毒设施，其规格尺寸应能满足消毒需要。

③ 应根据需要设置卫生间，卫生间的结构、设施与内部材质应易于保持清洁；卫生间内的适当位置应设置洗手设施。卫生间不得与食品生产、包装或贮存等区域直接连通。

④ 应在清洁作业区入口设置洗手、干手和消毒设施；如有需要，应在作业区内适当位置加设洗手和（或）消毒设施；与消毒设施配套的水龙头其开关应为非手动式。

⑤ 洗手设施的水龙头数量应与同班次食品加工人员数量相匹配，必要时应设置冷热水混合器。洗手池应采用光滑、不透水、易清洁的材质制成，其设计及构造应易于清洁消毒。应在临近洗手设施的显著位置标示简明易懂的洗手方法。

⑥ 根据对食品加工人员清洁程度的要求，必要时可设置风淋室、淋浴室等设施。

（6）通风设施

① 应具有适宜的自然通风或人工通风措施；必要时应通过自然通风或机械设施有效控制生产环境的温度和湿度。通风设施应避免空气从清洁度要求低的作业区域流向清洁度要求高的作业区域。

② 应合理设置进气口位置，进气口与排气口和户外垃圾存放装置等污染源保持适宜的距离和角度。进、排气口应装有防止虫害侵入的网罩等设施。通风排气设施应易于清洁、维修或更换。

③ 若生产过程需要对空气进行过滤净化处理，应加装空气过滤装置并定期清洁。

④ 根据生产需要，必要时应安装除尘设施。

（7）照明设施

① 厂房内应有充足的自然采光或人工照明，光泽和亮度应能满足生产和操作需要；光源应使食品呈现真实的颜色。

② 如需在暴露食品和原料的正上方安装照明设施，应使用安全型照明设施或采取防护措施。

（8）仓储设施

① 应具有与所生产产品的数量、贮存要求相适应的仓储设施。

② 仓库应以无毒、坚固的材料建成；仓库地面应平整，便于通风换气。仓库的设计应能易于维护和清洁，防止害虫藏匿，并应有防止害虫侵入的装置。

③ 原料、半成品、成品、包装材料等应依据性质的不同分设贮存场所，或分区域码放，并有明确标识，防止交叉污染。必要时仓库应设有温、湿度控制设施。

④ 贮存物品应与墙壁、地面保持适当距离，以利于空气流通及物品搬运。

⑤ 清洁剂、消毒剂、杀虫剂、润滑剂、燃料等物质应分别安全包装，明确标识，并应与原料、半成品、成品、包装材料等分隔放置。

（9）温控设施

① 应根据食品生产的特点，配备适宜的加热、冷却、冷冻等设施，以及用于监测温度的设施。

② 根据生产需要，可设置控制室温的设施。

3.3.3.2 设备

（1）生产设备

① 一般要求

应配备与生产能力相适应的生产设备，并按工艺流程有序排列，避免引起交叉污染。

② 材质

与原料、半成品、成品接触的设备与用具，应使用无毒、无味、抗腐蚀、不易脱落的材料制作，并应易于清洁和保养。

设备、工器具等与食品接触的表面应使用光滑、无吸收性、易于清洁保养和消毒的材料制成，在正常生产条件下不会与食品、清洁剂和消毒剂发生反应，并应保持完好无损。

③ 设计

所有生产设备应从设计和结构上避免零件、金属碎屑、润滑油或其他污染因素混入食品，并应易于清洁消毒、易于检查和维护。

设备应不留空隙地固定在墙壁或地板上，或在安装时与地面和墙壁间保留足够空间，以便清洁和维护。

（2）监控设备

用于监测、控制、记录的设备，如压力表、温度计、记录仪等，应定期校准、维护。

（3）设备的保养和维修

应建立设备保养和维修制度，加强设备的日常维护和保养，定期检修，及时记录。

3.3.4 卫生管理

3.3.4.1 卫生管理制度

① 应制定食品加工人员和食品生产卫生管理制度以及相应的考核标准，明确岗位职责，

实行岗位责任制。

② 应根据食品的特点以及生产、贮存过程的卫生要求，建立对保证食品安全具有显著意义的关键控制环节的监控制度，良好实施并定期检查，发现问题及时纠正。

③ 应制定针对生产环境、食品加工人员、设备及设施等的卫生监控制度，确立内部监控的范围、对象和频率。记录并存档监控结果，定期对执行情况和效果进行检查，发现问题及时整改。

④ 应建立清洁消毒制度和清洁消毒用具管理制度。清洁消毒前后的设备和工器具应分开放置妥善保管，避免交叉污染。

3.3.4.2 厂房及设施卫生管理

① 厂房内各项设施应保持清洁，出现问题及时维修或更新；厂房地面、屋顶、天花板及墙壁有破损时，应及时修补。

② 生产、包装、贮存等设备及工器具、生产用管道、裸露食品接触表面等应定期清洁消毒。

3.3.4.3 食品加工人员健康管理与卫生要求

（1）食品加工人员健康管理

① 应建立并执行食品加工人员健康管理制度。

② 食品加工人员每年应进行健康检查，取得健康证明；上岗前应接受卫生培训。

③ 食品加工人员如患有痢疾、伤寒、甲型病毒性肝炎、戊型病毒性肝炎等消化道传染病，以及患有活动性肺结核、化脓性或者渗出性皮肤病等有碍食品安全的疾病，或有明显皮肤损伤未愈合的，应当调整到其他不影响食品安全的工作岗位。

（2）食品加工人员卫生要求

① 进入食品生产场所前应整理个人卫生，防止污染食品。

② 进入作业区域应规范穿着洁净的工作服，并按要求洗手、消毒；头发应藏于工作帽内或使用发网约束。

③ 进入作业区域不应佩戴饰物、手表，不应化妆、染指甲、喷洒香水；不得携带或存放与食品生产无关的个人用品。

④ 使用卫生间、接触可能污染食品的物品或从事与食品生产无关的其他活动后，再次从事接触食品、食品工器具、食品设备等与食品生产相关的活动前应洗手消毒。

（3）来访者

非食品加工人员不得进入食品生产场所，特殊情况下进入时应遵守和食品加工人员同样的卫生要求。

3.3.4.4 虫害控制

① 应保持建筑物完好、环境整洁，防止害虫侵入及滋生。

② 应制定和执行虫害控制措施，并定期检查。生产车间及仓库应采取有效措施（如纱帘、纱网、防鼠板、防蝇灯、风幕等），防止鼠类、昆虫等侵入。若发现有虫鼠害痕迹时，应追查来源，消除隐患。

③ 应准确绘制虫害控制平面图，标明捕鼠器、粘鼠板、灭蝇灯、室外诱饵投放点，以及生化信息素捕杀装置等放置的位置。

④ 厂区应定期进行除虫灭害工作。

⑤ 采用物理、化学或生物制剂进行处理时，不应影响食品安全和食品应有的品质、不应污染食品接触表面、设备、工器具及包装材料。除虫灭害工作应有相应的记录。

⑥ 使用各类杀虫剂或其他药剂前，应做好预防措施避免对人身、食品、设备工具造成污染；不慎污染时，应及时将被污染的设备、工具彻底清洁，消除污染。

3.3.4.5 废弃物处理

① 应制定废弃物存放和清除制度，有特殊要求的废弃物其处理方式应符合有关规定。废弃物应定期清除，易腐败的废弃物应尽快清除，必要时应及时清除废弃物。

② 车间外废弃物放置场所应与食品加工场所隔离防止污染；应防止不良气味或有害有毒气体溢出；应防止害虫滋生。

3.3.4.6 工作服管理

① 进入作业区域应穿着工作服。

② 应根据食品的特点及生产工艺的要求配备专用工作服，如衣、裤、鞋靴、帽和发网等，必要时还可配备口罩、围裙、套袖、手套等。

③ 应制定工作服的清洗保洁制度，必要时应及时更换；生产中应注意保持工作服干净完好。

④ 工作服的设计、选材和制作应适应不同作业区的要求，降低交叉污染食品的风险；应合理选择工作服口袋的位置、使用的连接扣件等，降低内容物或扣件掉落污染食品的风险。

3.3.5 食品原料、食品添加剂和食品相关产品

3.3.5.1 一般要求

应建立食品原料、食品添加剂和食品相关产品的采购、验收、运输和贮存管理制度，确保所使用的食品原料、食品添加剂和食品相关产品符合国家有关要求。不得将任何危害人体健康和生命安全的物质添加到食品中。

3.3.5.2 食品原料

① 采购的食品原料应当查验供货者的许可证和产品合格证明文件；对无法提供合格证明文件的食品原料，应当依照食品安全标准进行检验。

② 食品原料必须经过验收合格后方可使用。经验收不合格的食品原料应在指定区域与合格品分开放置并明显标记，并应及时进行退、换货等处理。

③ 加工前宜进行感官检验，必要时应进行实验室检验；检验发现涉及食品安全项目指标异常的，不得使用；只应使用确定适用的食品原料。

④ 食品原料运输及贮存中应避免日光直射、备有防雨防尘设施；根据食品原料的特点和卫生需要，必要时还应具备保温、冷藏、保鲜等设施。

⑤ 食品原料运输工具和容器应保持清洁、维护良好，必要时应进行消毒。食品原料不得与有毒、有害物品同时装运，避免污染食品原料。

⑥ 食品原料仓库应设专人管理，建立管理制度，定期检查质量和卫生情况，及时清理变质或超过保质期的食品原料。仓库出货顺序应遵循先进先出的原则，必要时应根据不同食品原料的特性确定出货顺序。

3.3.5.3 食品添加剂

① 采购食品添加剂应当查验供货者的许可证和产品合格证明文件。食品添加剂必须经过验收合格后方可使用。

② 运输食品添加剂的工具和容器应保持清洁、维护良好，并能提供必要的保护，避免污染食品添加剂。

③ 食品添加剂的贮藏应有专人管理，定期检查质量和卫生情况，及时清理变质或超过保质期的食品添加剂。仓库出货顺序应遵循先进先出的原则，必要时应根据食品添加剂的特性确定出货顺序。

3.3.5.4 食品相关产品

① 采购食品包装材料、容器、洗涤剂、消毒剂等食品相关产品应当查验产品的合格证明文件，实行许可管理的食品相关产品还应查验供货者的许可证。食品包装材料等食品相关产品必须经过验收合格后方可使用。

② 运输食品相关产品的工具和容器应保持清洁、维护良好，并能提供必要的保护，避免污染食品原料和交叉污染。

③ 食品相关产品的贮藏应有专人管理，定期检查质量和卫生情况，及时清理变质或超过保质期的食品相关产品。仓库出货顺序应遵循先进先出的原则。

3.3.5.5 其他

盛装食品原料、食品添加剂、直接接触食品的包装材料的包装或容器，其材质应稳定、无毒无害，不易受污染，符合卫生要求。

食品原料、食品添加剂和食品包装材料等进入生产区域时应有一定的缓冲区域或外包装清洁措施，以降低污染风险。

3.3.6 生产过程的食品安全控制

3.3.6.1 产品污染风险控制

① 应通过危害分析方法明确生产过程中的食品安全关键环节，并设立食品安全关键环节的控制措施。在关键环节所在区域，应配备相关的文件以落实控制措施，如配料（投料）表、岗位操作规程等。

② 鼓励采用危害分析与关键控制点体系（HACCP）对生产过程进行食品安全控制。

3.3.6.2 生物污染的控制

（1）清洁和消毒

① 应根据原料、产品和工艺的特点，针对生产设备和环境制定有效的清洁消毒制度，降低微生物污染的风险。

② 清洁消毒制度应包括以下内容：清洁消毒的区域、设备或器具名称；清洁消毒工作的职责；使用的洗涤、消毒剂；清洁消毒方法和频率；清洁消毒效果的验证及不符合的处理；清洁消毒工作及监控记录。

③ 应确保实施清洁消毒制度，如实记录；及时验证消毒效果，发现问题及时纠正。

（2）食品加工过程的微生物监控

① 根据产品特点确定关键控制环节进行微生物监控；必要时应建立食品加工过程的微生物监控程序，包括生产环境的微生物监控和过程产品的微生物监控。

② 食品加工过程的微生物监控程序应包括：微生物监控指标、取样点、监控频率、取样和检测方法、评判原则和整改措施等，具体可参照 GB 14881—2013 附录 A 的要求，结合生产工艺及产品特点制定。

③ 微生物监控应包括致病菌监控和指示菌监控，食品加工过程的微生物监控结果应能反映食品加工过程中对微生物污染的控制水平。

3.3.6.3 化学污染的控制

① 应建立防止化学污染的管理制度，分析可能的污染源和污染途径，制定适当的控制

计划和控制程序。

② 应当建立食品添加剂和食品工业用加工助剂的使用制度，按照 GB 2760 的要求使用食品添加剂。

③ 不得在食品加工中添加食品添加剂以外的非食用化学物质和其他可能危害人体健康的物质。

④ 生产设备上可能直接或间接接触食品的活动部件若需润滑，应当使用食用油脂或能保证食品安全要求的其他油脂。

⑤ 建立清洁剂、消毒剂等化学品的使用制度。除清洁消毒必需和工艺需要，不应在生产场所使用和存放可能污染食品的化学制剂。

⑥ 食品添加剂、清洁剂、消毒剂等均应采用适宜的容器妥善保存，且应明显标示、分类贮存；领用时应准确计量、作好使用记录。

⑦ 应当关注食品在加工过程中可能产生有害物质的情况，鼓励采取有效措施降低其风险。

3.3.6.4 物理污染的控制

① 应建立防止异物污染的管理制度，分析可能的污染源和污染途径，并制定相应的控制计划和控制程序。

② 应通过采取设备维护、卫生管理、现场管理、外来人员管理及加工过程监督等措施，最大程度地降低食品受到玻璃、金属、塑胶等异物污染的风险。

③ 应采取设置筛网、捕集器、磁铁、金属检查器等有效措施降低金属或其他异物污染食品的风险。

④ 当进行现场维修、维护及施工等工作时，应采取适当措施避免异物、异味、碎屑等污染食品。

3.3.6.5 包装

① 食品包装应能在正常的贮存、运输、销售条件下最大限度地保护食品的安全性和食品品质。

② 使用包装材料时应核对标识，避免误用；应如实记录包装材料的使用情况。

3.3.7 检验

① 应通过自行检验或委托具备相应资质的食品检验机构对原料和产品进行检验，建立食品出厂检验记录制度。

② 自行检验应具备与所检项目适应的检验室和检验能力；由具有相应资质的检验人员按规定的检验方法检验；检验仪器设备应按期检定。

③ 检验室应有完善的管理制度，妥善保存各项检验的原始记录和检验报告。应建立产品留样制度，及时保留样品。

④ 应综合考虑产品特性、工艺特点、原料控制情况等因素合理确定检验项目和检验频次以有效验证生产过程中的控制措施。净含量、感官要求以及其他容易受生产过程影响而变化的检验项目的检验频次应大于其他检验项目。

⑤ 同一品种不同包装的产品，不受包装规格和包装形式影响的检验项目可以一并检验。

3.3.8 食品的贮存和运输

① 根据食品的特点和卫生需要选择适宜的贮存和运输条件，必要时应配备保温、冷藏、

保鲜等设施。不得将食品与有毒、有害或有异味的物品一同贮存运输。

② 应建立和执行适当的仓储制度，发现异常应及时处理。

③ 贮存、运输和装卸食品的容器、工器具和设备应当安全、无害，保持清洁，降低食品污染的风险。

④ 贮存和运输过程中应避免日光直射、雨淋、显著的温湿度变化和剧烈撞击等，防止食品受到不良影响。

3.3.9 产品召回管理

① 应根据国家有关规定建立产品召回制度。

② 当发现生产的食品不符合食品安全标准或存在其他不适于食用的情况时，应当立即停止生产，召回已经上市销售的食品，通知相关生产经营者和消费者，并记录召回和通知情况。

③ 对被召回的食品，应当进行无害化处理或者予以销毁，防止其再次流入市场。对因标签、标识或者说明书不符合食品安全标准而被召回的食品，应采取能保证食品安全且便于重新销售时向消费者明示的补救措施。

④ 应合理划分记录生产批次，采用产品批号等方式进行标识，便于产品追溯。

3.3.10 培训

① 应建立食品生产相关岗位的培训制度，对食品加工人员以及相关岗位的从业人员进行相应的食品安全知识培训。

② 应通过培训增强各岗位从业人员遵守食品安全相关法律法规标准和执行各项食品安全管理制度的意识和责任，提高相应的知识水平。

③ 应根据食品生产不同岗位的实际需求，制定和实施食品安全年度培训计划并进行考核，做好培训记录。

④ 当食品安全相关的法律法规标准更新时，应及时开展培训。

⑤ 应定期审核和修订培训计划，评估培训效果，并进行常规检查，以确保培训计划的有效实施。

3.3.11 管理制度和人员

① 应配备食品安全专业技术人员、管理人员，并建立保障食品安全的管理制度。

② 食品安全管理制度应与生产规模、工艺技术水平和食品的种类特性相适应，应根据生产实际和实施经验不断完善食品安全管理制度。

③ 管理人员应了解食品安全的基本原则和操作规范，能够判断潜在的危险，采取适当的预防和纠正措施，确保有效管理。

3.3.12 记录和文件管理

3.3.12.1 记录管理

① 应建立记录制度，对食品生产中采购、加工、贮存、检验、销售等环节详细记录。记录内容应完整、真实，确保对产品从原料采购到产品销售的所有环节都可进行有效追溯。

a. 应如实记录食品原料、食品添加剂和食品包装材料等食品相关产品的名称、规格、数量、供货者名称及联系方式、进货日期等内容。

b. 应如实记录食品的加工过程（包括工艺参数、环境监测等）、产品贮存情况及产品的检验批号、检验日期、检验人员、检验方法、检验结果等内容。

c. 应如实记录出厂产品的名称、规格、数量、生产日期、生产批号、购货者名称及联系方式、检验合格单、销售日期等内容。

d. 应如实记录发生召回的食品名称、批次、规格、数量、发生召回的原因及后续整改方案等内容。

② 食品原料、食品添加剂和食品包装材料等食品相关产品进货查验记录、食品出厂检验记录应由记录和审核人员复核签名，记录内容应完整。保存期限不得少于 2 年。

③ 应建立客户投诉处理机制。对客户提出的书面或口头意见、投诉，企业相关管理部门应作记录并查找原因，妥善处理。

3.3.12.2　文件管理

应建立文件的管理制度，对文件进行有效管理，确保各相关场所使用的文件均为有效版本。

3.3.12.3　采用先进手段管理

鼓励采用先进技术手段（如电子计算机信息系统），进行记录和文件管理。

本章习题：

1. GMP 的概念是什么？
2. 实施食品 GMP 有哪些重要意义？
3. 简述我国 GMP 的主要内容。

本章思考与拓展：

良好操作规范是一种注重生产过程中产品质量和安全卫生的自主性管理制度。良好操作规范在食品中的应用，是以现代科学知识和原理为基础，应用先进的技术和管理的方法，解决食品生产中的质量问题和安全卫生问题。良好操作规范并不是仅仅针对食品企业而言，应该贯穿于食品原料生产、运输、加工、储存、销售、使用的全过程，也就是说从食品生产至使用的每一环节都应有它的良好操作规范。因此食品良好操作规范是实现食品工业现代化、科学化的必备条件，是食品优良品质和安全卫生的保证体系。本章通过介绍良好操作规范的现实意义及在国际贸易中的重要作用，结合食品专业特点，明确食品质量管理是我国保证食品质量与安全、提高生活质量与健康水平的需要，也是我国在国际贸易中实施质量战略的需要，学生应意识到，作为"质量人"，应从自身做起，从岗位工作做起。

第**4**章

卫生标准操作程序

"确保食品安全，责任重于泰山"。为确保生产出安全、无掺杂作假的食品，促使生产者自觉实施 GMP 中的各项要求，保证食品的安全、卫生，必须对食品生产的环境、加工的条件（如与食品直接或间接接触的水或冰、加工设备和工器具等）、员工的健康及卫生状况（如手和手套、工作服等）等进行必要的控制。食品的生产、加工条件要符合 GMP 的要求，最有效的手段，也是最好的作业指导纲要就是"卫生标准操作程序"（Sanitation Standard Operation Procedures，SSOP）。

4.1　SSOP 简介

4.1.1　SSOP 的起源与发展历程

SSOP 起源于 20 世纪 90 年代的美国。20 世纪 90 年代，美国的食源性疾病频繁暴发，造成每年大约 700 万人次感染，7000 人死亡。调查数据显示，其中有大半感染或死亡的原因和肉、禽产品有关。这一结果促使美国农业部（U. S. Department of Agriculture，US-DA）不得不重视肉、禽生产的状况，决心建立一套包括生产、加工、运输、销售所有环节在内的肉禽产品生产安全规范措施，从而保障公众的健康。1995 年 2 月颁布的《美国肉、禽类产品 HACCP 法规》（9 CFR part 304）中第一次提出了要求建立一种书面的常规可行的程序——卫生标准操作程序（SSOP），确保生产出安全、无掺杂的食品。但在这一法规中并未对 SSOP 的具体内容做出具体规定。同年 12 月，美国 FDA 颁布的《美国水产品 HAC-CP 法规》（21 CFR part 123，1240）中进一步明确了 SSOP 必须包括的八个方面及验证等相关程序，从而建立了 SSOP 的完整体系。此后，SSOP 一直作为 GMP 或 HACCP 的基础程序加以实施推行，成为完善 HACCP 体系的重要前提条件。

建立和维护一个良好的"卫生计划"（Sanitation Program）是实施 HACCP 计划的基础和前提。如果没有对食品生产环境的卫生控制，仍将会导致食品的不安全。为确保食品在卫生状态下加工，充分保证达到 GMP 的要求，食品企业应针对产品或生产场所制定并实施一个 SSOP 文件。SSOP 最重要的是具有八个方面的内容，加工者根据这八个主要卫生控制方面加以实施，以消除与卫生有关的危害。实施过程中还必须有检查、监控，如果实施不力还要进行纠正和记录保持。这些卫生方面适用于所有种类的食品零售商、批发商、仓库和生产操作。

4.1.2 SSOP 的含义

SSOP 是卫生标准操作程序的简称，是食品加工企业为保证达到 GMP 所规定要求，确保加工过程中消除不良因素，使其加工的食品符合卫生要求而制定的，用于指导食品生产加工过程中如何实施清洗、消毒和卫生保持的作业指导性文件；是食品企业为保障食品安全，对涉及加工环境和人员卫生的潜在危害采取措施，对加工过程中各种污染及危害进行控制的有效方法；是食品企业为了满足食品安全的要求，在卫生环境和加工过程等方面所需实施的具体程序，也是实施危害分析与关键控制点（HACCP）的前提条件。

4.1.3 SSOP 的基本内容

根据美国 FDA 的要求，SSOP 至少包括以下八个方面：
① 与食品或食品表面接触的水的安全性或生产用冰的安全；
② 食品接触表面（包括设备、手套和工作服等）的卫生状况和清洁度；
③ 防止发生交叉污染，即防止食品与不洁物、食品与包装材料、人流与物流、高清洁区的食品与低清洁区的食品、生食与熟食之间和其他食品接触面（包括工器具、手套、工作服）之间的交叉污染；
④ 手的清洗与消毒设施、厕所设施的维护与卫生保持；
⑤ 防止食品、食品包装物、食品工具容器被污染物污染，即保护食品、食品包装材料和食品接触面免受润滑剂、燃油、杀虫剂、清洁化合物、消毒剂、冷凝水、涂料、铁锈和其他化学、物理和生物性外来杂质的污染；
⑥ 有毒化学物质的正确标记、储存和使用；
⑦ 生产人员的健康与卫生控制；
⑧ 食品工厂有害动物的预防与控制（防虫、灭虫、防鼠、灭鼠）。

卫生标准操作程序这八个方面的内容已被国家认证认可监督管理委员会（简称国家认监委）所接受。国家认监委在 2002 年发布的《食品生产企业危害分析与关键控制点（HACCP）管理体系认证管理规定》（2006 年 7 月 1 日起已由 ISO 22000 替代）中已明确，企业必须建立和实施卫生标准操作程序，达到以上八个方面的卫生要求，也就是说，企业制定的 SSOP 计划应至少包括以上八个方面的卫生控制内容，企业可以根据产品和自身加工条件的实际情况增加其他方面的内容。

4.1.4 实施 SSOP 的意义

SSOP 实际上是落实 GMP 的具体程序，是企业自行编写的卫生标准操作程序，包括：描述在工厂中使用的卫生程序；提供这些卫生程序的时间计划；提供一个支持日常监测计划的基础；鼓励提前做好计划以保证必要时采取纠正措施；辨别趋势，防止同样问题再次发生；确保每个人，从管理层到生产工人都理解卫生（概念）；为雇员提供一种连续培训的工具；显示对买方和检查人员的承诺，以及引导厂内的卫生操作和状况得以完善提高。

SSOP 是将 GMP 中有关卫生方面的要求具体化，使其转化为具有可操作性的作业指导文件。SSOP 的正确制定和有效实施，可以减少 HACCP 计划中的关键控制点（CCP）数量，使 HACCP 体系将注意力集中在与食品或其生产过程中相关的危害控制上，而不是在生产卫生环节上。但这并不意味着生产卫生控制不重要，实际上，危害是通过 SSOP 和 HAC-CP 的 CCP 共同予以控制的，没有谁重谁轻之分。一般来说，涉及产品本身或某一加工工艺、步骤的危害是由 CCP 来控制，而涉及加工环境或人员等的危害通常由 SSOP 来控制比较合适。在有些情况下，一个产品加工操作可以不需要一个特定的 HACCP 计划，这是因为危害分析显示没有显著危害，但是所有的加工厂都必须对卫生状况和操作进行监测。

例如，2002 年，舟山部分冻虾仁被欧洲一些公司退货，是因为欧洲一些检验部门从部分舟山冻虾仁中查出了 2×10^{-11} g 的氯霉素。经调查发现，原因是一些员工在手工剥虾仁过程中，因为手痒，用含氯霉素的消毒水止痒，结果将氯霉素带入了冻虾仁。因此，员工手的清洁和消毒方法、频率，应该在 SSOP 中有明确的规定和控制措施。出现上述情况的原因，有可能是 SSOP 规定不明确，或者员工没有严格按照 SSOP 的规定去做，也没有被监管人员发现。可见，SSOP 实施的失误，同样可以造成不可挽回的损失。

4.2 SSOP 八项内容详解

4.2.1 与食品或食品表面接触的水的安全性或生产用冰的安全

在食品的加工过程中，水既是某些食品的组成成分，也是用于食品清洗，设施、设备、工器具清洗和消毒所必需的。水具有广泛的用途，是非常重要的。生产用水（冰）的卫生质量是影响食品卫生的关键因素，对于任何食品的加工，首要的一点就是要保证水的安全。食品加工企业一个完整的 SSOP，首先要考虑与食品接触或与食品接触物表面接触用水（冰）的来源与处理应符合有关规定，保证有充足的水源，并要考虑非生产用水及污水处理的交叉污染问题。

监控时，发现加工用水存在问题应立即停止使用，及时纠正。监控、维护、发现问题及处理都要记录并保存。

4.2.1.1 水的来源

食品企业加工用水一般来自城市公共用水、自供水和海水。城市供水和自供水要符合《生活饮用水卫生标准》（GB 5749—2022）的要求，海水要符合《海水水质标准》（GB 3097—1997），并制定监测频率，有效地加以监控，检验合格以后方可使用。

① 城市供水　城市供水是食品加工中最常用的水源，具有安全、优质、可靠的优点。城市供水都是经过消毒、净化处理后使用，一般不存在安全卫生方面的问题。一旦出现问题，多数情况是由管道交叉连接、压力回流、虹吸管回流等原因造成的。

② 自供水　自供水主要是井水。食品厂自己打井，质量可靠，稳定性好，比城市供水费用低，但是自供水容易发生交叉污染。因此，自供水必须建在当地地下水流的上方，周围环境无污染；盛装水的设备要保持卫生、安全且防蝇、虫和鼠；井口应离地面 1m 以上；定期进行消毒和监测。

③ 海水　海水主要在偏远的海滨地区和捕捞船上使用。海水容易受天气、季节和环境污染的影响，其水的安全性和质量得不到保障，这时进行水处理能有效减少微生物的污染。

4.2.1.2 水的消毒和监测

水的消毒方法有加氯处理、臭氧处理和紫外线消毒。目前，水的消毒方法主要采用加氯处理。加氯处理至少 20min，余氯浓度为 0.05～0.3mg/L。

① 水的监测　无论是城市公共用水还是用于食品加工的自备水源都必须充分有效地加以监控，经官方检验合格后方可使用。

② 取样计划　每次必须包括总出水口，一年内做完所有的出水口。

③ 取样方法　先进行消毒，放水 5min 后取样。

④ 监测内容和方法　余氯，pH 值，微生物（菌落总数、大肠杆菌）。

⑤ 监测频率　企业对水余氯每天监测一次，一年内对所有水龙头都监测到；水的微生物检测至少每月一次；当地卫生部门对城市公共用水全项目的检测每年至少一次，并有报告正本；对自备水源监测频率要增加，一年至少两次。

4.2.1.3　供水设施

供水设施要完好，一旦损坏后就能立即维修好。管道的设计要防止冷凝水集聚下滴而污染裸露的加工食品，防止饮用水管、非饮用水管以及污水管间交叉污染。

① 防虹吸设备　水管离水面距离 2 倍于水管直径。

② 防止水倒流　水管管道内设置死水区；水管龙头安装真空排气阀。

③ 其他　洗手消毒水龙头为非手动开关；加工案台等工具有将废水直接导入下水道的装置，并备有高压水枪；使用的软水管要求为浅色、由不易发霉的材料制成；有蓄水池（塔）的工厂，水池要有完善的防尘、虫、鼠措施，并进行定期清洗消毒。

4.2.1.4　供水网络图

工厂要保留详细的供水网络图，以便日常对生产供水系统管理与维护。供水网络图是质量管理的基础资料。冷热水、饮用水和污水要用不同的颜色标识，水龙头要按照顺序进行编号。

4.2.1.5　废水的处理和排放

废水的处理和排放要符合相关要求，具体如下。

① 污水处理　按照国家环保部门的规定，进行必要的处理，符合 ISO14000 和防疫的要求，特别是来料加工。

② 废水排放　地面坡度易于排水，一般坡度为 1‰～1.5‰斜坡；加工用水、台案或清洗消毒池的水不能直接流到地面。

③ 地沟　明沟、暗沟加篦子（易于清洗、不生锈）。

④ 流向　清洁区到非清洁区。

⑤ 与外界接口　防异味、防蚊蝇。

4.2.1.6　生产用冰

直接与产品接触的冰必须采用符合饮用水标准的水制造；制冰设备和盛装冰块的器具，必须保持良好的清洁卫生状况；冰的存放、粉碎、运输、盛装储存等都必须在洁净卫生的条件下进行，防止与地面接触造成污染。

4.2.2　食品接触表面（包括设备、手套和工作服等）的卫生状况和清洁程度

食品接触表面指的是与食品表面直接或间接接触的物体的表面，它包括在食品加工过程中所使用的所有设备、工器具和设施以及工作服、手、手套和包装材料等。要以视觉检查、化学检测（消毒剂浓度）、表面微生物检查等方法监控，监控频率视使用条件而定。

4.2.2.1　食品接触面材料的要求

食品工器具和设备要用耐腐蚀、不生锈、表面光滑易清洗的无毒材料制造；不允许用木制品、纤维制品、含铁金属、镀锌金属、黄铜等制造；设计安装及维护方便，同时便于卫生处理；制作精细，无粗糙焊缝、凹陷、破裂等；维护其始终保持完好的状态。

手套、围裙和工作服等应根据用途采用耐用材料合理设计和制造，不准使用线或布手套。

4.2.2.2　食品接触表面的清洁和消毒

食品接触表面的清洁和消毒是控制微生物污染的基础。清洁就是去掉工器具和设备上残留的食品颗粒；消毒就是杀灭病原微生物。与食品接触的表面需要经常清洗消毒。加工设备与工具使用前要彻底清洗、消毒；消毒可使用开水、酸碱消毒剂、紫外线、臭氧等。工作服、手套要集中清洗消毒；不同清洁区域的工作服要分别清洗消毒；清洁的工作服与脏工作服应分区域放置；存放工作服的房间设有臭氧、紫外线等设备，并且环境要干净、干燥和清洁。空气消毒可使用紫外线照射法、臭氧消毒法或药物熏蒸法。要注意在清洗消毒时，要先清洗后消毒。良好的清洗和消毒过程包括以下步骤：

① 清扫　用刷子、扫帚等清除设备、工器具表面的食品颗粒和污物；

② 预冲洗　用洁净的水冲洗被清洗器具的表面，除去清扫后遗留的微小颗粒；

③ 用清洁剂　根据清洁对象的不同选择合适的清洁剂，主要清除设备表面的污物；

④ 再冲洗　用流动的水冲去食品接触表面上的清洁剂和污物；

⑤ 消毒　使用热水（>82℃）或消毒剂杀死和清除接触表面上存在的病原微生物；

⑥ 最后清洗　消毒结束后，用符合卫生要求的水对消毒对象进行清洗，尽可能减少消毒剂的残留。

检查与食品接触的表面发现问题时，应立即停止使用，及时纠正。要保持做每日卫生监控记录。

4.2.2.3　清洗消毒的频率

对于大型设备，每班加工结束后，工器具的清洗消毒每2～4h进行一次；加工设备、器具被污染后要立即进行；手和手套的消毒在上班前和生产过程中每隔1～2h进行一次。

4.2.3　防止发生交叉污染

交叉污染是通过生的食品、食品加工者或食品加工环境把生物的、化学的或物理的污染物转移到食品中的过程。

4.2.3.1　交叉污染的来源

① 工厂选址、设计、车间工艺布局不合理　如果工厂建在一些化工厂附近，特别是位于它的下风区，很容易导致化工厂排出的污染物污染食品；设计和车间布局不合理也会导致原料、半成品和成品之间发生交叉污染。

② 加工人员个人卫生不良　从业人员上班前，没有将首饰、手表等物品取下，化妆，在工作时吃零食、随便说话等不良习惯等均可导致食品被污染。

③ 清洁消毒不当　从业人员在上班前或生产过程中，没有严格按照清洗消毒程序对手、工器具和设备等进行清洗和消毒，导致手部致病菌、清洗剂、消毒剂残留，从而污染正在加工的食品。

④ 卫生操作不当　从业人员接触食品原料或半成品后，双手未消毒即加工直接入口的食品，使原料或半成品上的致病微生物通过工作人员手部污染直接进入食品。

⑤ 生、熟产品未分开　食品原料或半成品与直接入口食品直接接触，使食品原料或半成品中的致病微生物（细菌、寄生虫等）转移到直接入口食品。

⑥ 原料和成品未隔离　成品一般是经过杀菌消毒的，并且是非常卫生的，而原料一般会携带大量的致病菌，尤其是动物原料，两者混在一起很容易导致交叉污染。

4.2.3.2　交叉污染的预防

（1）工厂的选址、设计、建筑要符合出口食品加工企业的卫生要求

周围环境无污染源；锅炉房设在厂区的下风处；厂区厕所、垃圾箱远离车间。

（2）加强个人卫生监管

手、手套和工作服的卫生要由专人监督和管理；员工要养成良好的卫生习惯。进入车间、如厕后应严格按照洗手消毒程序进行消毒。

（3）生熟产品严格分开

对于生产即食食品、油炸食品、肉制品的加工企业，要做到人流、物流、气流、水流严格分开，不能相互交叉。

① 人流　从高清洁区到低清洁区。

② 物流　不造成交叉污染，可通过时间、空间分隔。

③ 水流　从高清洁区到低清洁区。

④ 气流　入气控制，正压排气。

4.2.3.3　交叉污染的监控

为了有效控制交叉污染，需要评估和监测各个加工环节和食品加工环境，从而确保产品在加工、贮藏和运输过程中不会污染熟的、即食的或需要进一步熟制的半成品。

① 指定专人在加工前或交接班时进行检查，确保所有操作活动受到监控。

② 生熟车间分开。如果员工加工完生产品后再从事熟产品加工的话，必须彻底清洗消毒后再工作。

③ 禁止员工在车间内随便走动。如果员工从一个区域到另一个区域，必须对靴子进行消毒或进行其他控制措施。

④ 与生的产品接触后的设备在加工熟制品时要彻底清洗和消毒。

⑤ 卫生监督员定期检查员工的个人卫生。督促员工在规定的时间内进行清洗消毒。

在开工、交班、餐后继续加工时进入生产车间要监控，生产时要连续监控。产品储存区域（如冷库）要每日检查。

发生交叉污染，要立即采取措施处理，并防止再发生。要保存消毒控制记录、改正措施记录。

4.2.4　手的清洗与消毒、厕所设施的维护与卫生保持

食品的加工很多是通过手工操作的。手不仅接触食品表面，而且还要利用手处理垃圾、接触化学药品、吃饭、如厕等，在这些活动中，手会被病原微生物和有害物质污染。显而易见，洗手在生产加工食品中是非常必要的。如果在处理食品前没有进行清洗和消毒，必然会导致食品的交叉污染。为了防止工厂内污物和致病菌的传播，厕所设施的维护也是非常重要的。

4.2.4.1　洗手消毒设施和厕所设施

① 洗手消毒设施　在车间入口处设有与车间内人员数量相当的消毒设施，一般为每10个人设置1个洗手消毒设备；洗手的水龙头应为非手动的（如感应式或脚踩式水龙头），洗手处有皂液盒，在冬季有热水供应；干手用具必须是不导致交叉污染的物品，如一次性的擦手纸、干手器等；必要时可以设置流动洗手消毒车。

② 厕所设施　厕所的位置应设在卫生设施区域内并尽可能远离加工车间。厕所的门、窗不能直接开向加工区；卫生间的地面、墙壁和门窗应该用浅色、易清洗消毒、耐腐蚀、不渗水的材料制造；手纸和纸篓保持清洁卫生，并配有洗手消毒设施；防蝇、蚊、鼠设施齐全；通风良好。厕所的数量与加工人员相适应，每15～20人设一个为宜。

4.2.4.2　洗手消毒程序

手是接触食品最多的部位，通过手污染是食品污染的重要途径。手部皮肤上存在的细菌

无论从种类还是数量上都较身体其他部位要多，并以皮肤褶皱处及指尖为多。严重有碍食品卫生的污染手指的细菌主要是金黄色葡萄球菌和肠道致病菌。金黄色葡萄球菌在健康人的鼻腔存在较多，当手接触鼻部或鼻涕时，手被污染。另外，金黄色葡萄球菌在自然界广泛存在，手指在任何情况下都有被污染的可能。因此，员工在进入车间或如厕后必须严格按照程序进行洗手消毒。

良好的进车间洗手消毒程序为：工人更换工作服→换鞋→清水洗手→皂液洗手→清水冲洗→50mg/L 的次氯酸钠溶液消毒 30s→清水冲洗→干手（干手器或一次性纸巾）→75%酒精消毒。

良好的如厕程序：工人更换工作服→换鞋→如厕→冲厕→皂液洗手→清水冲洗→干手→消毒→换工作服→换鞋→洗手消毒→入车间。

洗手消毒的时间：每次进入车间时；加工期间每 1～2h 进行一次；手接触了污染物、废弃物后等。

4.2.4.3　手的清洗与消毒设施、厕所设施维护的监测

员工进入车间，如厕后应设专人进行监督检查。车间内的操作人员应定时进行洗手消毒。生产区域、卫生间和洗手间的设备每日至少检查一次。消毒液的浓度每小时检测一次，上班高峰时每半小时检测一次。

对于厕所设施的检查，每天至少检查一次，保障厕所设施一直处于完好状态，并经常打扫保持清洁卫生，以免造成污染。

检查发现问题立即纠正并记录。每日要做卫生监控记录。

4.2.5　防止食品被外部污物污染

在食品的加工过程中，食品、包装材料和食品接触面会被各种生物性、物理性和化学性物质污染，如消毒剂、清洁剂、润滑油、冷凝物等，这些物质统称为外部污染物。

4.2.5.1　外部污染物的来源

外部污染物的来源主要有：①被污染的冷凝水；②飞溅的不清洁水；③空气中的灰尘、颗粒；④外来物质；⑤地面污物；⑥无保护装置的照明设备；⑦润滑剂、清洁剂、杀虫剂等；⑧残留的化学药品；⑨不卫生的包装材料。

4.2.5.2　外部污染物的控制

① 冷凝水控制　车间要通风良好，进风量要大于排风量；车间温度稳定控制，减少温度波动，车间顶棚设置成圆弧形，及时清扫；将热源如蒸柜、漂烫、杀菌工艺设备单独设房间，集中排气等。

② 包装材料　包装物料存放库要保持干燥清洁、通风、防霉；内外包装分别存放，上有盖布下有垫板，并设有防虫、鼠设施。每批内包装进厂后要进行微生物检验，必要时进行消毒。

③ 工厂设计要考虑外部污染问题　工厂在最初的设计上要考虑外部污染的问题。车间对外要相对封闭，正压排气；加工过程要考虑人流、物流、水流和气流；设备布局和工艺布局要合理等。

④ 严格控制清洗消毒程序　手、设备和工器具在清洗消毒时严格按照程序操作；安排专人进行监督和检查；防止清洁剂和消毒剂的残留。

4.2.5.3　外部污染物的监控

任何可能污染食品或食品接触面的掺杂物，如潜在的有毒化合物、不卫生的水和不卫生

的表面所形成的冷凝物等，建议在生产开始时及工作时每 4h 检查一次；专人监管设备、工器具的清洗和消毒；专人负责设备的维护和保养；严格控制化学药品的使用。

发现问题，要及时纠正并记录。

4.2.6　有毒化学物质的标记、储存和使用

食品企业可能使用的有毒化学物质主要有洗涤剂、消毒剂（如次氯酸钠）、杀虫剂（如农药 1605）、润滑剂、试验室用药品（如氰化钾）、食品添加剂（如硝酸钠）等。没有这些物质，工厂设施无法运转，但使用时必须小心谨慎，不仅要按照产品说明书使用，还要做到正确标记、储存和使用，否则会导致企业加工的食品被污染。

① 标记　所有有毒化学物品应有主管部门批准生产、销售、使用的证明；要编写有毒有害化学物质一览表；需要适宜的标记并远离加工区域；有主要成分、毒性、使用剂量和注意事项等清楚的标识；有效期标识清楚；对标记不清的物品要拒收或退回；有毒化学物质的监控要经常检查，一天至少检查一次，确保符合规定要求。

② 储存　用带锁的柜子储存；并设有警告标识，防止随便乱拿。

③ 使用　有严格的使用登记记录；并且由经过培训的人员进行管理和使用。

4.2.7　生产人员的健康与卫生控制

食品加工者（包括检验人员）是直接接触食品的人，其身体健康及卫生状况直接影响食品的卫生质量。食品安全有关法律规定，凡从事食品生产的人员必须体检合格，获得健康证方能上岗。管理好患病、有外伤或其他身体不适的员工，他们可能成为食品的微生物污染源。

对员工的健康要求一般包括以下方面：所有和加工有关的人员及管理人员，应持有效的健康证，患有碍食品卫生的疾病者（肝炎、结核、肠伤寒和肠伤寒带菌者、化脓性或渗出性脱屑性皮肤病、手有开放性创伤尚未愈合者）不得参加直接接触食品的加工；制订体检计划定期进行健康检查，每年进行一次健康体检，并设有体检档案，应监督生产人员的健康状况，发现患有影响食品卫生的疾病的人、有伤口的人或其他可能成为污染源的人员要及时隔离。

员工应具备良好的个人卫生习惯和卫生操作习惯。生产人员要养成良好的个人卫生习惯，按照卫生规定从事食品加工，进车间不携带任何与生产无关的物品，进入加工车间更换清洁的工作服、帽、口罩、鞋等，并及时洗手消毒，不得化妆、佩戴首饰和携带个人物品。

4.2.8　有害动物的预防与控制（防虫、灭虫、防鼠、灭鼠）

有害动物主要包括啮齿类动物、鸟和昆虫等。通过虫害传播的食源性疾病的数量巨大，虫害的防治对食品加工厂是至关重要的。要制订防治计划，包括灭鼠分布图、清扫消毒执行规定等。虫害的灭除和控制包括加工厂（主要是生产区）全范围，甚至包括加工厂周围，重点是厕所、下脚料出口、垃圾箱周围、食堂、贮藏室等。

食品和食品加工区域内保持卫生对控制害虫至关重要。去除任何害虫的滋生地（如废物、垃圾堆积场、不用的设备、产品废物和未除尽的植物等）是减少吸引害虫的关键。安全有效的虫害控制必须由厂外开始。厂房的窗、门和其他开口，如天窗、排污口和水泵管道周围的裂缝等要加强管理。采取的主要措施包括清除滋生地和设置预防进入的风幕、纱窗、门帘，安装适宜的挡鼠板、翻水弯等；还包括产区使用杀虫剂，车间入口使用灭蝇灯、粘鼠胶、捕鼠笼等，但禁止用灭鼠药。

家养的动物，如用于防鼠的猫和用于护卫的狗或其他宠物不允许养在食品生产和储存区域，因为由这些动物引起的食品污染同虫害引起的风险一样。

要及时检查和处理有害动物出现的情况。开展卫生监控，发现问题，立即纠正。

4.3 SSOP 对卫生监控与记录的要求

食品加工企业建立 SSOP 之后，还须设定监控程序，实施检查、记录和纠正措施。企业设定监控程序时应描述如何对 SSOP 的卫生操作实施监控，如指定何人、何时及如何完成监控。对监控结果要检查，对检查结果不合格的必须采取措施纠正。对以上所有的监控行动、检查结果和纠正措施都要记录。通过这些记录说明，企业不仅遵守了 SSOP，而且实施了适当的卫生控制。

食品加工企业日常的卫生监控记录是工厂重要的质量记录和管理资料，应使用统一表格，并归档保存。

4.3.1 水的监控记录

每年有 1～2 次由当地卫生部门进行的水质检验报告的正本；自备水源的水池、水塔、储水罐等有清洗消毒计划和监控记录；食品加工企业每月一次对生产用水进行菌落总数、大肠菌群检验的记录，每日对生产用水检验余氯的记录；生产用直接接触食品的冰，如是自行生产的，应有生产记录，记录生产用水和工具卫生状况，如是向冰厂购买的，应有冰厂生产冰的卫生证明。

4.3.2 表面样品的检测记录

表面样品的检测记录包括：对加工人员的手/手套、工作服，加工用案台桌面、刀、筐、案板，加工设备如去皮机、单冻机等，加工车间地面、墙面，加工车间、更衣室的空气，内包装物料等的检测记录。

4.3.3 生产人员的健康与卫生检查记录

生产人员的健康与卫生检查记录包括：生产人员进入车间前的卫生检查记录，如检查生产人员工作服、口罩手套、鞋帽等防护用具是否穿戴正确；检查是否化妆、头发外露、手指甲修剪等；检查个人卫生是否清洁，有无外伤，是否患病等；检查是否按程序进行洗手消毒等。食品加工企业必须有生产人员健康检查合格证明及档案，以及卫生培训计划及培训记录。

4.3.4 卫生监控与检查纠正记录

卫生监控与检查纠正记录包括：工厂灭虫灭鼠及检查、纠正记录，厂区的清扫及检查、纠偏记录，车间、更衣室、消毒间、厕所等清扫消毒及检查纠正记录，灭鼠分布图。

4.3.5 SSOP 对化学药品购置、储存和使用记录的要求

食品加工企业使用化学药品必须有以下证明及记录：①购置化学药品具备卫生部门批准允许使用证明；②储存保管登记；③领用记录。

4.4　食品 SSOP 案例——
果蔬汁生产加工企业的 SSOP 计划

2001 年 1 月 18 日美国 FDA 颁布的"果蔬汁产品 HACCP 法规——21CFR PART120"已将 SSOP 列入其中，要求果蔬汁加工者必须制定和实施 SSOP，并要求监测加工过程中的卫生条件和程序，以符合"良好操作规范（GMP）——21 CFR PART110"的要求。同时，法规还要求对卫生监控和纠正程序进行记录。现根据美国果蔬汁 HACCP 法规要求的 SSOP 8 个方面，并结合果蔬汁生产加工的实际，对果蔬汁生产加工过程中的 SSOP 介绍如下。

4.4.1　加工用水的安全

4.4.1.1　控制和监测

① 加工厂内用水若取自城市供水系统，应证明供水水源是安全的。每年应按国家标准对水质进行全项分析检测一次。

监测频率：每年一次。

② 加工厂用水若取自自备水源（如地下水、冷凝水等），地下水水源应远离居民区或其他有污染可能的区域 50m 以上，以防止地下水受到污染。每天须进行消毒，使其符合生活饮用水标准。每年不少于两次全项目水质分析检测。

监测频率：每年两次。

③ 储水压力罐应密封、安全，保证水源不受污染。对储水压力罐每年开工前或每年不少于两次清洗、消毒。其程序为：清除杂物→水冲洗→200mg/L 次氯酸钠喷洒→水冲洗。

监测频率：每年两次。

④ 余氯测定。由本厂质控部门每天进行一次余氯测定，余氯含量保持在 0.05～0.3mg/L。每周进行一次细菌总数、大肠菌群检测。

监测频率：每天一次/每周一次。

⑤ 加工厂的水系统应由被认可的承包商设计、安装和改装。不同用途的水管用不同标识加以区分，备有完备的供水网络图和污水排放管道分布图，以表明管道系统的安装正确性。应对加工车间水龙头进行编号。

监测频率：定期对水管系统进行安装或改装。

⑥ 车间水龙头及固定进水装置应安装防虹吸装置。

监测频率：每班生产前。

4.4.1.2　纠正措施

① 当 4.4.1.1 项下①②和③条内城市供水系统、自备水系统发生故障，储水压力罐损坏或受污染时，企业应停止生产，判断何时发生故障或损坏，将本段时间内生产的产品进行安全评估，以保证食品的安全性，只有当水质符合国家饮用水水质标准时，才可重新生产。

② 水质检验结果不合格，质控部门应立即制订消毒处理方案，并进行连续监控，只有当水质符合国家饮用水水质标准时，才可重新生产。

③ 如有必要，应对输水管道系统采取纠正措施，并且只有当水质符合国家饮用水水质标准时，才可重新生产。

④ 不能使用未安装防虹吸装置的水龙头和固定进水装置（如有必要或装有软管的水

龙头）。

4.4.1.3 记录

针对 4.4.1.1 各项一一进行加工用水的安全记录，具体如下：

①② 城市供水费单和/或水质检测报告、定期的卫生记录；

③ 储水压力罐检查报告和定期的卫生记录；

④ 水中余氯/细菌总数、大肠菌群检测记录；

⑤ 供、排水管道系统检查报告和定期的卫生记录；

⑥ 每日卫生控制记录。

4.4.2　果蔬汁接触面的状况和清洁

4.4.2.1　控制和监测

① 车间内所有生产设备、管道及工器具均应采用不锈钢材料或食品级聚乙烯材料制造，完好无损且表面光滑无死角；车间地面、墙壁、果池内表面应平滑，易于清洗和消毒；卫生监督员应对上述设备及设施进行检查，以确定是否充分清洁。

监测频率：每月一次。

② 果蔬汁接触面的清洗、消毒。

a. 换班间隙，应将设备上的黏附物冲洗处理干净。每生产加工 24h，须对所有管道设备进行一次清洗消毒。清洗的步骤是：先用 85℃ 的热水将设备、管道清洗干净，再用浓度为 1‰～3‰的热碱液清洗，最后用 85℃ 的热水清洗。清洗后水检测 pH 值，应为 7 左右。卫生监督员在使用消毒剂前应对其种类、剂量、浓度等进行检查，并负责检查是否进行了清洗和消毒。

监测频率：每班开工前。

b. 加工用工器具每 4h 清洗消毒一次。清洗消毒步骤：水洗→100mg/L 的次氯酸钠溶液清洗→85℃ 热水清洗干净。卫生监督员负责检查消毒剂浓度以及是否清洗和消毒过。

监测频率：每班开工前/每 4h 一次。

c. 脱胶罐、批次罐等每次排完料后，需用 85℃ 的热水清洗消毒 20min 以上备用。卫生监督员负责检查是否清洗消毒。

监测频率：每次清洗消毒后。

d. 休息间隙，应用水冲洗地面、墙壁。每周对地面和墙壁进行一次清洗消毒。清洗消毒步骤是：水洗→400mg/L 的次氯酸钠溶液清洗→85℃ 的热水清洗干净。卫生监督员负责检查消毒剂浓度和是否清洗和消毒。

监测频率：每班开工前。

③ 员工应穿干净的工作服和工作鞋。捡果工序的工作人员还应戴干净的手套和防水围裙；企业管理人员在加工区也应穿干净的工作服和工作鞋；卫生监督员应监督员工手套的使用和工作服的清洁度。

监测频率：每班开工前。

4.4.2.2　纠正措施

针对 4.3.2.1 各项控制和监测措施，进行适当的纠正措施，具体如下。

① 彻底清洗与果蔬汁接触的设备和管道表面；

② 重新调整清洗消毒液的浓度、温度和时间，对不干净的果蔬汁接触面进行清洗消毒；

③ 对可能成为果蔬汁潜在污染源的手套、工作服应进行清洗消毒或更换。

4.4.2.3　记录

① 定期进行卫生记录。

② 每日进行卫生控制记录。

4.4.3　防止交叉污染

4.4.3.1　控制和监测

① 原料果蔬不能夹杂大量泥土和异物，烂果率控制在5%以下。原料果蔬的装运工具应卫生。原料验收人员负责检查原料果蔬及其装运工具的卫生。

监测频率：每次接收原料果蔬时。

② 车间建筑设施完好，设备布局合理并保持良好。粗加工间、精加工间和包装间应相互隔离。原料、辅料、半成品、成品在加工、贮存过程中要严格分开，防止交叉污染。

监测频率：每班开工前/生产、贮存过程中。

③ 卫生监督员和工作人员应接受安全卫生知识培训。企业管理人员应对新招聘的卫生监督员和工作人员进行上岗前的食品安全卫生知识和操作培训。

监测频率：雇佣新的卫生监督员或工作人员上岗前。

④ 工作人员的操作不得导致交叉污染。

a. 进入车间的工作人员须穿戴整齐洁净的工作衣、帽、鞋；不得戴首饰、手表等可能掉入果蔬汁、设备、包装容器中的物品；严禁染指甲和化妆。

b. 工作人员应戴经消毒处理的无害乳胶手套，如有必要应及时更换。

c. 开工前、每次离开工作台或被污染后，工作人员都应清洗并消毒手或手套。

d. 与生产无关的个人物品不得带入生产车间内。

e. 工作人员不得在生产车间内吃零食、嚼口香糖、喝饮料和吸烟等。

f. 各工序的工作人员不得串岗。

g. 工作人员在进入加工车间之前，应在盛有200mg/L次氯酸钠消毒液的消毒池中对其工作鞋进行消毒。

h. 加工结束后，所有的工作衣、帽统一交卫生监督员进行清洗消毒。

i. 每天保证对更衣室及工作衣帽用紫外灯或臭氧发生器消毒30min以上。

j. 卫生监督员应及时认真监督每位工作人员的操作。

监测频率：每班开工前/每4h一次。

⑤ 榨汁后的残渣应及时清除出生产车间。拣出的腐烂果、杂质等应放置于具有明显标志的带盖容器内，并及时运出车间。该容器应用200mg/L的次氯酸钠溶液进行消毒并用水冲洗净后方可再次带入车间使用。卫生监督管理员负责监督检查残渣、腐烂果及杂质的清理情况和容器的卫生状况。

监测频率：每班开工前/每4h一次。

⑥ 污水的排放。厂区排污系统应畅通、无积淤，并设有污水处理系统，污水排放符合环保要求。车间内地面应有一定的坡度并设明沟以利排水，明沟的侧面和底面应平滑且有一定弧度。车间内污水应从清洁度高的区域流向清洁度低的区域，工作台面的污水应集中收集通过管道直接排入下水道，防止溢溅，并有防止污水倒流的装置。卫生监督员检查污水排放情况。

监测频率：每班开工前/每4h一次。

⑦ 车间内不同清洁作业区所用工器具应有明显不同的标识，避免混用。卫生监督员应检查清洁工具的使用是否正确。

监测频率：每班开工前/每 4h 一次。

4.4.3.2 纠正措施

根据 4.4.3.1 防止交叉污染的控制和监测措施要求进行纠正，具体如下：

① 拒收带有过多泥土、异物及腐烂严重的原料果蔬；

② 卫生监督员应对可能造成污染的情况加以纠正，并要评估果蔬汁的质量；

③ 新上岗的卫生监督员及员工应接受安全卫生知识培训和操作指导；

④ 工作人员在工作衣帽穿戴、首饰佩戴、手套使用、手的清洗、个人物品带入车间、在车间内吃喝、进入车间时工作鞋的消毒等方面存在问题时，卫生监督员应对其及时予以纠正；

⑤ 清除残渣、腐烂果及杂质，重新清洗消毒容器；

⑥ 请维修人员对排水问题加以解决；

⑦ 卫生监督员及时纠正工器具混用问题。

4.4.3.3 记录

根据上述防止交叉污染的措施要求进行记录，具体如下：

① 原料验收记录；

② 每日卫生控制记录；

③ 定期的卫生控制记录和人员培训记录。

4.4.4 手的清洗、消毒及厕所设施的维护

4.4.4.1 控制和监测

① 卫生间应与更衣室、车间分开，其门不得正对车间门。卫生间应设有非手动门并应维护其设施的完整性。每天下班后须进行清洗和消毒。卫生监督员负责检查卫生间设施及卫生状况。

监测频率：每班开工前/生产过程每 4h 一次。

② 车间入口处、卫生间内及车间内须有洗手消毒设施。洗手设施包括：非手动式水龙头、皂液容器、50mg/L 的次氯酸钠消毒液和干手巾（最好为一次性）等，并有明显的标识。应在开工前、每次离开工作台后或被污染后清洗和消毒手。卫生监督员负责检查洗手消毒设施、消毒液的更换和浓度。

监测频率：每班开工前/生产过程每 4h 一次。

4.4.4.2 纠正措施

① 重新清洗消毒卫生间，必要时进行修补。

② 卫生监督员负责更换洗手消毒设施和更换、调配消毒剂。

4.4.4.3 记录

每日卫生控制需要记录。

4.4.5 防止污染物的危害

4.4.5.1 控制和监测

① 果蔬汁生产加工企业所用清洁剂、消毒剂和润滑剂应附有供货方的使用说明及质量合格证明，其质量应符合国家卫生标准，并须经质检部门验收合格后方可入库。卫生监督员负责检查包装物料的验收情况。

监测频率：每批清洁剂、消毒剂和润滑剂。

② 与产品直接接触的包装材料必须提供供货方的质量合格证明，其质量应符合国家卫

生标准，并须经质检部门验收合格后方可入库。卫生监督员负责检查包装物料的验收情况。

监测频率：每批包装材料。

③ 包装材料和清洁剂等应分别存放于加工包装区外的卫生清洁、干燥的库房内。内包装材料应上架存放，外包装材料存放应下有垫板、上有无毒盖布，离墙堆放。卫生监督员负责检查。

监测频率：每天一次/每 4h 一次。

④ 应在灌装室内安装臭氧发生器，必要时安装空气净化系统。于每次灌装前进行不低于半小时的灭菌。灌装间应通风良好，防止冷凝物污染产品及其包装材料。加工车间应使用安全性光照设备。卫生监督员负责检查。

监测频率：每班开工前。

⑤ 设备应维护良好，无松动、无破损、无丢失的金属件，卫生监督员负责检查设备情况。

监测频率：每班开工前。

⑥ 灌装结束，应按不同品种、规格、批次加以标识，并尽快存放于 0～5℃的冷藏库内。冷藏库配有温度自动控制仪和记录仪，应保持清洁，定期进行消毒、除霜、除异味。卫生监督员负责检查冷藏库的温度及卫生情况。

监测频率：灌装结束/每天一次。

⑦ 生产用燃料（煤、柴油等）应存放在远离原料和成批果品果蔬汁的场所。由卫生监督员检查。

监测频率：每天一次。

⑧ 车间应通风良好，不得有冷凝水。由卫生监督员检查。

监测频率：生产中每 4h 一次。

4.4.5.2 纠正措施

要防止污染物的危害，根据 4.4.5.1 控制和监测措施的各项要求，进行必要的纠正，具体实施手段如下。

① 无合格证明的清洁剂、消毒剂、润滑剂拒收。
② 无合格证明的包装材料拒收。
③ 存放不当的包装材料和清洁剂等应正确存放。
④ 对可能造成产品污染的情况加以纠正并评估产品质量。
⑤ 必要时进行维修。
⑥ 对违反冷库管理及消毒规定的情况，应及时加以纠正。
⑦ 生产用燃料（煤、柴油等）接近原料和成批果品果蔬汁时应及时纠正。
⑧ 车间通风不畅，集结有冷凝水时应加大排风换气。

4.4.5.3 记录

根据上述防止污染物危害的措施、要求进行记录，具体如下。

① 清洁剂、消毒剂、润滑剂和包装材料验收记录。
② 每日卫生控制记录。

4.4.6 有毒化合物的标记、贮藏和使用

4.4.6.1 控制和监测

① 生产加工中使用的所有有毒化合物（清洗用的强酸强碱、生产中和实验室检测用有关试剂等）必须有生产厂商提供的产品合格证明或含有其他必要的信息文件。

监测频率：每批有毒化合物。

② 所有有毒化合物应在明显位置正确标记并注明生产厂商名、使用说明。储存于加工和包装区外的单独库房内，须由专人保管；并不得与食品级的化学物品、润滑剂和包装材料共存于同一库房内。卫生监督员应检查其标签和仓库中的存放情况。

监测频率：每天一次。

③ 须严格按照说明及建议操作使用。由专人进行分装操作，应在分装瓶的明显位置正确标明本化学物品的常用名，并不得将有毒化学物存放于可能污染原料、果蔬汁或包装材料的场所。卫生监督员负责检查标识和分装、配制情况。

监测频率：每次分装、配制、使用时监测。

4.4.6.2　纠正措施

① 无产品合格证明等资料的有毒化合物拒收，资料不全的应先单独存放，直到获得所需资料方可接受。

② 标记或存放不当的应纠正。

③ 未合理使用有毒化学物的工作人员应接受纪律处分或再培训，可能受到污染的果蔬汁应销毁，分装瓶标识不明显时应予以更正。

4.4.6.3　记录

① 定期的卫生控制记录。

② 每日卫生控制记录。

4.4.7　员工的健康

4.4.7.1　控制和监测

① 发现工作人员因健康问题可能导致果蔬汁污染时，应及时将可疑的健康问题报告企业管理人员。

② 卫生监督员应检查工作人员有无可能污染果蔬汁的受感染的伤口。

监测频率：每天开工前/生产中每 4h 一次。

③ 从事果汁加工、检验及生产管理的人员，每年至少进行一次健康检查，必要时做临时健康检查；新招聘人员必须体检合格后方可上岗，企业应建立员工健康档案。

监测频率：每年一次/新招聘工作人员上岗前。

4.4.7.2　纠正措施

① 应将可能污染果蔬汁的患病工作人员调离原工作岗位或重新分配其他不接触果蔬汁的工作。

② 受伤者应调离原工作岗位或重新分给其不接触果蔬汁的工作。

③ 未及时体检的员工应进行体检，体检不合格的，调离原工作岗位或不许上岗。

4.4.7.3　记录

① 针对 4.4.7.1①②条每日进行卫生控制记录。

② 针对 4.4.7.1③条要求进行定期卫生控制记录。

4.4.8　鼠、虫的灭除

4.4.8.1　控制和监测

① 加工车间、储存库、物料库入口应安装塑料胶帘或风幕；车间下水管道须装水封式地漏，排水沟须备有不锈钢防护罩并在与外界相通的污水管道接口处安装铁纱网；车间的窗

户、通（排）风口应安装有铁纱网；加工车间、储存库、物料库入口和通（排）风口应安装捕鼠设备。上述各设施必须完好，以防鼠、虫侵入。卫生监督员负责检查。

监测频率：每天开工前。

② 厂区和车间地面不应存在可招引鼠、虫的垃圾、废料等污物。生产区大门应关闭。卫生监督员负责检查有无鼠、虫的存在。卫生监督员应及时向企业管理人员报告鼠害状况。

监测频率：每天开工前、生产中、生产结束。

③ 生产加工企业应定期灭除老鼠和害虫。卫生监督员负责检查。

监测频率：每月一次。

4.4.8.2 纠正措施

① 完善防鼠、虫的设施。

② 及时清理招引鼠、虫的污物。

③ 定期捕灭鼠、虫。

4.4.8.3 记录

① 针对 4.4.8.1①②项要求，进行每日卫生控制记录。

② 针对 4.4.8.1③项要求，进行定期卫生控制记录。

4.4.9 环境卫生

4.4.9.1 控制和监测

① 厂区应无污染源、杂物，地面平整不积水。卫生监督员负责检查。

监测频率：每天一次。

② 应保持车间、库房、果棚干净卫生。卫生监督员负责检查。

监测频率：每天一次。

③ 应定期清理打扫厂区环境卫生和清除厂区杂草。卫生监督员负责检查。

监测频率：每周一次。

4.4.9.2 纠正措施

① 及时清理污染源、杂物，整修地面。

② 车间、库房、果棚发现污染物、异物及时清理。

③ 定期清理打扫。

4.4.9.3 记录

① 针对 4.4.9.1①②项要求，进行每日卫生控制记录。

② 针对 4.4.9.1③项要求，进行定期卫生控制记录。

4.4.10 检验检测卫生

4.4.10.1 控制和监测

① 各生产工序的检查监督人员所使用的采样器具、检测用具应干净卫生。

监测频率：每次。

② 实验室应干净卫生，无污染源，不得存放与检验无关的物品。

监测频率：每天一次。

4.4.10.2 纠正措施

① 使用前后及时发现及时清洗消毒。

② 及时清理。

4.4.10.3 记录

针对 4.4.10.1①②项要求，进行每日卫生控制记录。

附：每日卫生控制记录表和定期卫生控制记录表。

附表一 每日卫生控制记录

公司名称： 年 月 日

地　　址：

	控制内容	开工前	4h后	8h后	备注/纠正
一、加工用水的安全	水质余氯检测报告/微生物检测报告	＊＊			
	水龙头及其固定进水装置有防虹吸装置	＊＊			
二、食品接触面的状况	碱液浓度(%)/设备能达到清洁消毒的要求	＊＊			
	消毒液浓度(mg/L)/工器具能达到清洁消毒的要求	＊＊	＊＊	＊＊	
	脱胶罐、批次罐清洁				
	消毒液浓度(mg/L)/地面、墙壁能达到清洁消毒的要求	＊＊			
	接触食品的手套/工作服清洁卫生	＊＊			
三、预防交叉污染	工厂建筑物维修良好	＊＊			
	原料、辅料、半成品、成品严格分开	＊＊			
	工人的操作不能导致交叉污染(穿戴工作服、帽和鞋,使用手套、手的清洁,个人物品的存放、吃喝、串岗、鞋消毒、工作服的清洗消毒等)	＊＊	＊＊	＊＊	
	果渣、腐烂果及杂质的清除	＊＊			
	盛装容器的卫生	＊＊			
	厂区排污顺畅、无积水	＊＊			
	车间地面排水充分、无溢溅、无倒流	＊＊			
	各作业区工器具标识明显,无混用	＊＊			
四、手的清洗消毒和卫生间设施维护	卫生间设施卫生,状况良好	＊＊	＊＊	＊＊	
	洗手用消毒剂浓度(mg/L)	＊＊	＊＊	＊＊	
	手清洗和消毒设施	＊＊	＊＊	＊＊	
五、防止污染物的危害	包装材料、清洁剂等的存放	＊＊			
	灌装间的冷凝物	＊＊			
	加工车间光照设备的安全	＊＊			
	设备状况良好,无松动,无破损	＊＊			
	冷藏库的温度/卫生状况				
六、有毒化合物标记	有毒化合物的标签、存放	＊＊			
	分装容器标签和分装操作程序正确	＊＊			
七、员工健康	职工健康状况良好	＊＊			
	职工无受到感染的伤口	＊＊			
八、鼠、虫的灭除	加工车间防虫设施良好	＊＊			
	工厂内无害虫	＊＊			
九、环境卫生	厂区应无污染源、杂物,地面平整不积水	＊＊			
	应保持车间、库房、果棚干净卫生	＊＊			
十、检验检测卫生	各生产工序的检查监督人员所使用的采样器具、检测用具应干净卫生	＊＊			
	实验室应干净卫生,无污染源,不得存放与检验无关的物品	＊＊			

班次： 生产监督员： 审核：

注：＊＊表示必须进行操作。

公司名称：　　　　年　月　日

地　　址：

工作	项目	满意(S)	不满意(U)	备注/纠正
一、加工用水的安全	城市水费单和/或水质检测报告(每年一次)			
	自备水源的水质检测报告(每年两次)			
	储水压力罐检查报告(每年两次)			
	供排水管道系统检查报告(安装、调整管道时)			
二、食品接触面的状况和清洁	车间生产设备、管道、工器具、地面、墙壁和果池内表面等食品接触面的状况(每周一次)			
三、防止交叉污染	卫生监督员、工人上岗前进行基本的卫生培训(雇佣时)			
四、防止污染物的危害	清洁剂、消毒剂、润滑剂需有质量合格证明方可接收(接收时)			
	包装材料需有质量合格证明方可接收(接收时)			
五、有害化合物的标记	有害化合物需有产品合格证明或其他必要的信息文件方可接收(接收时)			
六、员工健康	从事加工、检验和生产管理的人员的健康检查(上岗前/每年一次)			
七、害虫去除	害虫检查和捕杀报告(每月一次)			
八、环境卫生	清理打扫厂区环境卫生和清除厂区杂草			

生产监督员：　　　　　　　　　　　审核：

本章习题：

1. 简述实施 SSOP 的意义。

2. 简述 SSOP 的基本内容。

3. 为良好实施 SSOP，外源污染物如何控制？

4. 如何防止交叉污染？

5. 简述 SSOP 对卫生监控与记录的要求。

6. 怎么制定卫生标准操作程序（SSOP）？

本章思考与拓展：

　　无论是从人类健康角度，还是食品国际贸易要求，都需要食品生产者在一个良好的卫生条件下生产食品。无论企业规模的大与小、生产的复杂程度如何，卫生标准操作程序都要起这样的作用。通过实行卫生计划，企业可以对大多数食品安全问题和相关的卫生问题实施最强有力的控制。为保障食品卫生质量，SSOP 就是在食品加工过程中应遵守的操作规范。没有规矩不成方圆，为了提高食品生产质量与安全，食品企业应该根据法规和自身需要建立健全文件化的 SSOP。在日常的管理中要建立良好的管理制度和内部质量控制体系，规范食品生产的各个环节，保障食品质量与安全，增加公众信赖度，促进整个食品行业的可持续发展。

　　很多影响食品安全的因素未引起企业管理人员的重视，认为小事一桩，忽视了其危害。如从业人员的健康问题，食品原辅料及成品、半成品的使用、存放问题，等等，都会对消费者的健康造成威胁。企业从业人员专业知识不足，也会导致很多食品安全问题。食品产业是良心产业，食品安全重于山，作为未来的食品工作者要养成良好职业习惯，并不断提升自身职业素养，增强法律意识，把"爱国、敬业、诚信、友善"作为价值准则，以诚信为本，自觉遵守社会法律和职业道德，在食品安全质量领域的生产实践中，把人民生命健康安全放在首位，肩负起应有的社会责任和使命。

第 **5** 章

危害分析与关键控制点

5.1 HACCP 介绍

5.1.1 HACCP 的起源和发展

HACCP 系统是在 20 世纪 60 年代由美国皮尔斯堡 Pillsbury 公司的 H. Bauman 博士等研究人员、美国陆军 Natick 研究所和美国航空航天局 (NASA) 共同开发的。宇航员在太空飞行中食用的食品必须安全。要想明确 判断一种食品是否能为太空旅行所接受，必须经过大量的检验。除了费用以

HACCP 介绍

外，每生产一批食品的很大部分都必须用于检验，仅留下小部分提供给宇航员。这些早期的 认识导致了"危害分析与关键控制点"体系的逐渐形成。

1993 年，FAO/WHO 食品法典委员会批准了《HACCP 体系应用准则》，1997 年颁发 了新版法典指南《HACCP 体系及其应用准则》，该指南已被广泛接受并得到了国际上普遍 的采纳，HACCP 概念已被认可为世界范围内安全食品生产的准则。

近年来，HACCP 体系已在世界各国得到了广泛的应用和发展，开展 HACCP 体系的领 域包括饮用牛乳、奶油、发酵乳、乳酸菌饮料、奶酪、冰淇淋、生面条类、豆腐、鱼肉火 腿、炸肉、蛋制品、沙拉类、脱水菜、调味品、蛋黄酱、盒饭、冻虾、罐头、牛肉食品、糕 点类、清凉饮料、腊肠、机械分割肉、盐干肉、冻蔬菜、蜂蜜、高酸食品、肉禽类、水果 汁、蔬菜汁、动物饲料等。

目前 HACCP 体系在我国已逐步得到推广和应用，中国认证机构国家认监委自 2002 年 12 月正式启动对 HACCP 体系认证机构的认可试点工作，开始受理 HACCP 认可试点申请。 截至 2022 年，我国 HACCP 有效认证证书 43000 多张、获证食品企业 33000 余家；共有 5500 家出口食品生产企业建立实施 HACCP 食品安全管理体系并通过了检验检疫机构的官 方验证，其中获得国外注册企业 6200 家/次。

5.1.2 HACCP 的定义

危害分析与关键控制点（Hazard Analysis and Critical Control Points，HACCP）是目 前控制食品安全危害最有效、最常用的一种管理体系。食品法典委员会（CAC）在《食品

卫生通则》（CAC/RCP1-Rev.3，1997）中对 HACCP 的定义是：鉴别、评价和控制涉及食品安全显著危害的一种体系。

HACCP 是对可能存在于食品加工环节中的危害进行评估，进而采取控制的一种预防性的食品安全控制体系。有别于传统的质量控制方法，HACCP 通过对原料、生产工序中影响产品安全的各种因素进行分析，确定加工过程中的关键环节，建立并完善监控程序和监控标准，采取有效的纠正措施，将危害预防、消除或降低到消费者可接受水平，以确保食品加工者能为消费者提供安全的食品。

5.1.3 HACCP 的突出特点

作为科学的预防性的食品安全体系，HACCP 体系具有以下特点。

① HACCP 是预防性的食品安全控制体系，涉及食品从原料生产到餐桌消费的全过程。HACCP 不是一个孤立的体系，必须建立在已有的良好操作规范（GMP）和卫生标准操作程序（SSOP）之上。有关 GMP 和 SSOP 的介绍详见本书第 3 章和第 4 章内容。

② 每个 HACCP 计划都反映了某种食品加工方法的专一特性，其重点在于预防，设计上在于防止危害进入食品。

③ HACCP 体系作为食品安全控制方法已为全世界所认可，虽然 HACCP 不是零风险体系，但 HACCP 可尽量减少食品安全危害的风险。

④ 该方法克服了传统食品安全控制方法（现场检查和最终成品测试）的缺陷。当食品管理官方将力量集中于 HACCP 计划制定执行时，将使食品安全控制更加有效。

⑤ HACCP 可使官方检验员在食品生产中将精力集中到加工过程中最易发生安全危害的环节上。传统的现场检查只能反映检查当时的情况，而 HACCP 可以使官员通过审查工厂的监控和纠正记录，了解在工厂发生的所有情况。

⑥ HACCP 的概念可推广、延伸应用到食品质量的其他方面，控制各种食品缺陷。

⑦ HACCP 有助于改善工厂与管理官方的关系以及工厂与消费者的关系，树立食品安全的信心。

5.2 HACCP 原理

国际食品法典委员会（CAC）已在 1997 年修订的《食品卫生通则》（CAC/RCP1-Rev.3，1997）中做了明确的阐述和规定。危害分析与关键控制点是以预防为主的食品安全与质量控制的方法，其七大基本原理分别是：①进行危害分析与提出预防控制措施（Hazard Anaylsis，HA）；②确定关键控制点（Critical Control Point，CCP）；③建立关键限值（Critical Limit，CL）；④关键控制点的监控（Monitoring，M）；⑤纠偏行动（Corrective Actions，CA）；⑥建立验证程序（Verification Procedures，V）；⑦建立记录保持程序（Record-keeping Procedures，R）。

5.2.1 原理一: 进行危害分析与提出预防控制措施

危害分析（HA）是对于某一产品或某一加工过程，分析实际上存在哪些危害，是否是显著危害，同时制定出相应的预防措施，最后确定是否为关键控制点。在这里又引入了一个新的概念"显著危害"，所谓显著危害是指那些可能发生或一旦发生就会造成消费者不可接受的健康风险的危害。HACCP 应当把重点放在那些显著危害上，试图面面俱到只会导致看不到真正的危害。

危害分析有两个最基本的要素：第一，鉴别可能损害消费者的有害物质或引起产品腐败的致病菌或任何病原；第二，详细了解这些危害是如何产生的。因此，危害分析不仅需要运用全面的食品微生物学知识及流行病学专业与技术的资料，还需要微生物、毒理学、食品工程、环境化学等多方面的专业知识。危害分析是一个反复的过程，需要HACCP小组（必要时请外部专家）广泛参与，以确保食品中所有潜在的危害都被识别并实施控制。

危害分析必须考虑所有的显著危害，从原料的接收到成品的包装储运，整个加工过程的每一步都要考虑到。为了保证分析时的清晰明了，进行危害分析时需要填写危害分析表（表5-1）。危害分析表分为6列，第1列为加工步骤；第2列是各加工步骤可能存在的潜在危害；第3列是对潜在危害是否显著的判断；第4列是对第3列的进一步验证；对于显著危害必须制定相应的预防控制措施，将危害消除或降低到可接受水平。预防控制措施填写在危害分析表的第5列；第6列判断是否是关键控制点（CCP）。

表 5-1　危害分析表

配料/加工步骤	本步存在的潜在危害（引入、控制或增加）	潜在的食品安全危害是否显著(是/否)	对第3列作出判断的依据	用什么预防措施来预防显著危害	这步是关键控制点吗(是/否)

5.2.2　原理二：确定关键控制点（CCP）

关键控制点（CCP）是食品安全危害能被有效控制的某个点、步骤或工序。这里有效控制指防止发生、消除危害或降低到可接受水平。

① 防止发生　例如使食品的pH值降低到4.6以下，可以抑制致病性细菌的生长，或添加防腐剂、冷藏或冷冻等能防止致病菌生长。改进食品的原料配方，防止化学危害如食品添加剂的危害发生。

② 消除危害　加热，杀死所有的致病性细菌；冷冻，$-38℃$可以杀死寄生虫；金属检测器消除金属碎片的危害。

③ 降低到可接受水平　有时候有些危害不能完全防止或消除，只能减少或降低到一定水平。如对于生吃的或半生的贝类，其化学、生物学的危害只能从捕捞水域以及捕捞者方面进行控制，通过贝类管理机构的保证来控制，但这绝不能保证防止或消除危害的发生。

实际操作中，应根据所控制的危害的风险与严重性仔细地选定CCP，且这个控制点须是真正关键的。任何作业过程中都有多个控制点（Control Points，CP），某些控制点所涉及的危害风险低和不太严重，可以通过企业GMP和SSOP来加以控制，无须在HACCP中定为CCP。事实上，区分控制点（CP）与关键控制点（CCP）是HACCP概念的一个独特见解，它优先考虑的是风险并注重尽最大可能实行控制。

可能作为CCP的有原料接收、特定的加热或冷却过程、特别的卫生措施、调节食品pH值或盐分含量到特定值、包装与再包装等工序。

确定某个加工步骤是否为CCP不是容易的事。CCP"判断树"（图5-1）可帮助我们进行CCP的确定。

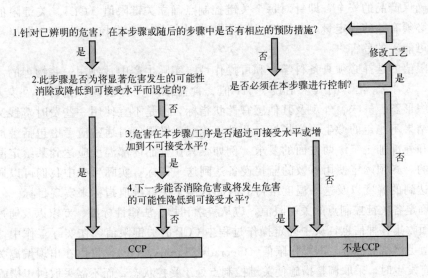

图 5-1　判断树法确定关键控制点

判断树通常由 4 个连续问题组成。

问题 1：针对已辨明的显著危害，在本步骤或随后的步骤中是否有相应的预防措施？

如果回答"是"，则回答问题 2。如果回答"否"，则回答是否有必要在该步控制此危害。如果回答"否"，则不是 CCP。如果回答"是"，则说明现有步骤、工序不足以控制必须控制的显著危害，工厂必须重新调整加工方法或改进产品设计，使之包含对该显著危害的预防措施。

问题 2：此步骤是否为将显著危害发生的可能性消除或降低到可接受水平而设定的？

如果回答"是"，还应考虑一下该步是否最佳？如果是，则是 CCP。如果回答"否"，则回答问题 3。

问题 3：危害在本步骤/工序是否超过可接受水平或增加到不可接受水平？

如果回答"否"，则不是 CCP。如果回答"是"，继续回答问题 4。

问题 4：下一步或后面的步骤能否消除危害或将发生危害的可能性降低到可接受水平？如回答"否"，这一步是 CCP。如回答"是"，这一步不是 CCP，而下道工序才是 CCP。

判断树的逻辑关系表明：如有显著危害，必须在整个加工过程中用适当 CCP 加以预防和控制；CCP 点须设置在最佳、最有效的控制点上；如 CCP 可设在后步骤/工序上，前面的步骤/工序不作为 CCP，但后步骤/工序如果没有 CCP，那么该前步骤/工序就必须确定为 CCP。显然，如果某个 CCP 上采用的预防措施有时对几种危害都有效，那么该 CCP 可用于控制多个危害，例如冷藏既可用于控制致病菌的生长，又能控制组胺的生成；但是，相反地，有时一个危害需要多个 CCP 来控制，例如烘制汉堡饼，既要控制汉堡饼坯厚度（CCP1），又要控制烘烤时间和温度（CCP2），这时就需要 2 个 CCP 来控制汉堡饼中的致病菌。

在危害分析表的第 6 栏内填入 CCP 判断结果，完成危害分析表。

5.2.3　原理三: 建立关键限值（CL）

确定了关键控制点，我们知道了需要控制什么，但这还不够，还应明确将其控制到什么程度才能确保产品的安全，即针对每个关键控制点确立关键限值（CL）。关键限值指标为一个或多个必须有效的规定量，若这些关键限值中的任何一个失控，则 CCP 失控，并存在一个潜在（可能）的危害。

关键限值的选择必须具备科学性和可操作性。实际生产中常使用一些物理的（时间、温度、厚度、大小）、化学的（水活度、pH 值、食盐浓度、有效氯）指标，在某些情况下，还使用组织形态、气味、外观及其他感官性状指标，但是不宜使用一些费时费钱又需要大量样品而且结果不稳定的微生物学指标。此外，确立关键限值时通常应考虑包括被加工产品的内在因素和外部加工工序两方面的要求。例如，只让食品内部温度应达到某给定温度的表述是不充分的，必须确定使用有效的监控设备达到这一指标。实际生产中我们可以通过确定灭菌设备需达到的温度以及这一温度维持的时间这两个关键限值指标来实现目标。

为了确定各关键控制点的关键限值，应从科学刊物、法律性标准、专家以及通过科学研究等方式全面收集各种信息，从中确定操作过程中 CCP 的关键限值。在实际工作中，应制定出比关键限值更严格的标准，即操作限值（Operating Limits，OL），可以在出现偏离关键限值迹象而又没有发生时，采取调整措施使关键控制点处于受控状态，而不需采取纠正措施。

5.2.4 原理四：关键控制点的监控（M）

确立了关键控制点及其关键限值指标，随之而来的就是对其实施有效的监测，这是关键控制点控制成败的"关键"。

5.2.4.1 定义

监控：按照制定的计划进行观察或测量来判定一个 CCP 是否处于受控之下，并且准确真实地进行记录，用于以后的验证。因此，进行监控的目的有以下几点。

① 记录追踪加工操作过程，使其在 CL 范围之内；

② 确定 CCP 是否失控或是偏离 CL，进而采取纠正措施；

③ 通过监控记录证明产品是在符合 HACCP 计划要求下生产，同时，监控记录为将来的验证，特别是官方审核验证提供必需的资料。

5.2.4.2 制定监控计划或程序

建立文件化的监控程序，监控对象、监控方法、监控频率以及监控人员构成了监控程序的内容。

① 监控对象。监控对象就是监控什么，通过观测和测量产品或加工过程的特性，来评估一个 CCP 是否符合关键限值。

② 监测方法。即如何进行关键限值和预防措施的监控。

监控必须提供快速的或即时的检测结果。微生物学检测既费时、费样品而且不易掌握，因此很少用于 CCP 监控，物理和化学检测方法相对快速且操作性更强，是比较理想的监控方法。常用的仪器有温度计（自动或人工）、钟表、pH 计、水活度计、盐量计、传感器以及分析仪器。测量仪器的精度、相应的环境以及校验都必须符合相应的要求或被监控的要求。由测量仪器导致的误差，在制定关键限值时应加以充分考虑。

③ 监控的频率。监控可以是连续的，也可以是非连续的。当然连续监控最好，如自动温度记录仪、时间记录仪、金属探测仪，因为这样一旦出现偏离或异常能立即做出反应，如果偏离操作限值就采取加工调整，如果偏离关键限值就采取纠正措施。但是，连续检测仪器的本身也应定期查看，并非设置了连续监控就万事大吉了，监控这些自动记录的周期愈短愈好，因为其影响返工产品的数量和经济上的损失。

如果不能进行连续监控，那么就必须尽量缩短监控的周期，以便能及时发现可能出现的关键限值或操作限值偏离。其方法和原则如下。

a. 充分考虑到加工过程中被监控数据是否稳定或变异有多大。如果数据欠稳定，监控的频率应相应增加。

b. 产品的正常值与关键限值是否相近？如果二者很接近，监控的频率应相应增加。

c. 如果关键限值出现偏离，工厂受影响的产品有多少？受影响的产品越多，监控的频率应越密。

④ 谁来监控。制定 HACCP 记录时，明确监控责任是另一个需要考虑的重要因素。从事 CCP 监控的可以是生产线上的操作工、设备操作者、监督人员、质量控制保证人员或维修人员。作业的现场人员进行监控是比较合适的，因为这些人在连续观察产品的生产和设备的运转时，容易发现异常情况的出现。监控人员应具有较强的责任心并具有以下水平或能力：a. 经过 CCP 监控技术的培训；b. 完全理解 CCP 监控的重要性；c. 有能力进行监控活动；d. 能准确地记录每个监控活动；e. 发现偏离关键限值应立即报告，以便能及时采取纠正措施。

监控人员的作用是及时报告异常事件和关键限值偏离情况，以便采取加工过程调整或纠正措施，所有 CCP 的监控记录必须有监控人员签字。

5.2.5 原理五：纠偏行动（CA）

当监控结果显示一个关键控制点失控时，HACCP 系统必须立即采取纠偏行动，而且必须在偏离导致安全危害出现之前采取措施。

5.2.5.1 定义

纠偏行动也称纠正措施，当监控表明偏离关键限值或不符合关键限值时而采取的程序或行动。

如有可能纠偏行动一般应在 HACCP 计划中提前决定。纠偏行动一般包括两步：第一步纠正或消除发生偏离关键限值的原因，重新进行加工控制；第二步确定在偏离期间生产的产品并决定如何处理，必要时采取纠正措施后还应验证是否有效，如果连续出现偏离，要重新验证 HACCP 计划。

5.2.5.2 纠正措施的步骤

第一步：纠正和消除产生偏离的原因，将 CCP 返回到受控状态之下。

一旦发生偏离关键限值，应立即报告，并立即采取纠正措施，所需时间愈短则使加工偏离关键限值的时间就愈短，这样就能尽快恢复正常生产，重新使 CCP 处于受控之下，而且受到影响的不合格产品（注：不一定是不安全的）就愈少，经济损失就愈小。

纠正措施应尽量包括在 HACCP 计划中，而且使工厂的员工能正确地进行操作。如果偏离关键限值不在事先考虑的范围之内（也就是没有已制定好的纠正措施），一旦关键限值有可能再次发生类似偏离时，要进行调整加工过程，或者要重新评审 HACCP 计划。

第二步：隔离、评估和处理在偏离期间生产的产品。

对于加工出现偏差时所生产的产品必须进行确认和隔离，并确定对这些产品的处理方法，可以通过以下 4 个步骤对产品进行处置和用于制订相应的纠正措施计划。

① 根据专家或授权人员的评估或通过生物、物理或化学的测试，确定产品是否存在食品安全危害。

② 根据以上评估，如果产品不存在危害，可以解除隔离和扣留，放行出厂。

③ 根据以上评估，如果产品存在危害，则确定产品可否返工或改作他用。

④ 如不能按③处理，产品必须予以销毁。这是最后的选择，经济损失较大。

返回、返工的产品仍然需接受监控或控制，也就是确保返工不会造成或产生新的危害，如热稳定的生物学毒素（如金黄色葡萄球菌毒素）。

5.2.5.3 纠正措施的格式

如有可能，纠正措施应在制定 HACCP 计划时预先制订，并将其填写在 HACCP 计划表的第（8）栏里。纠正措施的描述格式通常写成 If（说明情况）/then（叙述采取的纠正措施）的形式。示例详见本章 "5.3 HACCP 在食品企业的建立和执行"、冷冻烤鳗 HACCP 计划表。

5.2.5.4 纠正措施的记录

如果采取纠正措施，应该加以记录。记录应包括：①产品的鉴定（如产品描述，隔离扣留产品的数量）；②偏离的描述；③所采取的整个纠正措施（包括受影响产品的处理）；④负责采取纠正措施的人员姓名。

5.2.6 原理六: 建立验证程序（V）

"验证才足以置信"，验证的目的是核查已建立的 HACCP 系统是否正常运行。验证程序的正确制定和执行是 HACCP 计划成功实施的保证。

5.2.6.1 定义

验证：除了监控方法以外，用来确定 HACCP 体系是否按照 HACCP 计划运作，或者计划是否需要修改以及再被确认生效而使用的方法、程序、检测及审核手段。

在这里应该注意的是，验证方法、程序和活动不应与关键限值的监控活动相混淆。验证是通过检查和提供客观依据，确定 HACCP 体系的运行有效性的活动。

5.2.6.2 验证程序的要素

验证程序的要素包括 HACCP 计划的确认、CCP 的验证、对 HACCP 系统的验证、执法机构强制性验证。

（1）HACCP 计划的确认

搜集信息进行评估 HACCP 正常实施时，能否有效地控制食品中的安全危害。

确认频率即什么时候执行确认程序。首先，在 HACCP 计划正式实施前要对计划的各个组成部分进行确认。此外，出现以下情况时应进行确认：改变原料，改变产品或加工方式，验证数据出现相反的结果，重复出现偏差，有关危害和控制手段出现新科学信息；生产线中观察到新变化，新销售方式以及新的消费方式出现。

谁来确认：HACCP 小组和受过适当培训或经验丰富的人员。

确认方法：结合基本的科学原则；运用科学的数据；依靠专家的意见；生产中进行观察或检测。

（2）CCP 的验证

CCP 的验证包括监控设备的校准，校准记录的复查，针对性的取样和检测，CCP 记录的复查。

（3）对 HACCP 系统的验证

HACCP 系统的验证包括审核和对最终产品的微生物检测。审核是为获得审核证据并对其进行客观评价，以确定满足审核准则的程度所进行的系统的独立的并形成文件的过程。审核分为内审和外审。企业以自查方式核实自己的 HACCP 计划运行的情况即为内审，可由企业总经理或质量负责人按一定时间间隔（三个月或半年）进行一次。外审包括客户（第二方审核）或独立的审核机构（第三方审核）对企业 HACCP 系统的审核。

审核的内容通常包括以下 8 方面：

① 检查产品说明和生产流程的准确性；

② 检查工艺过程是否按照 HACCP 计划被监控；

③ 检查工艺过程是否在关键界限内操作；

④ 检查记录是否准确，是否按要求进行记录；

⑤ 是否按照 HACCP 计划规定进行了监控活动；

⑥ 监控活动是否按 HACCP 计划规定的频率执行；

⑦ 监控表明发生了关键界限的偏差时，是否有纠偏行动；

⑧ 设备是否按 HACCP 计划进行了校准。

（4）执法机构强制性验证

执法机构强制性验证包括以下 6 方面：

① 对 HACCP 计划及其修改的复查；

② 对 CCP 监控记录的复查；

③ 对纠偏记录的复查；

④ 对验证记录的复查；

⑤ 检查操作现场，HACCP 计划执行情况及记录保存情况；

⑥ 抽样分析。

5.2.6.3 审核程序

审核程序包括以下 10 方面的内容：

① 制定适当的审核检查日程表；

② 复审 HACCP 计划；

③ 复审关键控制点记录；

④ 复审偏离和处理情况；

⑤ 检查操作现场以考评关键控制点是否处于控制状态；

⑥ 随机抽样分析；

⑦ 复核关键限制指标以证实其适合于控制危害；

⑧ 复核审核检查的书面记录，这些审核检查证明按 HACCP 计划进行，或是偏离计划但采取了纠正措施；

⑨ 核对 HACCP 计划，包括现场复核生产流程图和关键控制点；

⑩ 复核 HACCP 计划的修改情况。

5.2.7 原理七：建立记录保持程序（R）

5.2.7.1 记录的要求

企业在实行 HACCP 体系的全过程中需要有大量的技术文件和日常的工作监测记录。监测等方面的记录表格应是全面和严谨的，美国食品药品管理局（FDA）不主张加工企业使用统一和标准化的监控、纠偏、验证或者卫生记录格式，大企业可根据已有的记录模式自行记录，中小企业也可直接引用。但是无论如何，在进行记录时都应考虑到"5W"原则，即何时（When）、何地（Where）、何物（What）、为何发生（Why）、谁负责（Who）。

建立科学完整的记录体系是 HACCP 成功的关键之一，记录不仅是重要的行为，记录也是提醒操作人员遵守规范，树立良好企业作风的必由之路。很难想象，一个连记录都做不好的企业，其管理水平和职工素质会很高。我们应牢记"没有记录的事件等于没有发生"这句在审核质量体系时常用的近乎苛刻却又是基本原理的话。

5.2.7.2　应该保存的记录

已批准的 HACCP 计划方案和有关记录应存档。HACCP 各阶段上的程序都应形成可提供的文件，应当明确负责保存记录的各级责任人员，所有的文件和记录均应装订成册以便法定机构的检查。在 HACCP 体系中至少应保存以下 4 方面的记录。

① HACCP 计划以及支持性材料，HACCP 计划不必包括危害分析工作表，如果有最好；支持性材料包括 HACCP 小组成员及其责任，建立 HACCP 的基础工作，如有关科学研究、实验报告以及必要的先决程序如 GMP、SSOP。

② CCP 监控记录。

③ 采取纠正措施的记录。

④ 验证记录，包括监控设备的检验记录，最终产品和中间产品的检验记录。

5.2.7.3　记录审核

作为验证程序的一部分，在建立和实施 HACCP 时，加工企业应根据要求，经过培训合格的人员应对所有 CCP 监控记录、采取纠正措施记录、加工控制检验设备的校正记录和中间产品及最终产品的检验记录进行定期审核。

① 监控记录以及审核　HACCP 监控记录是证明 CCP 处于受控状态的最原始的材料，监控记录应该记录实际发生的事实，记录要求完整、准确、真实，且是实际数值，而不是"OK"或"符合要求"等。监控记录应该至少每周审核一次，并签字，注明日期。

② 纠正措施记录　一旦出现偏离关键限值，应立即采取纠正措施。采取纠正措施就是消除、纠正产生偏差的原因，并将 CCP 返回到受控状态，同时隔离、分析、处理在偏离期间生产的受影响的产品，必要时应验证纠正措施的有效性。审核时就是看是否按照 HACCP 计划中制定的纠正措施去执行，或是否按照 HACCP 计划中描述的要求去执行，应在实施后的一周内完成审核。

③ 验证记录以及审核　验证程序旨在核查已建立的 HACCP 系统是否正常运行，因此验证过程中的记录也非常重要，需要进行审核。例如，修改 HACCP 计划（原料、配方、加工、设备、包装、运输）；加工者对供方提供的证书或保证函进行评审的记录，如原料来源附有证书或保证函，在接收货物时对这些材料加以审核的记录；验证监控设备的准确度以及校验记录；微生物学试验结果，中间产品、最终产品的微生物分析结果；现场检查结果等。对验证记录的评审没有明显的时间限定，只要是在合理的时间内进行审核即可。

5.3　HACCP 在食品企业的建立和执行

一个完整的 HACCP 体系包括 HACCP 计划、GMP 和 SSOP 3 个方面。尽管 HACCP 原理的逻辑性强，极为简明易懂，但在实际应用中仍需踏实地解决若干问题，特别是大型食品加工企业。因此，宜采用符合逻辑的循序渐进的方式推广 HACCP 体系。图 5-2 为 CAC 推荐的 HACCP 体系的实施步骤。

我们以××烤鳗加工厂为例阐述 HACCP 的建立和执行。××烤鳗加工厂是一个冷冻烤鳗加工企业，产品主要出口美国。为了达到美国水产品 HACCP 法规的要求，工厂在符合我国《出口水产品生产企业注册卫生规范》要求的基础上，完善和充实了 SSOP 的内容并制定了 HACCP 计划。整个过程和步骤如下。

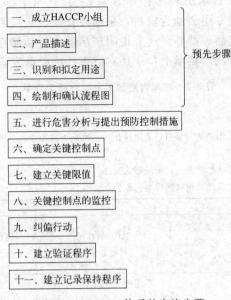

图 5-2　HACCP 体系的实施步骤

5.3.1　成立 HACCP 小组

HACCP 小组负责制订企业 HACCP 计划，修改、验证 HACCP 计划，监督实施 HAC-CP 计划，编写 SSOP 和对全体人员的培训。因此，HACCP 小组应具备相应的产品专业知识和经验，最好是组成多学科小组来完成该项工作，以便制订有效的 HACCP 计划。一般而言，食品企业的 HACCP 小组应包括企业具体管理 HACCP 计划实施的领导、生产技术人员、工程技术人员、质量管理人员以及其他必要人员。技术力量不足的部分小型企业可以外聘专家。HACCP 小组成立后，首先要回顾工厂原有的卫生操作规程和车间卫生设施，对照 SSOP 的 8 个方面看本工厂的规程和卫生设施是否全面完善（详见本书第 4 章），然后加以整理和完善，使其成为本厂的 SSOP，以保证所有的操作和设施均符合强制性的良好操作规范（GMP）的要求。

5.3.2　产品描述

在建立了工厂的 SSOP 后，HACCP 工作的首要任务是对实施 HACCP 系统管理的产品进行全面描述，这包括相关的安全信息。描述的内容包括以下 9 方面。

① 产品名称（说明生产过程类型）。

② 产品的原料和主要成分。

③ 产品的理化性质（包括水活度、pH 等）及杀菌处理（如热加工、冷冻、盐渍、熏制等）。

④ 包装方式。

⑤ 贮存条件。

⑥ 保质期限。

⑦ 销售方式。

⑧ 销售区域。

⑨ 必要时，有关食品安全的流行病学资料。

因此，在冷冻烤鳗加工危害分析工作单（表 5-2）首页上部的"产品"后填上产品说明：以鳗鱼为原料，以烤鳗专用酱油为辅料，采用液化气、炭火为热源烘烤，蒸汽蒸煮，速冻工艺制成的冷冻烤鳗制成品。此外，还要说明产品的销售和储存方法，在危害分析工作单首页上部的"销售和储存方法"后填上：－18℃以下冷冻贮藏发运，批发形式发售。

表 5-2 冷冻烤鳗加工危害分析工作单

企业名称：××烤鳗加工厂。

企业地址：××省××市××路××号。

产品：以鳗鱼为原料，以烤鳗专用酱油为辅料，采用液化气、炭火为热源烘烤，蒸气蒸煮，速冻工艺制成的冷冻烤鳗制成品。

销售和储存方法：－18℃以下冷冻贮藏发运，批发形式发售。

预期用途和消费者：可隔水蒸煮或微波炉加热后，一般公众食用。

(1) 配料/加工步骤	(2) 本步存在的潜在危害(引入、控制或增加)	(3) 潜在的食品安全危害是否显著(是/否)	(4) 对(3)列作出判断的依据	(5) 用什么预防措施来预防显著危害	(6) 这步是关键控制点吗(是/否)
(1) 活鳗验收	生物的危害 致病菌	是	养殖鳗鱼可能带有致病菌,如沙门氏菌	后续[(13)、(15)、(17)]步骤加热控制	否
	化学的危害 药残、重金属	是	鳗鱼养殖中用药不规范造成药物残留,抗生素和重金属超过限量对人体极其有害		是
	物理的危害 鱼钩	是	养殖过程可能有垂钓	后续金属探测(26)控制	否
(2) 暂养	生物的危害 致病菌污染	否	暂养的时间较短,活体动物有抑制致病菌生长的自卫机制		
	化学的危害 化学污染	否			
	物理的危害 无				
(3) 酱油验收	生物的危害 致病菌污染	是	不合格酱油有细菌及病原体	供应商卫生注册证明;每批原料有厂检证明;每批原料按原料标准验收;后续[(13)、(15)、(17)]步骤加热控制	否
	化学的危害 食品添加剂;重金属危害	是	食品添加剂超标,不合格的包装及重金属超标对人体有害	每月供应商提供一次重金属、黄曲霉毒素外检证书;提供每批酱油出厂证明;包装材料的卫生证明	否
	物理的危害 无				
(4) 酱油贮藏	生物的危害 致病菌生长	否			
	化学的危害 无				
	物理的危害 无				

(1) 配料/加工步骤	(2) 本步存在的潜在危害(引入、控制或增加)	(3) 潜在的食品安全危害是否显著(是/否)	(4) 对(3)列作出判断的依据	(5) 用什么预防措施来预防显著危害	(6) 这步是关键控制点吗(是/否)
(5) 包装材料验收	生物的危害致病菌污染	是	包装材料在生产和运输过程有微生物污染	供应商卫生注册证明;每批原料有厂检证明;PE膜均需做微生物检查	否
	化学的危害材料危害	是	包装材料不合格及重金属超标对人体有害	每年每个供应商提供一次材料卫生外检证书;包装材料的卫生证明	否
	物理的危害外来物污染金属杂质	是	包装材料生产及运输过程中存在污染	通过SSOP控制;后续金属探测(26)控制	否
(6) 包装材料贮藏	生物的危害无	否			
	化学的危害无	否			
	物理的危害无	否			
(7) 冰的验收碎冰	生物的危害致病菌污染	是	不合格的制冰可能有致病菌残留	供应商卫生注册证明;每月制冰用水卫生证明;SSOP控制	否
	化学的危害消毒剂残留	是	制冰过程可能有消毒剂残留	供应商卫生注册证明;每月制冰用水卫生证明;SSOP控制	否
	物理的危害金属杂质	是	冰中可能存在铁等金属	后续金属控测(26)控制	否
(8) 选别	生物的危害微生物繁殖	否	SSOP控制		
	化学的危害无				
	物理的危害无				
(9) 冰鱼	生物的危害无		冰鳗池水温度在4℃以下,绝大多数细菌被抑制		
	化学的危害无				
	物理的危害无				
(10) 宰杀	生物的危害微生物污染繁殖	否	通过SSOP控制,工序(13)(15)(17)加热可以控制		
	化学的危害无				
	物理的危害有	是	宰杀过程可能产生刀片等金属残留	金属探测(26)控制	否

（1）配料/加工步骤	（2）本步存在的潜在危害（引入、控制或增加）	（3）潜在的食品安全危害是否显著（是/否）	（4）对（3）列作出判断的依据	（5）用什么预防措施来预防显著危害	（6）这步是关键控制点吗（是/否）
（11）洗鱼	生物的危害致病菌污染	否	SSOP控制；工序（13）（15）（17）加热可以控制		
	化学的危害消毒剂残留	否	SSOP控制		
	物理的危害无				
（12）摆鱼	生物的危害致病菌污染	否	通过SSOP控制；工序（13）（15）（17）加热控制		
	化学的危害无				
	物理的危害无				
（13）皮烤	生物的危害无				
	化学的危害无				
	物理的危害无				
（14）翻鱼	生物的危害致病菌污染	否			
	化学的危害无				
	物理的危害无				
（15）肉烤	生物的危害无				
	化学的危害无				
	物理的危害无				
（16）剔内脏及杂物	生物的危害致病菌繁殖	是	有些内脏含有病原体	后续（17）加热控制	否
	化学的危害无				
	物理的危害无				
（17）蒸煮	生物的危害微生物残留	是	时间和温度不适当导致致病菌存活	通过定时测量，确保适当蒸汽温度和生产速度	是
	化学的危害无				
	物理的危害无				

(1)	(2)	(3)	(4)	(5)	(6)
配料/加工步骤	本步存在的潜在危害(引入、控制或增加)	潜在的食品安全危害是否显著(是/否)	对(3)列作出判断的依据	用什么预防措施来预防显著危害	这步是关键控制点吗(是/否)
(18) 蒲烤	生物的危害 致病菌污染	否	合格的酱油连续生产不会再污染;各段炉膛温度在200℃以上,不可能发生;通过 SSOP 控制		
	化学的危害 无				
	物理的危害 无				
(19) 整理	生物的危害 微生物再污染	否	由于连续生产不可能发生;SSOP 控制		
	化学的危害 无				
	物理的危害 无				
(20) 预冷	生物的危害 微生物污染	否	SSOP 控制		
	化学的危害 无				
	物理的危害 无				
(21) IQF 急冻	生物的危害 微生物污染	否	温度在 -20℃ 以下微生物不可能繁殖		
	化学的危害 无				
	物理的危害 无				
(22) 成品选别	生物的危害 微生物污染	否	由于连续生产不可能发生;通过 SSOP 控制		
	化学的危害 无				
	物理的危害 无				
(23)(24)(25)称重,点鳗,排鳗,封箱盖章	生物的危害 微生物污染	否	由于连续生产不可能发生;通过 SSOP 控制		
	化学的危害 无				
	物理的危害 无				

（1）	（2）	（3）	（4）	（5）	（6）
配料/加工步骤	本步存在的潜在危害（引入、控制或增加）	潜在的食品安全危害是否显著（是/否）	对（3）列作出判断的依据	用什么预防措施来预防显著危害	这步是关键控制点吗（是/否）
（26）金属探测	生物的危害 无				
	化学的危害 无				
	物理的危害 金属	是	金属伤害人口腔和食管	金属探测仪定时验证；金属探测仪每日检查其灵敏度；产品过机时，剔除有金属的产品	是 此步骤是对（1）（5）（7）（10）步骤的监控
（27）摆垛	生物的危害 微生物生长	否	由于冷冻不可能发生		
	化学的危害 无				
	物理的危害 无				
（28）冷库贮存运输	生物的危害 微生物污染	否	由于冷藏不可能发生，但冷库表温须校正记录		
	化学的危害 无				
	物理的危害 无				

5.3.3 识别和拟定用途

对于不同食用方法和不同消费者（如一般公众、婴儿、年长者、病患者），食品的安全保证程度不同。对即食食品，在消费者食用后，某些病原体的存在可能是显著危害，而对于使用前需加热的食品，这种病原体就不是显著危害。同样，对不同的消费者，对食品的安全要求也不一样，例如有的消费者对 SO_2 有过敏反应，如果食品中含有 SO_2，则要注明，以免有过敏反应的消费者误食。本例中，烤鳗出口后，普通消费者均可以隔水蒸煮或微波炉加热后食用，因此，在危害分析工作单首页上部的"预期用途和消费者"后填上：可隔水蒸煮或微波炉加热后，一般公众食用。

5.3.4 绘制和确认生产工艺流程图

加工流程图是对加工过程的一个既简单明了又非常全面的说明，包括所有的步骤，如原料、辅料验收和储存、运输等。

加工流程图是危害分析的关键，它必须完整、准确。因此，HACCP 工作小组应深入生产线，详细了解产品的生产加工过程，在此基础上绘制产品的生产工艺流程图，制作完成后还需要到加工现场验证流程图。

本例中，HACCP 小组成员首先绘制了一张"烤鳗加工流程草图"，然后到加工现场一一核实每一个加工工序，最终确定流程图（图 5-3）。

为了便于对冷冻烤鳗加工过程的深入了解，在绘制加工流程图的同时，小组用文字对其

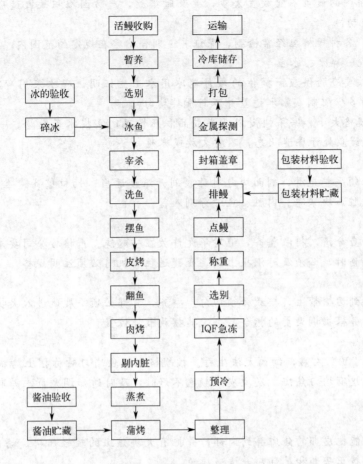

图 5-3　冷冻烤鳗加工流程图

加工过程的主要步骤进行了描述。

1. 活鳗收购（CCP）

① 鳗鱼必须是来自进出口检验检疫局登记备案的养鳗场，送鳗单位必须提供"出口鳗鱼供货证明书"、各批次的"用药记录"及"药残检验记录"；检验员严格审核。

② 对每批鳗鱼都要按照公司《进货检验规范》的要求，进行泥土及异味品尝、药物残留检测、重量规格验收、质量验收的检验。检验合格的鳗鱼才可以收购。

2. 暂养

① 经验收合格的鳗鱼，应迅速倒入池中，喷水淋养，并根据来鳗数量掌握放入数量，一般情况下：大池不超过 2.2t；中池不超过 1.5t；小池不超过 0.2t。死鳗先检查确认其死因，如因窒息而亡及时送到生处理车间处理或作冷冻处理，如发现有病态或外观不鲜艳时，则直接报废掉。如死鳗较多，必须迅速汇报主管部门，分析原因，采取有关措施，并做好记录。

② 生产用水必须进行定期或不定期检测；暂养池应根据实际情况进行清理和换水。

3. 选别

① 掌握了解暂养池鳗鱼暂养情况，在保证品质的前提下，严格按要求选别规格，并保证宰杀不脱节。

② 对已选别好的鳗鱼，暂养池上要及时放上规格标记，严禁混淆。

③ 选别槽桶内的鳗鱼不宜放置太多，要及时排放，严防因堆积缺氧造成死亡，并适量加水，增加其流动性。

④ 选别时，各种规格应经常检测，保证其选别合格率在规定的范围内。

4. 冰的验收、碎冰、冰鱼

① 冰的验收要查验供应商提供的每月制冰用水卫生证明，碎冰采用碎冰机进行碎冰，冰水要根据鱼的多少配制，冰水适量并不断搅拌均匀。

② 根据鱼规格大小，宰杀快慢以及半成品积压情况，掌握冰鱼数量。一般冰鱼时间为30min左右，使鳗鱼处于昏迷状态，不宜久放或冰死。

5. 宰杀

宰杀时，必须平整光滑，剖面均匀对称，剖开深度适当，切口整齐、准确、剔骨干净，去鱼鳍干净、内脏血块拿净。内脏、鱼骨分别入筐。

6. 洗鱼

各种规格的鱼分清，排放整齐，绝对不允许放在一起洗。严格按公司要求清洗干净。洗鱼设备对鱼有损伤时，必须及时汇报上级。死鳗送往烤机前必须注明规格。

7. 摆鱼

把鳗鱼摆放到运输带上，摆放必须均匀、整齐，背部必须平展地进入火头，尾巴必须在链条宽度以内，并根据调火员的指令，决定其摆放最佳位置。

8. 皮烤

过程温度在200℃左右，细菌无法生存。按规格把鳗鱼均匀对称摆上烤机，确保烧烤过程火候均匀，表皮有均匀焦斑。发现皮烤颜色不好时，及时通知调火员，并取出烤得不合格的鱼重新回烤。

9. 翻鱼

翻鱼时，不能把皮部的焦斑弄到肉部，并把有大块焦斑的轻轻压碎。烤制有头产品时，翻鱼后必须适当拨正头部和尾部，并适当压鱼。

10. 肉烤

过程温度在200℃左右，细菌无法生存。

11. 剔内脏

① 拣干净每条鱼身上的内脏血块，不允许遗漏到下道工序，并把拣下来的内脏血块拿在手上，然后扔到桶内。

② 整齐、均匀地摆放好鱼，使鱼有规则地进入蒸机，并时刻注意喷水情况、蒸机进入口喷水装置是否正常运行、温度是否合理。

12. 蒸煮（CCP）

时刻注意蒸机出口喷水装置是否正常运行、温度调节是否合理、喷水洗鱼的管道是否畅通、温度是否适当。蒸煮温度不能低于95℃，中心温度不低于90℃，生产速度不高于3m/min。

13. 蒲烤

① 加入酱油进行烤制。酱油由供应商提供质量保证书，证明其味素、色素及其他添加剂的用量不超过有关标准规定的限量。

② 在车间内的酱油桶必须保持清洁。

③ 根据要求认真测量酱油的糖度、盐度及槽内酱油温度，并填写在记录表上，以备核查。

④ 酱油每6h更换一次，换下的酱油经过滤、高温消毒后可重新使用，消毒温度为80℃

以上，保持 15min 以上。

14. 整理

① 将蒲烤出来的鱼有规则地均匀、整齐地排列，使之顺利地在速冻机内运行冻结，不得出现轧鱼现象，造成人为损坏。

② 在整理时，不能把鱼身上的酱油抹掉，使用镊子时，不能把鱼夹坏。

③ 排列时，鱼与鱼之间必须分开，防止冻结后粘连在一起。

④ 对弯曲的鱼，适当拨正，减少 B 级品。

15. 预冷及 IQF 急冻

① 将烧烤后的产品进行预冷，以提高烤鳗的冻结温度。

② 提前启动速冻机组，速冻库温度达 -35℃ 以下时，才可进鱼。

③ 单件速冻（Individually quick frozen，IQF）出口成品中心温度达 -18℃ 以下。

16. 选别

根据公司要求规定，认真选别好各种类别的鱼。A、B、K 的选别标准见《烤鳗系列产品质量标准》。

17. 称重、点鳗

每一规格的鱼必须做到既点数，又要称重量；同时要及时地把点好、称好的鱼交给排鳗员。

18. 排鳗

按照要求，把不同规格的鱼整齐平坦地摆入内箱中。排鳗时要点清条数，以核查点数是否正确。监督 A、B 级选别，发现混淆时必须挑出。排完后，必须认真仔细地核对是否正确，并包装好最外层的塑料纸，确认无误后，用铅笔在规格栏中填上规格交封箱员。

19. 封箱盖章

① 必须遵循先盖章后封箱的原则。操作中，箱子必须有棱有角，平平整整。

② 所有盖的章，必须位置正确，清晰明亮。对于盖得不清晰的章，必须擦掉重盖。封箱胶带要封得平整、牢固、美观。

③ 包装物料必须清洁卫生、无异味；直接接触食品的包装、标签用纸不得含有毒有害物质，并符合 GB 4806.8—2022《食品接触用纸和纸板材料及制品》。

20. 金属探测（CCP）

① 使用金属探测机对每一小箱成品进行金属探测，确保无金属污染。

② 上班前、下班后必须用直径 1.5mm 铁测试金属检测器，生产中每隔 30min 测试一次，并做好记录，如发生故障及时通知维修班维修。

③ 对于检测后无法通过的产品必须扣留，仔细检查制品，直至检出并清除。

21. 打包

检查小箱上的章是否盖全，不合格的必须退回重盖。看清规格，正确拼箱，两小箱放进大箱时，必须正面向上，并且同一方向。坚持做到先盖章，再封箱。外箱上的章必须齐全、整齐、清晰，不可漏盖和错盖。封箱必须平整，做到有棱有角。

22. 冷库贮存、运输

冷库贮存温度保持 -20℃ 以下，波动不超过 ±2℃。运输冷藏车温度应低于 -18℃。

5.3.5 进行危害分析与提出预防控制措施（原理一）

有关危害分析要注意的具体事项前文已有描述，下文主要结合烤鳗加工实例阐述进行危害分析的步骤和方法，完成危害分析工作单（表 5-2）。

5.3.5.1　填写危害分析工作单的第1栏

按加工流程图的每一个加工步骤，填写危害分析工作单（表5-2）的第1栏。从"活鳗收购"到"运输"共28个工序或步骤。

5.3.5.2　确定与活鳗原料有关的潜在危害

在进行这一步时，小组成员首先选择的是查阅相关资料，并根据自己的经验，确定与活鳗原料有关的潜在危害可能为化学危害、生物危害和物理危害，具体分析如下。

鳗鱼原料主要来自人工养殖场饲养，如果鳗鱼养殖过程中化学药物使用不当，鳗鱼体内可能残留药物或重金属，消费者长期食用被污染的鳗鱼就会损害自身的健康。鳗鱼的药物和重金属残留限量在出口国和我国均有规定。此外还需要考虑来自养殖场的致病菌的危害。小组成员根据自己的经验，认为鳗鱼原料中可能带有致病性弧菌、沙门氏菌或金黄色葡萄球菌等。养殖过程可能有垂钓，因此活鳗验收时的金属危害也不容忽视。因此，在填写分析工作单时，"活鳗验收"的潜在危害为生物、化学和物理危害。

5.3.5.3　确定与烤鳗加工过程有关的潜在危害

与上步相同，小组首先查阅了相关资料，确定烤鳗加工过程可能存在3种危害。①生物危害：当温度/时间控制不当造成的致病菌生长或残存；②化学危害：主要是辅料和包装材料可能存在化学危害；③物理危害：加工过程中出现的金属杂质。具体分析如下。

从烤鳗加工步骤可知，烤鳗的"蒸煮"过程可能存在加热不足造成的致病菌生长的危害。蒸煮是为了杀灭鳗鱼原料带入的和蒸煮前的加工工序污染的致病菌，或使其数量减少到可接受的水平，这需要有一定的湿度和时间的控制。如果蒸煮温度过低或时间过短，则会导致致病菌的杀灭不彻底或超过限量标准，从而造成显著危害。

除蒸煮步骤外，烤鳗其他加工步骤也可能存在温度/时间控制不当造成的致病菌生长的危害。

从烤鳗加工步骤可知，烤鳗加工过程如"碎冰"和"宰杀"可能存在金属危害。

烤鳗加工主要的辅料为"蒲烤"所用的烤鳗专用酱油。酱油可能存在添加剂超标、不合格的包装及重金属超标等化学危害。此外，包装材料和冰也可能存在化学危害。

根据上述分析，在危害分析工作单每个加工步骤的第（2）栏中列出所有的与加工有关的潜在危害。

5.3.5.4　判定潜在危害是否显著

① 原料中的药物、重金属危害。某些养殖场在鳗鱼养殖过程中，使用超标准限量的药物、重金属的可能性是存在的。而且，一旦含有超标准限量药残和重金属的鳗鱼原料进入加工车间，所有工序无法将此危害加以消除或降低到可接受的水平。因此HACCP小组判定，鳗鱼原料的药残、重金属危害是显著危害。

② 原料中的致病菌危害。小组成员确定鳗鱼原料可能带有致病菌，其存在能对消费者的安全带来危害，因此致病菌的危害是显著危害。

③ 原料中的金属危害。养殖过程可能有垂钓，活鳗可能带有金属鱼钩从而对消费者健康造成威胁，因此原料的物理危害是显著危害。

④ 温度/时间控制不当造成的致病菌生长的危害。蒸煮的温度和时间对杀灭致病菌或将其降低到可接受水平是至关重要的。蒸煮温度和时间中的任何一项达不到要求均有可能造成致病菌的残留，因此蒸煮不足残存致病菌的危害是显著的。

由于采用活鳗作为原料，活体动物有抑制致病菌生长的自卫机制，因此在挑选和清洗中，时间/温度控制不当造成致病菌生长的危害不是显著的。而蒸煮以后的工序，加工时间很短且多为低温条件下操作，因此致病菌生长危害也是不显著的。

⑤ 烤鳗的加工过程可能存在金属危害。小组成员经过分析，烤鳗加工过程如碎冰、宰杀等步骤中也可能存在金属危害，且前面各步骤均没有相关的预防措施，因此金属杂质的危害应当为显著危害。

⑥ 烤鳗加工主要的辅料为烤鳗专用酱油，不合格酱油有病原体以及可能存在添加剂超标、不合格的包装及重金属超标等化学危害。此外，包装材料和冰也可能存在生物、化学和物理的危害，如果控制不当对消费者的危害可能是显著的。

5.3.5.5 填写危害分析工作单

列出所有的可能存在的危害，填写危害分析工作单。

5.3.6 确定关键控制点（原理二）

从上面的分析可以看出，原料验收工序中原料药残、重金属危害、致病菌和物理危害，蒸煮工序中致病菌残存危害，原料和加工过程的金属碎片等是显著危害。

小组成员应用 CCP 判断树对上述显著危害进行分析，确定关键控制点（CCP）。

① 原料接收作为控制药残、重金属危害的关键控制点（CCP1）。理由是，假如该工序不控制此种显著危害，以后的工序均无法消除该危害或将其降低到可接受水平。

② 原料接收不作为控制原料所带致病菌危害的关键控制点。理由是，该工序后面还有蒸煮工序可将致病菌杀灭或降低到可接受水平。

③ 原料接收不作为控制原料所带金属危害的关键控制点。理由是，该工序后面还有金属探测工序可去除金属。

④ 蒸煮工序作为致病菌残存危害的关键控制点（CCP2）。理由是，一旦蒸煮温度/时间控制不当而导致致病菌残存，蒸煮后的工序无法将此危害消除。

⑤ 金属探测作为控制鳗鱼原料带有的或加工过程中产生金属碎片的关键控制点（CCP3）。理由是前面各步骤对此项均没有相关的预防措施。

⑥ 加工过程中使用了烤鳗专用酱油作为主要辅料。但酱油由供应商提供质量保证书，证明其味素、色素及其他添加剂的用量不超过有关标准规定的限量，因此酱油验收不作为关键控制点。同理，包装材料和冰也由供应商提供相关质量保证书，可通过 SSOP 进行控制，因此包装材料和冰的验收也不是关键控制点。

5.3.7 设定关键限值（原理三）

完成 CCP 判定后，将 CCP 和对应的显著危害分别填写到 HACCP 计划表（表5-3）的第（1）和第（2）栏。此后，要对每个 CCP 设定关键限值，并填写到 HACCP 计划表的第（3）栏。对每个 CCP 必须尽可能规定关键限值，并保证其有效性。以下是对本例的 3 个 CCP 设立的关键限值。

① 鳗鱼原料的药物和重金属残留（CCP1）　药物残留和重金属的关键限值就是每批原料鳗鱼所附的用药记录，鳗鱼供方送省商检进行检验的检验结果报告。

② 蒸煮不当造成致病菌残存（CCP2）　小组成员通过生产实践，确定蒸煮时杀灭致病菌的温度关键限值为不低于 95℃，生产速度不超过 3m/min。

③ 金属探测（CCP3）　金属探测器灵敏度应至少能检出直径为 1.5mm 的铁。

表 5-3　冷冻烤鳗 HACCP 计划表

（1）关键控制点	（2）危害描述	（3）关键限值	监控				（8）纠偏程序	（9）验证程序	（10）HACCP记录
			（4）什么	（5）怎样	（6）频率	（7）谁			
活鳗收购	药物残留、重金属	用药记录；鳗鱼供方提供的检验结果报告	用药记录；供方提供的检验结果报告	审阅；	每一批；	原料验收检验员；	如偏离：拒收货物；重新进货时应有书面文件证明用药情况已达到关键限值要求	每周一次审核监测与纠正行动记录	原料验收记录；
			公司根据化验室的能力进行药残和重金属检验	检验	每一批	检验员			药残和重金属分析表
产品蒸煮	致病菌残存	生产速度不超过3m/min；蒸汽机机内温度不能低于95℃	生产速率；机载温度	观察；观察	每小时监控；每小时监控	生产班长；品管员	如偏离：停止蒸煮，生产线降速及调整蒸汽温度到关键限值；偏离期间生产的产品视微生物检测情况，如果不合格要重蒸，合格则放行	每日审核生产情况记录及纠正行动记录；每季度校正机载温度表一次；每天对成品微生物进行检测	蒸煮记录
金属探测	金属碎片	金属探测器灵敏度应至少能检出直径1.5mm的铁	金属探测器的灵敏度	定时使用直径1.5mm铁测试金属探测器的灵敏度	每天开机前检查；生产期间每半小时一次；每天生产结束后检查金属探测器；失灵时检查调试	生产班长；品管员	如偏离：停止探测，对金属探测器进行校准；对于由金属探测器工作不正常造成的产品应全部扣留，本机恢复正常后对该批产品予以重新检测	每天在生产前至少检查一次测铁情况；每周至少一次复查监控纠偏措施记录	金属探测记录

注：本章所列举数据仅为教学示例。

5.3.8　关键控制点的监控（原理四）

监控是对关键控制点相关关键限值的测量或观察。监控方法必须能够检测 CCP 是否失控。此外，监控最好能够及时提供检测信息，以便做出调整，防止关键限值出现偏离。本例的监控程序如下。

（1）鳗鱼原料的药物残留和重金属

① 监测什么：用药记录；药残检验结果报告；药残重金属。

② 如何监测：审阅，检验。

③ 监测频率：收到的每批原料。

④ 谁来监测：原料验收检验员，检验员。

（2）蒸煮不当造成致病菌残活

① 监测什么：蒸煮温度和生产速度。

② 如何监测：观察机载温度表，监控生产速率。

③ 监测频率：机载温度和生产速率每小时监控。

④ 谁来监测：蒸煮操作工。

（3）金属探测

① 监测什么：金属探测器灵敏度。

② 如何监测：定时使用直径 1.5mm 的铁测试金属探测器的灵敏度。

③ 监测频率：生产班长每天开机前检查；生产期间每半小时一次；每天生产结束后检查金属探测器。

④ 谁来监测：生产班长。

5.3.9 纠偏行动（原理五）

必须对 HACCP 体系中每个 CCP 制定特定的纠正措施，以便出现偏差时进行处理。纠正措施首先必须纠偏，保证 CCP 重新处于控制状态，同时还要对受影响的产品进行合理处置。偏差和产品的处置方法必须进行记录。本例的纠偏行动如下。

① 原料鳗鱼药物和重金属残留的关键限值发生偏离时（即发现原料鳗鱼药残或重金属超标时），其纠偏行动为原料验收检验员拒收这批原料。重新进货时应有书面文件证明养殖户用药情况已达到关键限值要求。

② 蒸煮工序的关键限值发生偏离时，其纠正活动程序包括两个方面。

a. 停止蒸煮，加大蒸汽，提高蒸煮温度至不低于关键限值；生产线降速到关键限值。

b. 偏离期间生产的产品视微生物检测情况，如果不合格要重新蒸煮，合格则放行。

③ 金属探测的关键限值发生偏离时，其纠正活动程序包括两个方面。

a. 金属探测器的校准。

b. 对于由金属探测器工作不正常造成的产品应全部扣留，本机恢复正常后对该批产品予以重新检测。

5.3.10 建立验证程序（原理六）

建立验证审核程序的目的是充分确保 HACCP 计划始终被执行。所有的验证活动都必须记录下来，审核人员需在审核后签署姓名及审核时间。

① 鳗鱼原料验收 CCP 的验证程序为：每周一次审核监控与纠正行动记录。

② 蒸煮 CCP 的验证审核程序为：

a. 每日审核生产情况记录及纠正行动记录；

b. 每季度校正机载温度表一次；

c. 每天对烤鳗成品进行微生物检测。

③ 金属探测 CCP 的验证审核程序为：

a. 每天生产前至少检查一次测铁情况；

b. 每周至少一次复查监控纠偏措施记录。

5.3.11 建立记录保存体系（原理七）

应用 HACCP 体系必须有效、准确地记录。HACCP 工作小组在考虑记录表的格式时，既要考虑监控数据的客观性和完整性，又要考虑记录表格的现场可操作性。

至此，HACCP 计划表已填写完成（表 5-3）。HACCP 工作小组完成 HACCP 计划的制订后，要对全厂的管理人员和操作人员进行 HACCP 相关知识的培训；对卫生监控人员、CCP 监控人员进行监控方法、频率、纠正活动和记录等方面的培训。

5.4 食品安全管理体系 ISO 22000 概述

随着消费者对食品安全的要求不断提高，各国纷纷制定了食品安全法规和标准。但是，各国的法规特别是标准繁多且不统一，使食品生产加工企业难以应对，妨碍了食品国际贸易的顺利进行。为了满足各方面的要求，在丹麦标准协会的倡导下，通过国际标准化组织（ISO）协调，将相关的国家标准在国际范围内进行整合，国际标准化组织于 2005 年 9 月 1 日发布最新国际标准：ISO 22000：2005《食品安全管理体系——食品链中各类组织的要求》。HACCP 原理在生产管理实践中也存在着一些不足和缺陷，即强调在管理中进行事前危害分析，引入数据和对关键过程进行监控的同时，忽视了它应置身于一个完善的、系统的和严密的管理体系中才能更好地发挥作用。以 HACCP 原理为基础而制定的 ISO 22000 食品安全管理体系标准正是为了弥补以上的不足，它是在广泛吸收了 ISO 9001 质量管理体系的基本原则和过程方法的基础上而产生的，是对 HACCP 原理的丰富和完善。

ISO 22000：2005《食品安全管理体系——食品链中各类组织的要求》标准包括 8 个方面的内容，即范围、规范性引用文件、术语和定义、政策和原理、食品安全管理体系的设计、实施食品安全管理体系、食品安全管理体系的保持和管理评审。ISO 22000：2018 食品安全管理体系于 2018 年 6 月 1 日正式出版，内容增加到十个方面，该标准旨在保证整个食品链不存在薄弱环节，从而确保食品供应的安全。

ISO 22000 适用于整个食品供应链中所有的组织，包括饲料加工、初级产品加工到食品的制造、运输和储存以及零售商和饮食业。另外，与食品生产紧密关联的其他组织也可以采用该标准，如食品设备的生产、食品包装材料的生产、食品清洁剂的生产、食品添加剂的生产和其他食品配料的生产等。

ISO 22000 采用了 ISO 9000 标准体系结构，将 HACCP 原理作为方法应用于整个体系；明确了危害分析作为安全食品实现策划的核心，并将国际食品法典委员会（CAC）所制定的预备步骤中的产品特性、预期用途、流程图、加工步骤及控制措施和沟通作为危害分析及其更新的输入；同时将 HACCP 计划及其前提条件——前提方案动态、均衡地结合。本标准可以与其他管理标准相整合，如质量管理体系标准和环境管理体系标准等，同时，HACCP 标准已经不再使用。

在不断出现食品安全问题的现状下，基于本标准建立食品安全管理体系的组织，可以通过对其有效性的自我声明和来自组织的评定结果，向社会证实其控制食品安全危害的能力，持续、稳定地提供符合食品安全要求的终产品，满足顾客对食品安全的要求；使组织将其食品安全要求与其经营目的有机地统一。食品安全要求是第一位的，它不仅直接威胁到消费者，而且还直接或间接影响到食品生产、运输和销售组织或其他相关组织的商誉，甚至还影响到食品主管机构或政府的公信度。因此，ISO 22000 标准的推广，具有重要作用和深远意义。

本章习题：

1. HACCP 的七大基本原理是什么？
2. 实施 HACCP 体系有何优越性？
3. 了解《危害分析与关键控制点（HACCP）体系认证实施规则》。

本章思考与拓展：

"质量安全"是食品企业的生命线。在"食品质量安全现场审核模拟""HACCP 计划书的模拟制订"的学习情境中，学生按照职业标准完成 QA/QC 岗位演练、内部质量审核员工作过程模拟、食品监管人员角色扮演等任务。一方面，通过演练与模拟过程，学生了解和掌握食品质量管理岗位群的岗位职责和工作内容，实现专业课程内容与职业标准对接、教学内容与生产岗位对接；另一方面，通过参与这些活动，学生能认识到，食品生产的各个环节都马虎不得，生产操作要符合标准化流程，立足岗位，弘扬工匠精神，使自己成为保障食品安全的一道坚实的防线。

第**6**章

食品安全性评价

食品中是否存在危害，危害因素的含量水平以及对人体健康的危害程度有多大？要获得这些信息，就必须对食品进行安全性评价。

食品安全性评价（Assessment On Food Safety）是对食品中存在的潜在危害进行评价的科学过程，一般总是先进行动物实验，获得无可见不良作用水平（No Observed Adverse Effect Level，NOAEL）或最低可见不良作用水平（Lowest Observed Adverse Effect Level，LOAEL），在此基础上，根据待评价物质的毒作用性质、特点、剂量-反应关系以及人群实际接触情况等，进行综合分析，确定安全系数，然后外推到人。某些情况下也可以进行人体试验，最后做出安全性评价。其主要目的是评价某种食品是否可以食用，具体就是阐明食品或食品中的特定物质的毒性及其潜在危害，以便为人类使用这些物质的安全性作出评价，为制定预防措施特别是卫生标准提供理论依据。我国现颁布实施的与食品有关的标准《食品安全性毒理学评价程序》（GB15193.1—2014）等。

6.1 食品安全性评价原理

6.1.1 毒理学基本概念

毒理学（Toxicology）是一门既老又新的学科，是研究各种化学性、物理性、生物性等有害因素对生物体特别是对人体产生的危害作用及机制的科学，通过对危害的研究评价提出对各种危害因素的管理措施，保障人民健康。

食品毒理学（Food Toxicology）是现代食品卫生学的一个重要组成部分，是应用毒理学方法研究食品中可能存在或混入的有毒、有害物质对人体健康的潜在危害及其作用机理的一门学科，包括急性食源性疾病以及具有长期效应的慢性食源性危害，涉及食物的生产、加工、运输、储存及销售的全过程的各个环节，食物生产的工业化和新技术的采用，以及对食物中有害因素的新认识。

毒物（Toxicant）是指在一定条件下，较小剂量就能够对生物体产生损害作用或使生物体出现异常反应的外源化学物质。食品中的毒物来源有化学性污染物（如农药残留、兽药残留、食品加工过程中形成的污染物）、生物性污染物（如细菌及细菌毒素、霉菌及霉菌毒素等）、食品包装材料、食品添加剂、食品中天然存在的有毒有害物质等。

毒性（Toxicity）是指外源化学物与机体接触或进入体内的易感部位后，能引起损害作用的相对能力，或简称损伤生物体的能力；也可简述为外源化学物在一定条件下损伤生物体的能力。物质毒性的高低仅具有相对意义，只要达到一定数量，任何物质对机体都具有毒性；在一般情况下，如果低于一定数量，任何物质都不具备毒性。物质的毒性不仅与机体接触的物质数量相关，还与物质本身的理化性质以及其与机体接触的途径有关。

6.1.1.1　常用毒性指标

① 半数致死量（Median Lethal Dose，LD_{50}）　是指引起一群受试对象50％个体死亡所需的剂量，即引起动物半数死亡的单一剂量。LD_{50} 的单位为 mg/kg（以体重计），LD_{50} 的数值越小，表示毒物的毒性越强；反之则毒物的毒性越低。

② 绝对致死剂量（Absolute Lethal Dose，LD_{100}）　是指能引起一群机体全部死亡的最低剂量。由于在一个群体中，不同个体之间对外源化学物质的敏感性存在差异，可能有少数个体耐受性过高或过低，容易造成100％死亡的剂量出现增高或减小，所以一般不用 LD_{100}，而采用半数致死剂量（LD_{50}），因为 LD_{50} 较 LD_{100} 更为准确。

③ 最小致死剂量（Minimal Lethal Dose，MLD 或 MLC 或 LD_{01}）　是指某试验总体的一组受试动物中仅引起个别动物死亡的剂量，其低一档的剂量即不再引起动物死亡。

④ 最大耐受剂量（Maximal Tolerance Dose，MTD 或 LD_0 或 LC_0）　指某试验总体的一组受试动物中不引起动物死亡的最大剂量。

⑤ 最小有作用剂量（Minimal Effective Level，MEL）或称阈剂量或阈浓度　是指在一定时间内，一种毒物按一定方式或途径与机体接触，能使某项灵敏的观察指标开始出现异常变化或使机体开始出现损害作用所需的最低剂量，也称中毒阈剂量（Toxic Threshold Level）。

最小有作用剂量对机体造成的损害作用有一定的相对性。严格的概念不是"有作用"剂量，而是"观察到作用"的剂量，所以 MEL 应确切地称为最低可见作用水平（Lowest Observed Effect Level，LOEL）或最低可见不良作用水平（Lowest Observed Adverse Effect Level，LOAEL）。

⑥ 最大无作用剂量（Maximal No-effective Level，MNEL）　是指在一定时间内，一种外源化学物质按一定方式或途径与机体接触，用最灵敏的实验方法和观察指标，未能观察到任何对机体的损害作用的最高剂量，也称为未观察到损害作用的剂量（no observed effect level，NOEL）。最大无作用剂量是根据亚慢性试验的结果确定的，是评定毒物对机体损害作用的主要依据。

当外来化学物质与机体接触的时间、方式或途径和观察指标发生改变时，最大无作用剂量和最小有作用剂量也将随之改变。所以，表示一种外来化学物质的最大无作用剂量和最小有作用剂量时，必须说明试验动物的物种品系、接触方式或途径、接触持续时间和观察指标。例如，给予大鼠（Wistar 品系）某种有机磷化合物3个月，全血胆碱酯酶活力降低50％的最大无作用剂量为10mg/kg（以体重计）。

⑦ 每日允许摄入量（Acceptable Daily Intake，ADI）　指人类终生每日摄入该外来化合物不致引起任何损害作用的剂量。

⑧ 最高容许浓度（Maximal Allowable Concentration，MAC）　指某一外来化合物可以在环境中存在而不致对人体造成任何损害作用的浓度。

⑨ 阈值（Threshold Dose）　指一种外源化学物质对机体不发生损害的最低浓度（或剂量），也称为"最小有作用浓度或剂量"。可分为：急性、重复染毒剂量、亚慢性、慢性阈值。实际上存在有害效应阈值与非有害效应阈值。

6.1.1.2 剂量-效应和剂量-反应关系

剂量（dose），既可指机体接触化学物的量，或在实验中给予机体受试物的量，又可指化学毒物被吸收的量或在体液和靶器官中的量。它的大小意味着生物体接触毒物的多少，是决定毒物对机体造成损害的最主要的因素。由于内剂量不易测定，所以一般剂量的概念，指给予机体的外来化合物数量或机体接触的数量。剂量的单位通常为单位体重接触的外源化学物质数量（mg/kg，以体重计）或环境中的浓度（mg/m³，以空气计；mg/L，以水计）。

效应（Effect）即生物学效应，指机体在接触一定剂量的化学物质后引起的生物学改变。生物学效应一般具有强度性质，为量化效应，产生计量资料。此种变化的程度用计量单位来表示，例如若干个、毫克等。例如，神经性毒剂有机磷化合物进入机体可抑制胆碱酯酶，酶活性的高低则是以酶活性单位来表示的。效应用于叙述在群体中发生改变的强度时，往往用测定值的均数来表示。

反应（Response）指接触一定剂量的化学物质后，表现出某种生物学效应并达到一定强度的个体在群体中所占的比例，一般以百分率（%）或比值表示。生物学反应常以有或无、阳性或阴性、阳性率、正常或异常等表示，为质化效应，所得资料为计数资料，没有强度差别，不能以具体的数值表示。例如，将一定量的化学物质给予一组实验动物，引起50%的动物死亡，则死亡率为该化学物质在此剂量下引起的反应。

"效应"仅涉及个体，即一个动物或一个人；而"反应"则涉及群体，如一组动物或一群人。效应可用一定计量单位来表示其强度，反应则以百分率或比值表示。

剂量-效应关系（Dose-effect Relationship）是指一定范围内不同剂量的毒物与其引起的量化效应强度之间的关系，对象一般指个体或群体中个体。

剂量-反应关系（Dose-response Relationship）简称为量效关系，是指不同剂量的毒物与其引起的质化效应发生率之间的关系。对象一般指群体。剂量-反应关系是毒理学的重要概念，如果某种毒物引起机体出现某种损害作用，一般就存在明确的剂量-反应关系（过敏反应例外）。剂量反应关系可用曲线表示，不同毒物在不同条件下引起的反应类型是不同的。

在一般情况下，剂量-效应或剂量-反应曲线有下列基本类型。

① 直线型 反应强度与剂量呈直线关系，即随着剂量的增加，反应的强度也随之增强，并呈正比例关系。但在生物体内，此种关系较少出现，仅在某些体外实验中，在一定的剂量范围内存在。

② S形曲线型 此曲线较为常见。它的特点是在低剂量范围内，随着剂量增加，反应强度增高较为缓慢，剂量较高时，反应强度也随之急速增加，但当剂量继续增加时，反应强度增高又趋于缓慢，呈"S"形状。S形曲线可分为对称和非对称两种。

③ 抛物线型 剂量与反应呈非线性关系，即随着剂量的增加，反应的强度也增高，且最初增高急速，随后变得缓慢，以致曲线先陡峭后平缓，而成抛物线形。如将此剂量换算成对数值则成一直线。将剂量与反应关系曲线换算成直线，可便于在低剂量与高剂量之间进行互相推算。

④ 指数曲线 在剂量反应关系的曲线中，剂量越大，反应率就随之增高得越快，这就是指数曲线形式的剂量-反应关系曲线。若将剂量或反应率两者之一变换为对数值，则指数曲线即可直线化。

⑤ 双曲线 随剂量增加而反应率增高，类似指数曲线，但为双曲线。此时如将剂量与反应率均变换为对数值，即可将曲线化直。

⑥ 受干扰的曲线 有时由于毒物的致死作用或对细胞生长的抑制作用等各种原因，可

使曲线受干扰，在中途改变其形态甚至中断。虽然在某些毒性试验中，可见到"全或无"的剂量-反应关系的现象，即仅在一个狭窄的剂量范围内才观察到效应出现，而且是坡度极陡的线性剂量-反应关系。产生这种情况的原因应当依据具体情况做出解释。

时间-剂量-反应关系（Time-dose-response Relationship）。剂量-反应关系是从量的角度阐明毒物作用的规律性，而时间-剂量-反应关系是用时间生物学或时间毒理学的方法阐明毒物对机体的影响。在毒理学实验中，时间-反应关系和时间-剂量关系对于确定毒物的毒作用特点具有重要意义。一般来说，接触毒物后迅速中毒，说明其吸收、分布快，作用直接；反之则说明吸收缓慢或在作用前需经代谢转化。中毒后迅速恢复，说明能很快排出毒物或解毒；反之则说明解毒或排泄效率低，或已产生病理或生化方面的损害以致难以恢复。

在进行毒物的安全性或危险度评价时，时间-剂量关系是应当考虑的一个重要因素。这是因为持续暴露时，引起某种损害所需要的剂量远远小于间断暴露的剂量；另一方面，在剂量相同的条件下，持续暴露所引起的损害又远远大于间断暴露的损害。

6.1.1.3 食品中毒物在体内的生物转运和转化

外源化学物质在机体的吸收、分布和代谢过程，统称为生物转运。

① 吸收　吸收是外源化学物质经过各种途径透过机体的生物膜进入血液的过程。毒物的吸收途径主要是胃肠道、呼吸道和皮肤，在毒理学实验中有时也利用皮下注射、静脉注射、肌内注射和腹腔注射等方法使毒物被吸收。食品毒理学研究表明，经消化道吸收是主要的途径，小肠是主要吸收部位。

② 分布　分布是外源化学物质通过吸收进入血液或其他体液后，随着血液或淋巴液的流动分散到全身各组织细胞的过程。组织或器官的血流量和对化学毒物的亲和力是影响化学物质分布的最关键因素。吸收入血液的化学物质仅少数呈游离状态，大部分与血浆蛋白结合，经血液运送到各器官和组织。因此，分布的开始阶段，主要取决于机体不同部位的血流量，血液供应愈丰富的器官，化学物质的分布愈多，故如肝脏这样血流丰富的器官，化学物质可达很高的起始浓度。但随着时间的延长，化学物质在器官和组织中的分布，愈来愈受到化学物质与器官亲和力的影响而形成化学物质的再分布过程。例如，染毒铅 2h 后，约有 50% 的铅分布到肝脏，然而 1 个月后体内剩余的铅 90% 与骨中晶格结合在一起。

进入血液的化学物质大部分与血浆蛋白或体内各组织结合，在特定的部位累积而浓度较高。但化学物质对这些部位所产生的作用并不相同。有的部位化学物质含量较高，且可直接发挥其毒作用，称为靶部位，即靶组织或靶器官（Target Organ），如甲基汞积聚于脑，百草枯积聚于肺，且均可引起这些组织的病变。有的部位化学物质含量虽高，但未显示明显的毒作用，称为贮存库（Storage Depot），主要的贮存库有血浆蛋白贮存库、肝肾贮存库、脂肪组织以及骨骼组织贮存库。

③ 排泄　排泄是外源化学物质及其代谢产物由机体向外转运的过程，是机体物质代谢过程中最后一个重要环节。排泄的主要途径是肾脏，随尿排出；其次是经肝、胆通过消化道，随粪便排出；挥发性化学物质还可经呼吸道，随呼气排出；也可随各种分泌物排出，如汗液、唾液、泪水和乳汁等。

④ 生物转化　外源化学物质通过不同途径被吸收进入体内后，将发生一系列化学变化并形成一些分解产物或衍生物，此种过程称为生物转化或代谢。生物转化是机体对外源化学物质处置的重要环节，是机体维持稳态的主要机制。对于大多数毒物来说，在体内经生物转化后失去毒性，并被酶转化为极性很高的水溶性代谢物而排出体外。生物转化主要发生在肝脏。

生物转化过程分两相反应。第一相反应总的来说是指对脂溶性物质的氧化、还原和水解，使脂溶性物质转变成易于反应的活性代谢物。第二相反应一般指一种或多种具有较高极性的内源物质与第一相代谢产物结合或水解。

绝大多数外源化学物质在第一相反应中无论发生氧化、还原还是水解反应，最后必须进行结合反应排出体外。结合反应首先通过提供极性基团的结合剂或提供能量 ATP 而被活化，然后由不同种类的转移酶进行催化，将具有极性功能基团的结合剂转移到外源化学物质或将外源化学物质转移到结合剂形成结合产物。结合物一般将随同尿液或胆汁由体内排泄。常见有葡萄糖醛酸化、乙酰化、硫酸化、氨基酸化、谷胱甘肽化、甲基化。

6.1.2　影响毒物毒作用的因素及机理

6.1.2.1　毒物毒作用的影响因素

毒作用是毒物与机体在一定条件下相互作用的结果，不是固定不变的。机体接触化学物质后是否表现出毒作用，以及毒作用的性质和强度受到很多因素的影响。因此，了解污染物毒作用的影响因素，对于设计化学物质的毒性研究方案，全面评价毒理学资料具有重要意义。

从毒理学角度，可将影响毒物毒性作用的因素概括为下列 4 个方面。

① 毒物自身因素　毒物毒性的大小与其化学结构和理化特性有密切关系，物质的化学结构决定其理化特性与化学活性，而后者又可影响物质的生物活性。化学结构除可影响毒性大小外，还可影响毒作用的性质。如，苯有抑制造血机能的作用，当苯环中的氢原子被氨基或硝基取代时就具有形成高铁血红蛋白的作用。影响毒性作用大小的理化特性主要有纯度、溶解度、挥发度和分散度等。

② 染毒方式　染毒方式即接触条件包括染毒容积与浓度、溶解毒物的溶剂及染毒途径。染毒途径不同，毒物的吸收、分布及首先到达的靶器官和组织不同，即使染毒剂量相同，其毒性反应的性质和程度不同。一般认为，同种动物接触外源化学物质的吸收速度和产生毒性大小顺序是：静脉注射＞腹腔注射＞皮下注射＞肌内注射＞经口＞经皮。在实验研究中要根据毒物的性质、在环境中存在的形式、接触情况以及实验目的等选择适当的染毒途径。

染毒途径不同，有时也可能出现不同的毒作用，如硝酸盐经口染毒时，在肠道细菌作用下，可以还原成亚硝酸而引起高铁血蛋白症，而静脉注射则没有这样的毒效应。同样，经口给予硫元素时，可产生硫化氢中毒症状。

③ 生物体差异　在相同环境条件下，同一毒物对不同种属的动物或同种动物的不同个体或不同发育阶段所产生的毒性有很大差异，这主要是由机体的感受性和耐受性不同所致，并随动物种属、年龄、性别、营养和健康状况等因素而异。

④ 环境因素　影响毒物毒性的环境因素很多，如温度、湿度、气压、季节和昼夜节律，以及其他物理因素（如噪声）、化学因素（联合作用）等。如，环境温度的改变会影响毒性，高温可使代谢亢进，促进毒物吸收，使毒性增高；温度下降可使毒性反应减轻。

6.1.2.2　毒物毒作用机理

① 直接损伤作用。如，强酸或强碱可直接造成细胞和皮肤黏膜的结构破坏，产生损伤作用。

② 受体配体的相互作用与立体选择性作用，产生特征性生物学效应。

③ 干扰易兴奋细胞膜的功能。毒物可以多种方式干扰易兴奋细胞膜的功能，例如，有些海产品毒素和蛤蚌毒素均可通过阻断易兴奋细胞膜上钠通道而产生麻痹效应。

④ 干扰细胞能量的产生。通过干扰碳水化合物的氧化作用以影响三磷酸腺苷（ATP）

的合成。例如，铁在血红蛋白中的化学性氧化作用，由于亚硝酸盐形成了高铁血红蛋白而不能有效地与氧结合。

⑤ 与生物大分子（蛋白质、核酸、脂质）结合。毒物与生物大分子相互作用主要方式有两种，一种是可逆的，一种是不可逆的。如，底物与酶的作用是可逆的，共价结合形成的加成物是不可逆的。

⑥ 膜自由基损伤。膜脂质过氧化损害；蛋白质的氧化损害；DNA 的氧化损害。

⑦ 细胞内钙稳态失调。正常情况下，细胞内钙稳态是由质膜 Ca^{2+} 转位酶和细胞内钙池系统共同操纵控制的。细胞损害时，这一操纵过程紊乱可导致 Ca^{2+} 内流增加，导致维持细胞结构和功能的重要大分子难以控制地被破坏。

⑧ 选择性细胞死亡。这种毒性作用是相当特异的。例如，高剂量锰可引起脑部基底神经节多巴胺能神经元细胞损伤，产生的神经症状几乎与帕金森病难以区分。在胎儿发育的某一阶段给孕妇服用止吐药物"反应停"，由于胚胎细胞毒性，早期肢芽生成细胞丢失，而造成出生时婴儿缺肢畸形。

⑨ 体细胞非致死性遗传改变。毒物和 DNA 的共价结合也可以通过引发一系列变化而致癌。

⑩ 影响细胞凋亡。凋亡是在细胞内外因素作用下激活细胞固有的 DNA 编码的自杀程序来完成的，又称为程序性死亡。细胞凋亡是基因表达的结果，受细胞内外因素的调节，如果这一调控失衡，就会引起细胞增殖及死亡平衡障碍。细胞凋亡在多种疾病的发生中具有重要意义。例如，肿瘤的发生，病毒感染和艾滋病的关系，组织的衰老和退行性病变以及免疫性疾病等都与凋亡有密切关系。如果受损伤的细胞不能正确启动凋亡机制，就有可能产生肿瘤。

6.1.3 常用的毒性试验

6.1.3.1 急性毒性试验

急性毒性是指实验动物一次接触或 24h 内多次接触某一化学物质引起的中毒效应，甚至死亡。经吸入途径和急性接触，通常连续接触 4h，最多连续接触不得超过 24h。食品毒理学研究的途径主要是经口给予受试物，并多采用灌胃的方式，以 LD_{50} 值来评价急性毒性的大小。

急性毒性研究的目的主要是了解受试物的毒性强度、性质和可能的靶器官；其次是探求该化学物质的剂量-反应关系，为进一步进行毒性试验的剂量和毒性观察指标的选择提供依据。

① 急性致死毒性试验 最常用的指标是 LD_{50}，它与 LD_{100}、LD_0 等相比有更高的重现性；是一个质化反应，而不能代表受试化合物的急性中毒特性。急性毒性分级标准并未完全统一。无论是我国的还是国际上的急性分级标准都还存在着不少缺点。我国食品毒理学采用国际 6 级分级标准，《食品安全国家标准 急性毒性试验》（GB 15193.3—2014）颁布的急性毒性（LD_{50}）剂量分级标准见表 6-1。

表 6-1 急性毒性（LD_{50}）剂量分级标准

级别	大鼠口服 LD_{50}	相当于人的致死剂量	
	mg/kg	mg/kg	g/人
6 级（极毒）	<1	稍尝	0.05
5 级（剧毒）	1～50	500～4000	0.5
4 级（中等毒）	51～500	4000～30000	5

级别	大鼠口服 LD_{50}	相当于人的致死剂量	
	mg/kg	mg/kg	g/人
3级（低毒）	501～5000	30000～250000	50
2级（实际无毒）	5001～15000	250000～500000	500
1级（无毒）	>15000	>500000	2500

② 非致死性急性毒性 为了克服致死性急性毒性只能提供死亡指标这一缺点，非致死性急性毒性可提供常规的非致死性急性中毒的安全界限和对急性中毒的危险性估计。评价指标为急性毒作用阈剂量（Lim_{ac}），其含义指急性接触化学物质引起受试对象中少数个体出现某种最轻微的异常改变所需要的最低剂量。

毒性效应是一种或多种毒性症状或生理生化指标改变。对于某些生理生化的改变，如体重或酶活性等，Lim_{ac} 是指均值与对照组比较时，其差异有统计学意义的最低剂量。无论毒性效应是量效应还是质效应，在 Lim_{ac} 及其以上 1～2 个剂量组中应存在剂量-反应关系。Lim_{ac} 越低，该受检物的急性毒性越大，发生急性中毒的危险性越大。

6.1.3.2 亚慢性和慢性毒性试验

当化学物质反复多次染毒动物，而且化学物质进入机体的速度或总量超过代谢转化的速度与排出机体的速度或总量时，化学物质或其代谢产物就可能在机体内逐渐增加并贮留在某些部位，这种现象就称为化学物质的蓄积作用。大多数蓄积作用会产生蓄积毒性。

（1）亚慢性毒性试验

亚慢性毒性指人或实验动物连续较长时间（相当于 1/30～1/10 的寿命）接触较大剂量的某种有害化学和生物物质所引起的毒性效应。研究受试动物在其 1/20 左右生命时间内，少量反复接触受试物后所致损害作用的实验，称亚慢性毒性试验，亦称短期毒性试验。以大鼠平均寿命为两年为例，亚慢性毒性试验的接触期为 1～3 个月。亚慢性毒性试验目的是在急性毒性试验的基础上，进一步观察亚慢性毒性效应谱、毒作用特点和毒作用的靶器官，观察受试物亚慢性毒性的可逆性，并对最大无作用剂量及中毒阈剂量作出初步确定，为慢性试验设计选定最适观测指标及剂量提供直接的参考。

（2）慢性毒性试验

慢性毒性指人或动物长期（甚至终生）反复接触低剂量的化学毒物所产生的毒性效应。研究受试动物长时间少量反复接触受试物后，所致损害作用的试验称慢性毒性试验，亦称长期毒性试验。慢性毒性试验原则上要求试验动物生命的大部分时间或终生长期接触受试物。各种试验动物寿命长短不同，慢性毒性试验的期限也不相同。在使用大鼠或小鼠时，食品毒理学一般要求接触 1 年以上。其目的是确定化学物质毒性下限，即确定机体长期接触该化学物质造成机体受损害的最小作用剂量（阈剂量）和对机体无害的最大无作用剂量，为制定外源化学物质的人类接触安全限量标准提供毒理学依据，如最大允许浓度，每日允许摄入量（acceptable daily intake，ADI，以 mg/（kg·d）表示）等。

（3）亚慢性、慢性毒性的毒性参数

① 阈值 在亚慢性与慢性毒性试验中，阈值是指在亚慢性或慢性染毒期间和染毒终止，实验动物开始出现某项观察指标或实验动物开始出现可察觉轻微变化时的最低染毒剂量。

② 最大耐受剂量 在亚慢性或慢性试验条件下，在此剂量下实验动物无死亡，且无任何可察觉的中毒症状；但是实验动物可以出现体重下降，不过其体重下降的幅度不超过同期对照组体重的 10% 的最大剂量。最大耐受量在概念上与急性最大耐受量有所区别。

③ 慢性毒作用带 以急性毒性阈值与慢性毒性阈值的比值表示外源化学物质慢性中毒

的可能性大小。比值越大表明越易于发生慢性毒害。

6.1.3.3 致突变试验

基于染色体和基因的变异才能够遗传，遗传变异称为突变。突变的发生及其过程就是致突变作用。突变可分为自发突变和诱发突变。外源化学物质能损伤遗传物质，诱发突变，这些物质称为致突变物或诱变剂，也称为遗传毒物。致突变试验包括：微核试验、姐妹染色单体交换试验、细菌回复突变试验和细菌DNA修复试验等。

突变包括基因突变、染色体畸变和基因组突变。基因突变和染色体畸变的本质是相同的，其区别在于受损程度。当体细胞发生突变后，其影响仅能在直接接触该物质的亲代身上表现，而不可能遗传到子代。体细胞突变的后果中最受关注的是致癌，体细胞突变也可能与动脉粥样硬化有关。体细胞突变是衰老的起因。其次，胚胎体细胞突变可能导致畸胎。当生殖细胞发生突变后，无论其发生在哪个阶段，都存在对后代影响的可能性，其影响后果可分为致死性和非致死性两种。致死性影响可能是显性致死，也可能是隐性致死。显性致死即突变配子与正常配子结合后，在着床前或着床后的早期胚胎死亡。隐性致死需要纯合子或半合子才能出现死亡效应。如果是非致死性，则可能出现显性或隐性遗传病，包括先天性畸形。在遗传性疾病频率与种类增多时，突变基因及染色体损伤，将使基因库负荷增加。

6.1.3.4 致畸变试验

某些化合物可具有干扰胚胎的发育过程，影响正常发育的作用，即发育毒性。发育毒性的具体表现可分为生长迟缓、致畸作用、功能不全和异常、胚胎致死作用。其中致畸作用对存活后代机体影响较为严重，具有重要的毒理学意义。

致畸作用是指由于外源化学物质的干扰，胎儿出生时，某种器官表现形态结构异常。致畸作用所表现的形态结构异常，在出生后可立即被发现。

6.1.3.5 致癌试验

化学致癌是指化学物质引起或增进正常细胞发生恶性转化并发展成为肿瘤的过程。具有这类作用的化学物质称为化学致癌物。在毒理学中，"癌"的概念广泛，包括上皮的恶性变（癌），也包括间质的恶性变（肉瘤）及良性肿瘤。这是因为迄今为止尚未发现只诱发良性肿瘤的致癌物，且良性肿瘤有恶变的可能。WHO指出，人类癌症90%与环境因素有关，其中主要是化学因素。

6.2 食品安全性毒理学评价程序

6.2.1 对受试物的要求

① 对于单一化学结构的化学物质，应提供受试物（必要时包括其杂质）的物理、化学性质（包括化学结构、纯度、稳定性等）。对于配方产品，应提供受试物的配方，必要时应提供受试物各组成成分的物理、化学性质（包括化学名称、结构、纯度、稳定性、溶解度等）有关资料。

② 提供原料来源、生产工艺、人体可能的摄入量等有关资料。

③ 受试物必须是符合既定配方的规格化产品，其组成成分、比例及纯度应与实际应用的相同，在需要检测高纯度受试物及其可能存在的杂质的毒性或进行特殊试验时可选用纯品，或以纯品及杂质分别进行毒性检测。

6.2.2 评价程序

（1）第一阶段：急性毒性试验

经口急性毒性：LD_{50}，联合急性毒性，最大耐受剂量法。

（2）第二阶段：遗传毒性试验，传统致畸试验，30d 喂养试验

遗传毒性试验的组合应该考虑原核细胞和真核细胞、体内和体外试验相结合的原则。从 Ames 试验或 V79/HGPRT 基因突变试验、骨髓细胞微核试验或哺乳动物骨髓细胞染色体畸变试验、TK 基因突变试验、小鼠精子畸形或睾丸染色体畸变分析试验中分别各选一项。

① 鼠伤寒沙门氏菌/哺乳动物微粒体酶试验（Ames 试验）或 V79/HGPRT 基因突变试验，首选 Ames 试验，必要时可另选和加选其他试验。

② 骨髓细胞微核试验或哺乳动物骨髓细胞染色体畸变试验。

③ TK 基因突变试验。

④ 小鼠精子畸形或睾丸染色体畸变分析。

⑤ 其他备选遗传毒性试验：显性致死试验、果蝇伴性隐性致死试验、非程序性 DNA 修复合成（UDS）试验。

⑥ 传统致畸试验。

⑦ 30d 喂养试验：如受试物需进行第三、四阶段毒性试验，可不进行本试验。

（3）第三阶段：亚慢性毒性试验

90d 喂养试验、繁殖试验、代谢试验。

（4）第四阶段：慢性毒性试验（包括致癌试验）

在使用大鼠或小鼠时，一般要求接触 1 年以上。制定外源化学物质的人类接触安全限量标准，如最大允许浓度、每日允许摄入量等。确定外源化学物的干扰，是否对胎儿某种器官导致形态结构异常。确定化学物质是否引起或增进正常细胞发生恶性转化并发展成为肿瘤。

6.2.3 对不同受试物选择毒性试验的原则

凡属我国创新的物质一般要求进行 4 个阶段的试验。特别是对其中化学结构提示有慢性毒性、遗传毒性或致癌性可能者或产量大、使用范围广、摄入机会多者，必须进行全部 4 个阶段的毒性试验。

凡属与已知物质（指经过安全性评价并允许使用者）的化学结构基本相同的衍生物或类似物，则根据第一、二、三阶段毒性试验结果判断是否需进行第四阶段的毒性试验。

凡属已知的化学物质，世界卫生组织已公布每人每日允许摄入量者，同时申请单位又有资料证明我国产品的质量规格与国外产品一致，则可先进行第一、二阶段毒性试验，若试验结果与国外产品的结果一致，一般不要求进行进一步的毒性试验，否则应进行第三阶段毒性试验。

6.2.3.1 食品添加剂的安全评价

（1）香料

鉴于食品中使用的香料品种很多，化学结构很不相同，而用量则很少，在评价时可参考国际组织和国外的资料和规定，分别决定需要进行的试验。

凡属世界卫生组织已建议批准使用或已制定每日允许摄入量者，以及美国食品香料和萃取物制造者协会（Flavor and Extract Manufactures' Association，FEMA）、欧洲理事会

（Council of Europe，COE）和国际香料工业组织（International Organization of Flavor Industry，IOFI）4 个国际组织中的两个或两个以上允许使用的，在进行急性毒性试验后，参照国外资料或规定进行评价。

凡属资料不全或只有一个国际组织批准的，先进行急性毒性试验和本程序所规定的致突变试验中的一项，经初步评价后，再决定是否需进行进一步试验。

凡属尚无资料可查、国际组织未允许使用的，先进行第一、二阶段毒性试验，经初步评价后，决定是否需进行进一步试验。

从食用动植物可食部分提取的单一高纯度天然香料，如其化学结构及有关资料并未提示具有不安全性的，一般不要求进行毒性试验。

（2）其他食品添加剂

凡属毒理学资料比较完整，世界卫生组织已公布每日允许摄入量或不需规定日允许量者，要求进行急性毒性试验和一项致突变试验，首选 Ames 试验或小鼠骨髓微核试验。

凡属有一个国际组织或国家批准使用，但世界卫生组织未公布每日允许摄入量，或资料不完整者，在进行第一、二阶段毒性试验后作初步评价，以决定是否需进行进一步的毒性试验。

对于由动植物或微生物制取的单一组分、高纯度的添加剂，凡属新品种需先进行第一、二、三阶段毒性试验；凡属国外有一个国际组织或国家已批准使用的，则进行第一、二阶段毒性试验。经初步评价后，决定是否需要进行进一步试验。

（3）进口食品添加剂

要求进口单位提供毒理学资料及出口国批准使用的资料，由国务院卫生行政主管部门指定的单位审查后，决定是否需要进行毒性试验。

6.2.3.2 食品新资源和新资源食品的安全评价

食品新资源及其食品，原则上应进行第一、二、三阶段毒性试验，以及必要的人群流行病学调查；必要时应进行第四阶段试验。若根据有关文献资料及成分分析，未发现有毒或毒性甚微，不至构成对健康损害的物质，以及较大数量人群有长期食用历史而未发现有害作用的动植物或微生物制品等（包括作为调料的动植物及微生物的粗提制品）可以先进行第一、二阶段毒性试验，经初步评价后，决定是否需要进行进一步的毒性试验。

6.2.3.3 食品容器和包装材料的安全评价

鉴于食品容器和包装材料的品种很多，所使用的原料、生产助剂、单体、残留的反应物、溶剂、塑料添加剂以及副反应和化学降解的产物等各不相同，接触食品的种类、性质、加工、储存及制备方式不同（如加热、微波烹调或辐照等），迁移到食品中的污染物的种类、性质和数量各不相同，在评价时可参考国际组织和国外的资料和规定，分别决定需要进行的试验，提出试验程序和方法，报国务院卫生行政主管部门指定的单位认可后进行试验。

6.2.3.4 辐照食品的安全评价

按 GB 18524—2016《食品安全国家标准 食品辐照加工卫生规范》要求提供毒理学试验资料。

6.2.3.5 食品和食品工具与设备用清洗消毒剂的安全评价

按最新修订的《消毒管理办法》进行。重点考虑残留毒性。

6.2.3.6 农药残留

参照 GB 15670—2017 进行。

6.2.3.7 兽药残留

参照 GB 31650.1—2022 进行。

6.2.4 食品安全性毒理学评价试验的目的和结果判定

6.2.4.1 毒理学试验的目的

① 急性毒性试验　测定 LD_{50}，了解受试物的毒性强度、性质和可能的靶器官，为进一步毒性试验的剂量和毒性观察指标的选择提供依据，并根据 LD_{50} 进行毒性分级。

② 遗传毒性试验　对受试物的遗传毒性以及是否具有潜在致癌作用进行筛选。

③ 致畸试验　了解受试物是否具有致畸作用。

④ 30d 喂养试验　对只需要进行第一、二阶段毒性试验的受试物，在急性毒性试验的基础上，通过 30d 喂养试验，进一步了解其毒性作用，观察对生长发育的影响，并可初步估计最大未观察到的有害作用剂量。

⑤ 亚慢性毒性试验——90d 喂养试验，繁殖试验　观察受试物以不同剂量水平经较长期喂养后对动物的毒性作用性质和作用的靶器官，了解受试物对动物繁殖及对子代的发育毒性，观察对生长发育的影响，并初步确定最大未观察到有害作用剂量和致癌的可能性；为慢性毒性和致癌试验的剂量选择提供依据。

⑥ 代谢试验　了解受试物在体内的吸收、分布和排泄速度以及蓄积性，寻找可能的靶器官；为选择慢性毒性试验的合适动物种、系提供依据；了解代谢产物的形成情况。

⑦ 慢性毒性试验和致癌试验　了解长期接触受试物后出现的毒性作用，尤其是进行性或不可逆性作用及致癌作用；最后确定最大未观察到有害作用剂量，为受试物能否应用于食品的最终评价提供依据。

6.2.4.2 毒理学试验结果的判定

（1）急性毒性试验

如 LD_{50} 小于人的可能摄入量的 10 倍，则放弃该受试物用于食品，不再继续其他毒理学试验。如大于 10 倍者，可进入下一阶段毒理学试验。

（2）遗传毒性试验

如三项试验（Ames 试验或 V79/HGPRT 基因突变试验，骨髓细胞微核试验或哺乳动物骨髓细胞染色体畸变试验，TK 基因突变试验或小鼠精子畸形或睾丸染色体畸变分析）的任一项中，体内、体外各有一项或以上试验阳性，则表示该受试物很可能具有遗传毒性和致癌作用，一般应放弃该受试物应用于食品。

如三项试验中一项体内试验为阳性或两项体外试验阳性，则再选两项备选试验（至少一项为体内试验）。如再选的试验均为阴性，则可继续进行下一步的毒性试验；如其中有一项试验结果阳性，则结合其他试验结果，经专家讨论决定，再做其他备选试验或进入下一步的毒性试验。

如三项试验均为阴性，则可继续进行下一步的毒性试验。

（3）30d 喂养试验

对只要求进行第一、二阶段毒理学试验的受试物，若短期喂养试验未发现有明显毒性作用，综合其他各项试验结果可做出初步评价；若试验中发现有明显毒性作用，尤其是有剂量-反应关系时，则考虑进行进一步的毒性试验。

（4）90d 喂养试验、繁殖试验、传统致畸试验

根据这三项试验中的最敏感指标所得最大未观察到有害作用剂量进行评价，原则如下。

① 最大未观察到有害作用剂量小于或等于人的可能摄入量的 100 倍表示毒性较强，应放弃该受试物用于食品。

② 最大未观察到有害作用剂量大于100倍而小于300倍者，应进行慢性毒性试验。

③ 大于或等于300倍者则不必进行慢性毒性试验，可进行安全性评价。

(5) 慢性毒性试验和致癌试验

根据慢性毒性试验所得的最大未观察到有害作用剂量进行评价的原则如下。

① 最大未观察到有害作用剂量小于或等于人的可能摄入量的50倍者，表示毒性较强，应放弃该受试物用于食品。

② 最大未观察到有害作用剂量大于50倍而小于100倍者，经安全性评价后，决定该受试物可否用于食品。

③ 最大未观察到有害作用剂量大于或等于100倍者，则可考虑允许使用于食品。

根据致癌试验所得的肿瘤发生率、潜伏期和多发性等进行致癌试验结果判定的原则是：凡符合下列情况之一，并经统计学处理有显著性差异者，可认为致癌试验结果阳性；若存在剂量-反应关系，则判断阳性更可靠。

① 肿瘤只发生在试验组动物，对照组中无肿瘤发生。

② 试验组与对照组动物均发生肿瘤，但试验组发生率高。

③ 试验组动物中多发性肿瘤明显，对照组中无多发性肿瘤，或只是少数动物有多发性肿瘤。

④ 试验组与对照组动物肿瘤发生率虽无明显差异，但试验组中发生时间较早。

(6) 新资源食品

新资源食品等受试物在进行试验时，若受试物掺入饲料的最大加入量（超过5%时应补充蛋白质等到与对照组相当的含量，添加的受试物原则上最高不超过饲料的10%）或液体受试物经浓缩后仍达不到最大未观察到有害作用剂量为人的可能摄入量的规定倍数时，综合其他的毒性试验结果和实际食用或饮用量进行安全性评价。

6.2.5　进行食品安全性评价时需要考虑的因素

(1) 试验指标的统计学意义和生物学意义

分析试验组与对照组指标在统计学上差异的显著性时，应根据其有无剂量-反应关系、同类指标横向比较及与本实验室的历史性对照值范围比较的原则等来综合考虑指标差异有无生物学意义。此外，如在受试物组发现某种肿瘤发生率增高，即使在统计学上与对照组比较差异无显著性，仍要给予关注。

(2) 生理作用与毒性作用

对实验中某些指标的异常改变，在结果分析评价时要注意区分是生理学表现还是受试物的毒性作用。

(3) 人的可能摄入量较大的受试物

应考虑给予受试物量过大时，可能影响营养素摄入量及其生物利用率，从而导致动物某些毒理学表现，而非受试物的毒性作用所致。

(4) 时间-毒性效应关系

对由受试物引起的毒性效应进行分析评价时，要考虑在同一剂量水平下毒性效应随时间的变化情况。

(5) 人的可能摄入量

除一般人群的摄入量外，还应考虑特殊和敏感人群（如儿童、孕妇及高摄入量人群）的摄入量。对孕妇、哺乳期妇女或儿童食用的食品，应特别注意其胚胎毒性或生殖发育毒性、神经毒性和免疫毒性。

（6）人体资料

由于存在着动物与人之间的种属差异，在评价食品的安全性时，应尽可能收集人群接触受试物后的反应资料，如职业性接触和意外事故接触等。志愿受试者的体内代谢资料对于将动物试验结果推论到人具有很重要的意义。在确保安全的条件下，可以考虑遵照有关规定进行人体试食试验。

（7）动物毒性试验和体外试验资料

本程序所列的各项动物毒性试验和体外试验系统虽然仍有待完善，却是目前水平下所得到的最重要的资料，也是进行评价的主要依据。在试验得到阳性结果，而且结果的判定涉及受试物能否应用于食品时，需要考虑结果的重复性和剂量-反应关系。

（8）安全系数

由动物毒性试验结果推论到人时，鉴于动物、人的种属和个体之间的生物学差异，一般采用安全系数的方法，以确保对人的安全性。安全系数通常为 100 倍，但可根据受试物的理化性质、毒性大小、代谢特点、接触的人群范围和人的可能摄入量、食品中的使用量及使用范围等因素，综合考虑增大或减小安全系数。

（9）代谢试验的资料

代谢研究是对化学物质进行毒理学评价的一个重要方面，因为不同化学物质、剂量大小，在代谢方面的差别往往对毒性作用影响很大。在毒性试验中，原则上应尽量使用与人具有相同代谢途径和模式的动物种系来进行试验。研究受试物在实验动物和人体内吸收、分布、排泄和生物转化方面的差别，对于将动物试验结果比较正确地推论到人具有重要意义。

（10）综合评价

在进行最后评价时，必须综合考虑受试物的理化性质、毒性大小、代谢特点、蓄积性、接触的人群范围、食品中的使用量与使用范围、人的可能摄入量等因素，在受试物可能对人体健康造成的危害以及其可能的有益作用之间进行权衡。评价的依据不仅是科学试验的结果，而且与当时的科学水平、技术条件以及社会因素有关。因此，随着时间的推移，试验的结论很可能也不同。随着情况的不断改变，科学技术的进步和研究工作的不断进展，有必要对已通过评价的化学物质进行重新评价，做出新的结论。

对于已在食品中应用了相当长时间的物质，对接触人群进行流行病学调查具有重大意义，但往往难以获得剂量-反应关系方面的可靠资料；对于新的受试物质，则只能依靠动物试验和其他试验研究资料。然而，即使有了完整和详尽的动物试验资料和一部分人类接触者的流行病学研究资料，由于人类的种族和个体差异，也很难做出能保证每个人都安全的评价。所谓绝对的安全实际上是不存在的。根据上述材料，进行最终评价时，应全面权衡和考虑实际可能，在确保发挥该受试物的最大效益，以及对人体健康和环境造成最小危害的前提下做出结论。

本章习题：

1. 毒理学的定义是什么？
2. 常用的毒性指标包括哪些？
3. 常用的毒性试验包括哪些？
4. 进行食品安全性评价时需要考虑的因素有哪些？

本章思考与拓展：

　　食品的安全性评价在化学物质的毒性筛选以及作用机理的研究方面都具有较好的优势和发展前景。食品的安全性评价利用毒理学的基本手段，通过动物试验和人体试验，研究食品中各种外源化学物质的来源、性质、毒性、作用机理，确定这些物质的安全限量及其潜在危害，以期为人类使用这些化学物质的安全性作出评价，确保人类的健康，为制订预防措施特别是卫生标准提供理论依据。食品安全性评价的研究对象涉及食品生产和加工的诸多方面，不仅涉及食品中的化学类和生物类外源污染物（如农药和兽药等化学污染物、重金属等工业污染物、细菌和霉菌毒素等），还包括食品自身含有的有毒物质、食品加工过程生成的有毒物质和食品添加剂等（如苦杏仁和木薯中含有的生氰糖苷、油炸淀粉类食品中可能产生的丙烯酰胺、烤肉中可能产生的多环芳烃和杂环胺等致癌物和致突变物等）。因此，食品专业的学生熟悉并掌握安全性评价的相关方法对于保障我国食品安全具有重要意义。

第**7**章

食品安全风险分析

食品安全风险分析是对食品、食品添加剂中的危害以及对人体健康的影响等内容进行分析与判定，是针对国际食品安全性应运而生的一种宏观管理模式，目的在于保护消费者的健康和促进公平的食品贸易。《实施卫生与动植物检疫措施协定》（简称《SPS协定》）明确规定，各国政府可采取强制性卫生措施保护该国人民健康、免受进口食品带来的危害，不过采取的卫生措施必须建立在风险评估的基础上，因此，食品安全风险分析已被认为是确定/判定食品安全的基础，对保证食品的安全性具有重要的意义。

7.1　风险与风险分析

7.1.1　风险的含义

风险的含义往往包括风险发生的可能性及风险的严重程度两方面。风险的可能性，即受到伤害、破坏或损失的可能性，如果某种风险发生的可能几乎为零，即便风险的严重程度再大，这种风险也仍然是可以接受的。反之，如果风险发生的可能性很大，即便风险带来的后果不是特别严重，对于这样的风险也是必须提高警惕，积极预防的，比如大豆油的浸出工艺，采用溶剂浸出存在溶剂泄漏与爆炸的风险，但只要严格按照程序操作，该事件发生概率就很低。

7.1.2　风险的分类

风险可分为自觉性风险和非自觉性风险。

自觉性风险指的是人们所决定承担的风险，如坐公交车、骑自行车、吸烟；非自觉性风险是指人们事先未预料或未同意而发生的风险，如大自然的闪电、火灾、洪水、飓风等带来的后果，以及环境污染导致的损害等。

风险也可分为统计可证实的风险或统计不可证实的风险两种。

统计可证实的风险是指经过直接观察已证实了的自觉性或非自觉性风险，这些风险可以相互比较；统计不可证实的风险是指一些非自觉性风险，这些风险所依据的数据和数学等式非常有限，这些风险也可以相互比较。但是，统计可证实风险和不可证实风险之间是绝对不能比较的。

按照风险的内容来划分，风险又包括自然风险、技术风险、政治风险、经济风险、行为风险、生态与环境风险、人类健康与安全风险等。

7.1.3 风险分析

风险分析是一门正在发展中的新兴学科，其根本目的在于保护消费者的健康和促进公平的食品贸易。风险分析是指通过对影响动物源性食品安全质量的各种生物、物理和化学危害进行评估，定性或定量描述风险特征，并在参考了各种相关因素后，提出和实施风险管理措施，并对有关情况进行交流的过程。风险分析包括风险评估、风险管理和风险交流3个方面的内容。其中，风险评估是整个风险分析体系的核心和基础，也是有关国际组织今后工作的重点。食品安全风险分析则是风险分析在食品安全领域的应用，保证消费者在食品安全性风险方面处于可接受的水平。风险分析在食品安全管理中的目标：分析食源性危害，确定食品安全性保护水平，采取风险管理措施，使消费者在食品安全性风险方面处于可接受的水平。

7.2 食品安全风险分析简介

食品安全风险分析是指对食品中存在的对人的身体健康产生威胁或伤害的因素，严格地进行监测和分析，之后再根据其对人体危害的程度确定相应的风险管理和监督措施，进而从根本上减少或降低食品中存在的安全风险和隐患。另外，在风险管理和评估时，要保证风险相关各方和部门保持良好的交流联系状态，进一步地减少因食品安全问题对人的身体造成的伤害。

食品安全风险分析主要由风险评估、风险管理和风险交流三个部分组成，其中风险评估在这三部分中占有最重要的地位，它是整个风险分析体系的核心和基础，也是各组织机构重点的工作内容和关键。

7.2.1 基本概念

国际食品法典委员会（Codex Alimentarius Commission，CAC）在食品法典程序手册中对风险分析的一系列定义如下。

① 危害（Hazard） 是食品中含有的，潜在的将对健康造成副作用的生物、化学和物理的致病因子。

② 风险（Risk） 是由食品中的某种危害而导致的有害于人群健康的可能性和副作用的严重性。

③ 风险分析（Risk Analysis） 是指对可能存在的危害进行预测，并规避、降低危害的影响措施。风险分析包含风险评估、风险管理和风险信息交流。风险评估为风险分析提供科学依据，强调所引入的数据、模型、假设以及情景设置的科学性，风险管理为风险分析提供政策基础，注重所做出的风险管理决策的实用性，风险交流强调在风险分析全过程中的信息互动。三者之间相互联系、互为前提（图7-1）。

④ 风险评估（Risk Assessment） 包括以下步骤的科学评估过程：a. 危害确定；b. 危害特征描述；c. 暴露评估；d. 风险特征描述。

⑤ 危害识别（Hazard Identification） 是对可能在食品或食品系列中存在的，能够对健康产生副作用的生物、化学和物理的致病因子进行鉴定。

⑥ 危害描述（Hazard Characterization） 定量、定性地评价由危害产生的对健康副作

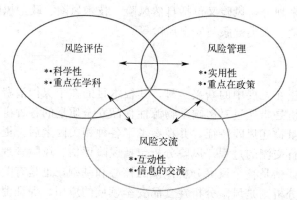

图 7-1　风险分析框架图

用的性质。对于化学性致病因子要进行剂量-反应评估；对于生物或物理因子在可以获得资料的情况下也应进行剂量-反应评估。

⑦ 剂量-反应评估（Dose-Response Assessment）　确定化学的、生物的或物理的致病因子的剂量与相关的对健康副作用的严重性和频度之间的关系。

⑧ 暴露评估（Exposure Assessment）　定量、定性地评价通过食品以及其他相关方式对生物的、化学的和物理的致病因子的可能摄入量。

⑨ 风险特征描述（Risk Characterization）　在危害确定、危害特征描述和暴露评估的基础上，对给定人群中已知或潜在的副作用产生的可能性和副作用的严重性，做出定量或定性估价的过程，包括伴随的不确定性的描述。

⑩ 风险管理（Risk Management）　根据风险评估的结果，对备选政策进行权衡，并且在需要时选择和实施适当的控制措施包括规章管理措施的过程。

⑪ 风险信息交流（Risk Communication）　贯穿风险分析整个过程的信息和观点的相互交流的过程。交流的内容可以是危害和风险，或与风险有关的因素和对风险的理解，包括对风险评估结果的解释和风险管理决策的制定基础等；交流的对象包括风险评估者、风险管理者、消费者、企业、学术组织以及其他相关团体。

7.2.2　食品安全风险分析的发展历史及应用

7.2.2.1　风险分析的起源与发展

1986—1994 年举行的乌拉圭回合多边贸易谈判，讨论了包括食品在内的产品贸易问题，最终形成了与食品密切相关的两个正式协定，即《实施卫生与动植物卫生措施协定》（《SPS协定》）和《技术性贸易壁垒协定》（《TBT 协定》）。《SPS 协定》确认了各国政府通过采取强制性卫生措施保护该国人民健康、免受进口食品带来危害的权利，同时要求各国政府采取的卫生措施必须建立在风险评估的基础上，以避免隐藏的贸易保护措施；另外，采取的卫生措施必须是非歧视性的和没有超过必要贸易限制的，同时必须建立在充分的科学证据之上，依据有关的国际标准进行。在食品领域，《SPS 协定》和《TBT 协定》以 CAC 的标准为国际法律中促进国际贸易和解决贸易争端的参考依据，因此 CAC 在国际贸易中具有法律地位和权威的约束力。《SPS 协定》第一次以国际贸易协定的形式明确承认，为了在国际贸易中建立合理的、协调的食品规则和标准，需要有一个严格的科学方法，因此，CAC 应遵照《SPS 协定》提出一个科学框架。

1991 年，联合国粮农组织和世界卫生组织（FAO/WHO）以及关贸总协定（GATT）

联合召开会议，建议相关国际法典委员会及所属技术咨询委员会在制定决定时应遵循风险评估的决定；1991年举行CAC第19次大会同意采纳这一工作程序；随后在1993年，CAC第20次大会针对有关"CAC及其下属和顾问机构实施风险评估的程序"的议题进行了讨论，提出在CAC框架下，各分委员会及其专家咨询机构，应在各自的化学品安全性评估中采纳风险分析的方法；1994年，第41届CAC执行委员会会议建议FAO与WHO就风险分析问题联合召开会议，根据这一建议，1995年3月13—17日，在日内瓦WHO总部召开了FAO/WHO联合专家咨询会议，会议最终形成了一份题为"风险分析在食品标准问题上的应用"的报告。1997年1月27—31日，FAO/WHO联合专家咨询会议在罗马FAO总部召开，会议提交了题为"风险管理与食品安全"的报告，该报告规定了风险管理的框架和基本原理。1998年2月2—6日，在罗马召开了FAO/WHO联合专家咨询会议，会议提交了题为"风险情况交流在食品标准和安全问题上的应用"的报告，对风险情况交流的要素和原则进行了规定，同时对进行有效风险情况交流的障碍和策略进行了讨论。

至此，有关食品风险分析原理的基本理论框架已经形成。CAC于1997年正式决定采用与食品安全有关的风险分析术语的基本定义，并把它们包含在新的《CAC工作程序手册》中。目前，风险分析已被公认为是制定食品安全标准的基础。

7.2.2.2 风险分析的国内外应用

（1）国外应用

近年来，食品法典委员会和一些发达国家开展了疯牛病（BSE）、沙门氏菌、李斯特菌、O157：H7、二噁英、多氯联苯、丙烯酰胺等的系统研究，已经形成了化学危害物、微生物、真菌毒素等风险分析指南和程序。当前风险评估技术已发展到能够对多种危害物同时形成的复合效应进行评估，并且更加注重随机暴露量的评估。另外，国际社会对转基因食品（GMO）的安全性评价问题也形成了评价原则和程序。近几年来，一些国家的食品风险分析工作已经有了很大发展，以韩国、澳大利亚和美国为例，韩国于2000年开始建立K-Risk的食品中环境污染物的风险评估体系；澳大利亚创建了澳新食品局DIAMOND系统，可对冷冻海鲜（微生物品质）、花生（黄曲霉毒素）及罐头食品（铅）等食品进行风险评估，选择不同的风险管理模式；美国建立了FDA和FSIS对李斯特菌和副溶血性弧菌引起公众健康的风险评估；并且在2000年11月，WTO卫生与植物卫生措施委员会对疯牛病进行了风险描述。

（2）国内应用

近年来，我国商务、卫生、农业和检验检疫部门针对食品方面的危害分析做了大量工作，检验检疫部门结合我国进出口贸易中出现的热点问题和国际热点问题在口岸开展了应用实践。如微生物（大肠杆菌、金黄色葡萄球菌和寄生虫等）造成食品污染；面粉中过氧化苯甲酰超标；大米中矿物油超标；酱油中三氯丙醇超标；苹果汁中甲胺磷、乙酰甲胺磷残留；禽肉、水产品中氯霉素残留；冷冻加工水产品中金黄色葡萄球菌及其肠毒素超标；油炸马铃薯食品中丙烯酰胺超标；水产品中含金属异物；牡蛎中副溶血性弧菌超标；进境冻大马哈鱼携带溶藻弧菌可能影响人体安全和水产动物健康等的风险评估。

7.2.3 食品安全风险分析的内容

食品安全风险分析包含风险评估、管理和信息交流等方面的内容，主要是在人体摄入食物中的一些非健康因素分析的基础上，通过科学对策，降低其对人体健康造成的不良影响。其中，风险评估是食品安全风险分析的主要内容，有着不可替代的重要性，要加大相关的管控力度，确保群众的身体健康不受威胁；根据风险评估的结果，确定可行的风险管理（Risk Management）策略，在此过程中风险评估者、风险管理者及社会相关团体和公众之间要做好各个方面的信息交流，即风险交流（Risk Communication）。风险信息交流的内容对于食品安全具有直接影响。

7.2.3.1 食品安全风险评估

根据危害物的性质，风险评估分为化学危害物、生物危害物和物理危害物风险评估，目前国际公认的风险评估程序包括四大部分，即危害识别、危害描述、暴露评估和风险描述（图7-2）。

（1）化学危害物的风险评估

① 危害识别　对可能在食品或食品系列中存在的，能够对健康产生副作用的生物、化学和物理的致病因子进行鉴定。鉴定产生不良效果的可能性，以及对产生这种不良效果的确定性和不确定性进行鉴定，如农药残留和兽药残留、环境污染物和天然毒素导致的副作用等。

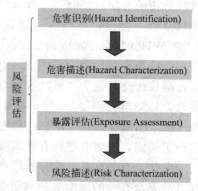

图 7-2　风险评估体系

目前，主要按照下列顺序对不同的研究给予不同的分析：流行病学研究、动物毒理学研究、体外实验以及最后的定量结构-反应关系。

a. 流行病学研究　如果能获得阳性的流行病学研究数据，应当把它们应用于风险评估中。如果能够从临床研究获得数据，在危害识别及其他步骤中应当充分利用。然而，对于大多数化学物质，临床和流行病学资料是难以得到的。此外，阴性的流行病学资料难以在危险性评估方面进行解释，因为大部分流行病学研究的统计学力度不足以发现人群中低暴露水平的作用。风险管理决策不应过于依赖流行病学研究而受耽搁。评估采用的流行病学研究必须是用公认的标准程序进行。危害识别一般以动物和体外试验的资料为依据，因为流行病学研究费用昂贵，而且提供的数据很少。

b. 动物试验　用于风险评估的绝大多数毒理学数据来自动物试验，这就要求这些动物试验必须遵循业界广泛接受的标准化试验程序。无论采用哪种程序，所有试验必须实施良好实验室规范（GLP）和标准化质量保证/质量控制（QA/QC）方案。长期（慢性）动物试验数据至关重要，包括肿瘤、生殖/发育作用、神经毒性作用、免疫毒性作用等。短期（急性）毒理学试验资料也是有用的。动物试验应当有助于毒理学作用范围的确定。对于人体必需微量元素，如铜、锌、铁，应该收集需要量与毒性之间关系的资料。动物试验的设计应考虑到找出无可见作用（NOEL）值、无可见不良作用水平（NOAEL）或者临界剂量，应选择较高剂量以尽可能减少产生假阴性。

c. 短期试验研究与体外试验　由于短期试验既快速且费用不高，因此用来探测化学物质是否具有潜在致癌性，或引导支持从动物试验或流行病学调查的结果是非常有价值的。可以用体外试验资料补充作用机制的资料，例如遗传毒性试验。这些试验必须遵循良好实验室规范或其他广泛接受的程序。然而，体外试验的数据不能作为预测对人体危险性的唯一资料来源。

d. 结构-反应关系　结构-反应关系对于加强识别人类健康危害的加权分析是有用的。在将化学物质作为一类（如多环芳烃化合物、多氯联苯类和四氯苯并二噁英）进行评价时，此类化学物质的一种或多种有足够的毒理学资料，可以采用毒物当量的方法来预测人类摄入该类化学物中其他化学物对健康的危害。

② 危害描述　定量、定性地评价由危害产生的对健康副作用的性质。对于化学性致病

因子要进行剂量-反应评估；对于生物或物理因子在可以获得资料的情况下也应进行剂量-反应评估。一般是将毒理学试验获得的数据外推到人，计算人体的每日允许摄入量（ADI值）。严格来说，对于食品添加剂、农药残留和兽药残留，制定 ADI 值，对于环境污染物，针对蓄积性污染物如铅、镉、汞，制定暂定每周耐受摄入量（PTWI 值），针对非蓄积性污染物如砷等制定暂定每日耐受摄入量（PTDI 值），对于营养素，要制定推荐每日摄入量（RDI 值）。主要内容是研究剂量-反应关系。绝大多数食源性危害（如食品添加剂、农药残留）在食品中的实际含量往往很低，通常只有百万分之几，甚至更少。因此，为了达到一定的敏感度，动物毒理学试验的剂量必须很高，取决于化学物的自身毒性，一般为百万分之几千。对于毒理学工作者的挑战则是用高剂量所观察到的动物不良反应来预测人体低剂量暴露的危害。为了与人体摄入水平相比较，需要把动物试验数据经过处理外推到低得多的剂量。因此，人体健康风险评估多数都是基于动物试验的毒理资料。所以，在无阈值剂量的假设之下，用高于人的环境暴露浓度的动物试验剂量，由高至低的外推是必须也是可行的。

对于大多数化学物质而言，在剂量-反应关系的研究中都可获得一个阈值（NOAEL），乘以一个适当的安全系数（100 倍），即为安全水平，或称为每日允许摄入量（ADI），以每日每公斤体重摄入的质量（以毫克计）表示。然而，这一方法不适用于遗传毒性致癌物，因为此类化学物质没有阈值，即不存在一个没有致癌危险性的低摄入量（尽管在专家之间有不同看法）。目前通常的做法是应用一些数学模型来估计致癌物的作用强度，以每单位摄入量引起的癌症病例数表示。一般认为，在每百万人口中增加一个癌症病例是可接受的风险。可以看出，在进行这种数学模型的定量评估时，如果没有较大量的人群流行病学数据，而单凭动物试验的结果来外推，评估结果往往是不可靠的。

a. 遗传毒性和非遗传毒性致癌物　　在传统上，毒理学家认同不良作用存在阈值，但致癌作用除外。这种认识可追溯到 20 世纪 40 年代，当时便已认识到癌症的发生有可能源于某一种体细胞的突变。在理论上，少数几个分子，甚至一个分子都有可能诱发人体或动物的突变而最终演变为肿瘤。因此，在理论上通过这种机制作用的致癌物没有安全剂量可言。

近年来，已逐步能够区别各种致癌物，并确定有一类非遗传毒性致癌物，即本身不能诱发突变，但是它可作用于被其他致癌物或某些物理化学因素启动的细胞的致癌过程的后期。遗传毒性致癌物定义为能间接或直接地引起靶细胞遗传物质改变的化学物质。遗传毒性致癌物的主要作用靶位是遗传物质，而非遗传毒性致癌物作用于非遗传位点，从而促进靶细胞增殖和/或持续性的靶位点功能亢进/衰竭。大量的报告详细说明遗传毒性和非遗传毒性致癌物均存在种属间致癌效应的差别。

世界上许多国家的食品卫生界权威机构认定遗传毒性和非遗传毒性致癌物是不同的。在原则上，非遗传毒性致癌物能够用阈值方法进行管理，如可观察的无作用剂量水平-安全系数法。要证明某一物质属于遗传毒性致癌物，往往需要提供致癌作用机制的科学资料。

b. 阈值法（Threshold Approach）　　试验获得的阈值，如无可见作用水平（NOEL）或无可见不良作用水平（NOAEL）值乘以合适的安全系数等于安全水平或者每日允许摄入量。这种计算的理论依据是人体与试验动物存在着合理可比的阈剂量值。但是，人的敏感性或许较高，遗传特性的差异更大，并且膳食习惯更为不同。鉴于此，FAO/WHO 食品添加剂专家委员会（JECFA）采用安全系数以克服此类不确定性。通常对长期动物试验资料的安全系数为 100，但不同国家的卫生机构有时采用不同的安全系数。当科学资料数量有限或制定暂行每日允许摄入量时，JECFA 采用更大的安全系数。其他卫生机构按作用强度和可逆性调整 ADI 值。ADI 值的差异构成了一个重要的风险管理问题，这应当引起重视。ADI值提供的信息是：如果按 ADI 值或以下的量摄入某一化学物质，则没有明显的风险。如上所述，安全系数用于弥补种群差异。当然，理论上有可能某些个体的敏感程度超出了安全系数的范围。

c. 非阈值法　对于遗传毒性致癌物，一般不能用 NOEL 乘以安全系数来制定允许摄入量，因为即使在最低摄入量时，仍然有致癌危险性。因此，对遗传毒性致癌物的管理办法有两种：禁止商业化地使用该种化学物质；制定一个极低而可忽略不计、对健康影响甚微或者社会能接受的化学物质的风险水平。

③ 暴露评估　暴露评估（Exposure Assessment）即定量、定性地评价由食品以及其他相关方式对生物的、化学的和物理的致病因子的可能摄入量。暴露评估的目的在于求得某种危害物对人体的暴露剂量、暴露频率、时间长短、路径及范围，主要根据膳食调查和各种食品中化学物质暴露水平调查的数据进行。进行暴露评估需要有关食品的消费量和这些食品中相关化学物质浓度两方面的资料，一般可以通过采用总膳食研究、个别食品的选择性研究和双份饭法研究进行。因此，进行膳食调查和国家食品污染监测计划是准确进行暴露评估的基础。

由于剂量决定毒性，所以危害物的膳食摄入量估计需要有关食品消费量和这些食物中相关化学物质浓度的资料。一般来说，摄入量评估有 3 种方法：a. 总膳食研究；b. 个别食品的研究；c. 双份饭研究。评估时，平均/中位数居民和不同人群详细的食物消费数据很重要，特别是易感人群。另外，必须注重膳食摄入量资料的可比性，特别是世界上不同地方的主食消费情况。一般认为发达国家居民比发展中国家居民摄入更多的食品添加剂，因为他们膳食中加工食品所占的比例较高。

$$\text{危害物的膳食摄入量} = \frac{\text{介质中危害物的浓度} \times \text{每日摄入量}}{\text{体重}}$$

可以根据食品添加剂、农药和兽药规定的使用范围和使用量，来估计膳食摄入量。然而，食品中食品添加剂、农药和兽药残留的实际水平远远低于最大允许量，因为仅有部分庄稼/家畜使用了农药和兽药，因此食品中或食品表面有时完全没有农药和兽药残留。食品中添加剂含量的数据可以从制造商那里取得，计算膳食污染物暴露量需要知道它们在食品中的分布情况，只有通过采用敏感和可靠的分析方法对有代表性的食物进行分析来得到。

膳食中食品添加剂、农药和兽药的理论摄入量必须低于相应的 ADI 值。通常，实际摄入量远远低于 ADI 值。确定污染物的限量会遇到一些特殊的问题，通常在数据不足时制定暂行摄入限量。污染物水平偶尔会比暂行摄入限量高，在此情况下，限量水平往往根据经济和/或技术方面的实际情况而定。

对微生物危害来说，暴露评估基于食品被致病性细菌污染的潜在程度，以及有关的饮食信息。暴露评估必须考虑的因素包括被致病性细菌污染的可能性、食品原料的最初污染程度、卫生设施水平和加工过程控制、加工工艺、包装材料、食品的储存和销售、食用方式以及食品中各种微生物对致病菌生长的影响。微生物致病菌的含量水平是动态变化的。如果在食品加工中采用适当的温度-时间条件控制，致病菌的含量可维持在较低水平；但在特定条件下，如食品贮藏温度不合适或与其他食品交叉污染，其含量会明显增加。因此，暴露评估应该描述食品从生产到食用的整个途径，能够预测可能的与食品的接触方式，尽可能反映出整个过程对食品的影响。

预测微生物学是暴露评估的一个有用的工具。通过建立数学模型来描述不同环境条件下微生物生长、存活及失活的变化，从而对致病菌在整个暴露过程中的变化进行预测，并最终估计出各个阶段及食品食用时致病菌的浓度水平，然后将这一结果输入到剂量-反应模式中，描述在消费时致病菌在食品中的分布及消费过程中的消费量。由于食品"从农场到餐桌"的过程中环境因素存在很大的变化，将各种因素均合并在评估模型中进行分析，可以帮助评估者找到从生产到消费过程中影响风险的主要因素，从而能更有效地控制危险性环节。

④ 风险描述　在危害确定、危害特征描述和暴露评估的基础上，对给定人群中已知或潜在的副作用产生的可能性和副作用的严重性，做出定量或定性估价的过程，包括伴随的不确定性的描述，是危害识别、危害描述和暴露评估的综合结果。对于有阈值的化学物质，就是比较暴露量和 ADI 值（或者其他测量值）。暴露量小于 ADI 值时，健康不良效果的可能性理论上为零；对于无阈值物质，人群的风险是暴露量和效力的综合结果。同时，风险描述需要说明风险评估过程中每一步所涉及的不确定性。

对于有阈值的化学危害物，其对人群构成的风险可以根据摄入量与 ADI 值（或其他测量值）比较作为风险描述。如果所评价的物质的摄入量比 ADI 值小，则对人体健康产生不良作用的可能性为零。即

$$安全限值(\text{Margin of Safety}, \text{MOS}) = \frac{\text{ADI}}{暴露量}$$

MOS≤1：该危害物对食品安全影响的风险是可以接受的；

MOS＞1：该危害物对食品安全影响的风险超过了可以接受的限度，应当采取适当的风险管理措施。

对于无阈值的化学危害物，对人群的风险是摄入量和危害程度的综合结果，即食品安全风险＝摄入量×危害程度。

对于微生物危害而言其风险描述依据危害识别、危害描述、暴露评估等的考虑和数据。风险描述提供特定菌体对特定人群产生损害作用的能力的定性或定量估计。

在风险描述时必须说明风险评估过程中每一步所涉及的不确定性。风险描述中的不确定性反映了前几个阶段评价中的不确定性。在实际工作中，依靠专家判断和额外的人体研究以克服各种不确定性。

（2）生物危害物的风险评估

生物危害主要指由有害的细菌、病毒、真菌（霉菌、酵母）、寄生虫侵染食品，导致消费者健康问题的生物因素。此外，生物性危害物还会受到很多复杂的因素的影响，包括食物从种植、加工、储存到烹调的全过程，宿主的差异（敏感性、抵抗力），病原菌的毒力差异，病原体的数量的动态变化，文化和地域的差异等。因此，对生物病原体的风险评估以定性方式为主。针对不同的生物危害采取相应的风险管理。然而，定性的风险评估取决于特定的食物品种、病原菌的生态学知识、流行病学数据以及专家对生产、加工、储存、烹调等过程有关危害的判断。

（3）物理危害物的风险评估

物理危害物风险评估是指对食品或食品原料本身携带或加工过程中引入的硬质或尖锐异物被人食用后对人体造成危害的评估。食品中物理危害造成人体伤亡和发病的概率较化学和生物性的危害小，但一旦发生，后果则非常严重，有时必须经过手术方法才能将其清除。如食品中含有玻璃、金属碎片等，被消费者食用可造成割破、流血、损伤牙齿等，严重的甚至需要手术才能取出。

物理性危害的确定比较简单，不需要进行流行病学研究和动物试验，暴露的唯一途径是误食了混有物理危害物的食品，也不存在阈值，因此可以根据危害识别、危害描述以及暴露评估的结果给予高、中、低的定性估计。

7.2.3.2　食品安全风险管理

食品安全风险管理是依据风险评估的结果，同时考虑社会、经济等方面的有关因素，权

衡管理决策方案，并在必要时选择和实施适当的控制措施的过程，其产生的结果就是制定食品安全标准、准则和其他建议性措施。

风险管理的首要目标是通过选择和实施适当的措施，尽可能有效地控制食品风险，从而保障公众健康。措施包括制定最高限量、制定食品标签标准、实施公众教育计划，以及通过使用其他物质或者改善农业或生产规范以减少某些化学物质的使用等。风险管理可以分为 4个部分：风险评价、风险管理选择评估、执行管理决定以及监控和审查。

风险评价的基本内容包括确认食品安全问题、描述风险概况、就风险评估和风险管理的优先性对危害进行排序、为进行风险评估制定风险评估政策、决定进行风险评估以及风险评估结果的审议。

风险管理选择评估的程序包括确定现有的管理选项、选择最佳的管理选项（包括考虑一个合适的安全标准）以及最终的管理决定。监控和审查指的是对实施措施的有效性进行评估以及在必要时对风险管理和/或评估进行审查。

为了做出风险管理决定，风险评价过程的结果应当与现有风险管理选项的评价相结合。保护人体健康应当是首先考虑的因素，同时，可适当考虑其他因素（如经济费用、效益、技术可行性、对风险的认知程度等），可以进行费用-效益分析。执行管理决定之后，应当对控制措施的有效性以及对暴露消费者人群的风险的影响进行监控，以确保食品安全目标的实现。

7.2.3.3 风险交流

为了确保风险管理政策能将食源性风险降低到最低限度，在风险分析的全部过程中，相互交流都起着十分重要的作用。通过风险交流所提供的一种综合考虑所有相关信息和数据的方法，为风险评估过程中应用某项决定及相应的政策措施提供指导，在风险管理者和风险评估者之间，以及他们与其他有关各方之间保持公开的交流，以改善决策的透明度，提高对各种产生结果的可能的接受能力。

风险情况交流的目的主要包括：①在风险分析过程中使所有的参与者提高对所研究的特定问题的认识和理解；②在达成和执行风险管理决定时增加一致化和透明度；③为理解建议的或执行中的风险管理决定提供坚实的基础；④改善风险分析过程中的整体效果和效率；⑤制订和实施作为风险管理选项的有效的信息和教育计划；⑥培养公众对于食品供应安全性的信任和信心；⑦加强所有参与者的工作关系和相互尊重；⑧在风险情况交流过程中，促进所有有关团体的适当参与；⑨就有关团体对于与食品及相关问题的风险的知识、态度、估价、实践、理解进行信息交流。

为确保风险管理政策能够将风险降低到最低限度，在风险分析的全过程中，相互交流起着十分重要的作用，食品安全的风险交流包括风险评估人员、风险管理人员、生产者、消费者和其他有关团体之间就与风险有关的信息和意见进行相互交流，可以使有关团体就与食品及相关问题的风险的知识、态度、估价、实践、理解进行信息交流，促进所有有关团体的适当参与，提高对所研究的特定问题的认识和理解，增加选择和执行风险管理决定时的透明度，为理解和执行风险管理决定打下基础，从而改善了风险分析过程的整体效果和效率。

国际组织、政府机构、企业、消费者和消费者组织、学术界和科研机构以及媒体均需要参与这一过程。其中，危害识别和风险管理政策选择，需要在所有有关方面进行交流，以改善决策的透明度，提高对产生各种结果可能性的接受能力；还应将专家进行风险评估的结果以及政府采取的有关管理措施及时告知公众或有关特定人群，并建议消费者采取相应的保护措施。

进行有效风险交流的要素包括以下 4 个方面。

① 风险的性质　包括危害的特征和重要性、风险的大小和严重程度、情况的紧迫性、风险的变化趋势、危害暴露的可能性、暴露量的分布、能够构成显著风险的暴露量、风险人群的性质和规模、最高风险人群等。

② 利益的性质　包括与每种风险有关的实际或者预期利益、受益者和受益方式、风险和利益的平衡点、利益的大小和重要性、所有受影响人群的全部利益。

③ 风险评估的不确定性　包括评估风险的方法、每种不确定性的重要性、所得资料的缺点或不准确度、估计所依据的假设、估计对假设变化的敏感度、有关风险管理决定的估计变化的效果。

④ 风险管理的选择　包括控制或管理风险的行动、可能减少个人风险的个人行动、选择一个特定风险管理选项的理由、特定选择的有效性、特定选择的利益、风险管理的费用和来源、执行风险管理选择后仍然存在的风险。

本章习题：

1. 简述食品安全风险分析的定义及各部分内容的相关关系。
2. 简述食品安全风险评估程序。
3. 简述食品安全风险交流的要素。

本章思考与拓展：

食品安全已经成为人们日益关注的全球性问题。要着重建立以食品安全风险分析为基础的食品安全管理体系，保障食品质量管理工作的有效落实，从原料、加工、贮藏、流通、销售以及消费等多个环节入手，加强食品全产业链控制水平和溯源体系建设，实现风险防控，激发多元社会力量共同参与食品安全治理，构筑起食品安全的坚固防线，确保消费者吃上安全、健康的食品。

第 **8** 章

食品质量控制

食品质量控制是保障食品安全的主要途径，也是发现质量问题、分析质量问题的主要方法。本章主要介绍产品质量发生波动的原因及其分类，质量数据的分类、收集及特性，质量控制方法。

8.1 产品质量波动理论

8.1.1 产品质量的统计观点

产品质量的统计观点是应用数理统计方法分析和总结产品质量规律。产品质量的统计观点包括以下两个方面的内容。

8.1.1.1 产品质量具有波动性

在生产制造过程中，即使操作者、机器、原材料、加工方法、生产环境、测试手段等条件完全相同，生产出来的同一批产品的质量特性数据也不可能完全相同，它们总是或多或少存在着差异，这就是产品质量的波动性。产品公差制度的建立就表明人们承认产品质量是波动的，但这段认识过程经历了 100 多年。

8.1.1.2 产品质量特性值的波动具有统计性

在生产过程稳定的条件下生产的产品，其质量特性的波动幅值及出现不同波动幅值的可能性大小服从统计学的某些分布规律。在质量管理中，计量质量特性值常见的分布有正态分布等，计件质量特性值常见的分布有二项分布等，计点质量特性值常见的分布有泊松分布。掌握了这些统计分布规律的特点与性质，就可以用来控制与改进产品的质量。

现代质量管理认为，产品质量受一系列因素影响并遵循一定的统计规律而不停变化着。这种观点就是产品质量的统计观点。

8.1.2 质量因素的分类

影响产品质量的因素称为质量因素。质量因素可从来源和统计学两个不同的角度进行分析。

8.1.2.1　按来源分类

引起质量波动的原因可以从 5M1E 入手，即人（Man）、机（Machine）、料（Material）、法（Method）、测（Measurement）、环（Environment）。

① 人（Man）　操作者对质量的认识、技术熟练程度、文化素质、身体状况等。

② 机器（Machine）　机器设备、工器具的卫生、精度和维护保养状况等。

③ 材料（Material）　食品原料的成分、物理性能和化学性能等。

④ 方法（Method）　包括加工工艺、管理方法、操作规程、测量方法等。

⑤ 测量（Measurement）　测量时采取的方法是否标准、正确。

⑥ 环境（Environment）　生产场所的温度、湿度、照明和清洁条件等。

由于这 6 个因素的英文名称的第一个字母是 M 和 E，所以常简称为 5M1E。

8.1.2.2　从统计学角度分类

从统计学角度来看，可以把产品质量波动分为正常波动和异常波动两类。

① 正常波动是由偶然因素或随机因素（随机原因）引起的产品质量波动。这些偶然因素（随机因素）在生产过程中大量存在，对产品质量经常发生影响，但其所造成的质量特性值波动往往较小，如原材料的成分和性能上的微小差异、机器设备的轻微振动、温湿度的微小变化、操作方面、测量方面、检测仪器的微小差异等。对这些波动的随机因素的消除，在技术上难以达到，在经济上代价又很大，因此，一般情况下这些波动在生产过程中是允许存在的，所以称为正常波动。

② 异常波动是由异常因素或系统因素（系统原因）引起的产品质量波动。这些系统因素在生产过程中并不大量存在，对产品质量不经常发生影响，一旦存在，对产品质量的影响就比较显著，如原材料不符合规定要求、机器设备带“病”运转、操作者违反操作规程、测量工具的系统误差等。由于这些因素引起的质量波动大小和作用方向一般具有周期性和倾向性，因此，异常波动比较容易查明，容易预防和消除，又由于异常波动对质量特性的影响较大，一般来说生产过程中是不允许其存在的。把有异常波动的生产过程称为过程处于非统计控制状态，简称为失控状态或不稳定状态。

8.2　质量数据及抽样检验

在科学研究中要以科学数据为基础，在质量管理中一切要以数据来说话，根据事实采取措施，防止盲目的主观主义。食品是否合格或安全，要以一系列的检测数据来说明，例如，微生物含量，重金属含量，农药、兽药残留等。每天的生产量、产品合格率、生产成本、盈利状况等都要以数据来阐述。

8.2.1　质量数据的分类

在质量管理过程中，通过有目的地收集数据，运用数理统计的方法处理所得的原始数据，提炼出有关产品质量、生产过程的信息，再分析具体情况，做出决策，从而达到提高产品质量的目的。

在科学研究和生产实践中，我们经常遇到各种各样的数据，按照性质和使用目的的不同，可以分为计量值数据、计数值数据、顺序数据、点数数据和优劣数据。

8.2.1.1　计量值数据

所谓计量值数据是指数据在给定的范围内可以取任何值，即被测数据可以是连续的，如测量产品的长度、质量、硬度、电流、温度等。但是，由于测量方法受到限制，或者是没有必要测量所有产品的数据，因此，测量结果的数据是不连续的，数据的变化情况与所用的测量仪器精度有关。

8.2.1.2 计数值数据

所谓计数值数据是指那些不能连续取值的，只能以个数计算的数，如教室中学生数量、日光灯盏数、计算机出现故障的次数等。

8.2.1.3 顺序数据

顺序数据是指在对产品进行综合评审而又无适当仪表进行测量时所用的数据。例如，在对食品进行感官分析时，将不同的产品进行随机编号，027、315、256、048，或把 n 类产品按评审标准顺序排成 $1，2，3，…，n$，这样的数据就是顺序数据。

8.2.1.4 点数数据

点数数据是以 100 点或 10 点或其他点记为满点进行评分的数据。在食品感官评定时，给产品打分时常用点数数据，例如对香肠进行感官评分时，采用 5 点记录对应 5 分值。5分：肉色好，有光泽，香气圆润浓郁，风味明显，留香时间长。4 分：肉色较好，有光泽，香气较浓郁，风味较明显，留香时间较长。3 分：肉色正常，较有光泽，有正常香气，能闻到或品尝到香精风味。2 分：肉色异常，无光泽，无正常香气，无香精风味。1 分：肉色异常（或有霉菌），无光泽，有酸腐气味，无正常香气。

8.2.1.5 优劣数据

优劣数据是比较两个或多个产品之间的差别或优劣时使用的数据。例如，比较国光和红富士两个品种的苹果哪种更好。

8.2.2 收集数据的目的

为了收集高质量的数据，首先要明确收集数据的目的，收集数据的目的很多，主要包括4 种。

① 分析用数据　例如，为了调查面包发酵时间与发酵温度之间的关系，需要制定实验计划进行实验，对取得的数据加以分析，然后，将分析结果记录下来以备以后参考。

② 检验用数据　例如，测定蔬菜中的农药残留，与国家标准相比较，看是否超出国标规定的限量。

③ 管理用数据　例如，冷库的温度、湿度的波动大小，设备出现故障的次数等。

④ 调节用数据　例如，在气调库中检测 O_2 和 CO_2 的浓度，CO_2 浓度高时，加大通风量，浓度低时，充入 CO_2 或关闭通风口。

8.2.3 收集数据的注意事项

在做管理或决策时，收集的数据要真实可靠，并具有代表性，否则，就会得出错误结论，导致错误的措施，这比没有数据更糟糕。为了取得准确可靠的数据，应该注意下列事项。

① 明确收集数据的目的和收集的方法。

② 收集的数据要具有代表性。

③ 收集数据时，要进行登记和记录。记录的内容包括何人、何时、从何处、用何方法、用何测量仪表、记录何种数据、如何处理等。

④ 数据记录时，字迹要清楚，能让人看懂。

⑤ 记录必须保存，而且计算过程也应予以保存，以便出现计算错误时可追溯。

应将上述注意事项向有关人员进行教育和培训，必要时还要考虑如何对这些人员进行检查。

此外，任何现场都有好的一面与不好的一面，实行质量管理就是要通过数据去客观地掌握好的方面与不好的方面，以便取长补短。所有人必须认识到这点，而不能只说好的，漏掉不好的，报喜不报忧。

8.2.4　数据特征值

数据特征值可以分为两类：一类是数据集中趋势的度量，如平均值、中位数、众数等；另一类是数据离散度的度量，如极差、平均偏差、均方根偏差、标准偏差等。

8.2.5　抽样检验

随机抽样是指总体中每一个体被抽取的可能是相等的，且不掺杂人的主观意志在内的一种抽样方法。抽样检验又称抽样检查，是从一批产品中随机抽取少量产品（样本）进行检验，据此判断该批产品是否合格的统计方法和理论。

8.2.5.1　抽样方法的分类

① 单纯随机抽样法　又称简单随机抽样。样品是直接从总体中不加任何限制抽选出来的。为了实现抽样的随机化，避免人的主观意志和操作偏习的影响，可采用抽签法、掷骰法、随机数表法随机抽取样品。例如，在面包感官评定时，从 25 个批次中随机抽取第 3、12、17、20 批次的样品进行测定。

② 机械随机抽样法　又称系统抽样、间隔抽样或规律性抽样。它是在时间和空间上，以相等的间隔顺次抽取样品以获得检测样品的抽样方法。例如，在方便面生产线上每隔5min 取一包进行检测；桶装玉米油抽样时，将油桶平均分成上、中、下三层，每层取一定量样品混合后成为待检测样。

③ 分层随机抽样法　又称类型抽样、典型抽样。把不同条件下生产出来的样品归类分组后，按一定比例从各组中随机抽取的产品组成样本，如将一天内由不同班次生产的产品按照一定比例随机抽取的产品作为待检测样。

④ 整群随机抽样法　又称系列抽样、划区抽样。在总体中一次并非抽取单个个体，而是抽取整群个体作为样品的抽样方法，如在一批啤酒中随机抽取一箱或一桶啤酒作为待检测样。

8.2.5.2　抽样方案的分类

（1）计量型抽样检验

有些产品的质量特性，如灯管寿命、棉纱拉力、炮弹的射程等是连续变化的，用抽取样本的连续尺度定量地衡量一批产品质量的方法称为计量抽样检验方法。

（2）计数抽样检验

有些产品的质量特性，如焊点的不良数、测试坏品数以及合格与否，只能通过离散的尺度来衡量，把抽取样本后通过离散尺度衡量的方法称为计数抽样检验。计数抽样检验中对单位产品的质量采取计数的方法来衡量，对整批产品的质量一般采用平均质量来衡量。计数抽样检验方案又可分为：标准计数一次抽检方案、计数挑选型一次抽检方案、计数调整型一次抽检方案、计数连续生产型抽检方案、二次抽检、多次抽检等。

① 一次抽检方案　一次抽检方案是最简单的计数抽样检验方案，通常用 (N, n, C)表示。即，从批量为 N 的交验产品中随机抽取 n 件进行检验，并且预先规定一个合格判定

数 C；如果发现 n 中有 d 件不合格品，当 $d \leqslant C$ 时，则判定该批产品合格，予以接收；当 $d > C$ 时，则判定该批产品不合格，予以拒收。例如，当 $N = 100$，$n = 10$，$C = 1$，则这个一次抽检方案表示为（100，10，1）。其含义是指从批量为 100 件的交验产品中，随机抽取 10 件，检验后，如果在这 10 件产品中不合格品数为 0 或 1，则判定该批产品合格，予以接收；如果发现这 10 件产品中有 2 件及以上不合格品，则判定该批产品不合格，予以拒收。

② 二次抽检方案　和一次抽检方案比，二次抽检方案包括 5 个参数，即（N，n_1，n_2；C_1，C_2）。其中

n_1——抽取第一个样本的大小；

n_2——抽取第二个样本的大小；

C_1——抽取第一个样本时的不合格判定数；

C_2——抽取第二个样本时的不合格判定数。

二次抽检方案的操作程序是：在交验批量为 N 的一批产品中，随机抽取 n_1 件产品进行检验。若发现 n_1 件被抽取的产品中有不合格品 d_1，则：

若 $d_1 \leqslant C_1$，判定该批产品合格，予以接收；

若 $d_1 > C_2$，判定该批产品不合格，予以拒收；

若 $C_1 < d_1 \leqslant C_2$，不能判断。在同批产品中继续随机抽取第二个样本 n_2 件产品进行检验。

若发现 n_2 中有 d_2 件不合格品，则根据（$d_1 + d_2$）和 C_2 的比较作出判断：

若 $d_1 + d_2 \leqslant C_2$，则判定该批产品合格，予以接收；

若 $d_1 + d_2 > C_2$，则判定该批产品不合格，予以拒收。

例如，当 $N = 100$，$n_1 = 40$，$n_2 = 60$，$C_1 = 2$，$C_2 = 4$，则这个二次抽检方案可表示为（100，40，60；2，4）。其含义是指从批量为 100 件的交验产品中，随机抽取第一个样本 $n_1 = 40$ 件进行检验，若发现 n_1 中的不合格品数为 d_1：

若 $d_1 < 2$，则判定该批产品合格，予以接收；

若 $d_1 > 4$，则判定该批产品不合格，予以拒收；

若 $2 < d_1 \leqslant 4$（即在 n_1 件中发现的不合格品数为 3 或 4 件），则不对该批产品合格与否作出判断，需要继续抽取第二个样本，即从同批产品中随机抽取 60 件进行检验，记录其中的不合格品数，式中：

若 $d_1 + d_2 \leqslant 4$，则判定该批产品合格，予以接收；

若 $d_1 + d_2 > 4$，则判定该批产品不合格，予以拒收。

③ 多次抽检方案　多次抽检方案是允许通过 3 次以上的抽样最终对一批产品合格与否作出判断。按照二次抽检方案的做法依次处理。以上我们讨论的是计数抽样检验方案，计量抽样检验方案原理相同。

8.3　质量控制工具——QC 旧七法

品管老七大手法的使用情形，可归纳如下：

① 调查表——调查问题的原因类别和数量关系，为排列图、直方图提供数据；

② 排列图——分析因素影响的大小；

③ 因果图——分析原因与结果的关系，找到问题的原因；

④ 散布图——分析成对变量之间的依存关系；

⑤ 分层法——按照不同影响因素，寻找问题真实原因和变化规律；

⑥ 直方图——显示质量波动的分布状况；

⑦ 控制图——区分偶因和异因引起的质量波动，监控过程的稳定。

8.3.1 调查表

8.3.1.1 概念及用途

调查表（data-collection form）又叫检查表、核对表、统计分析表，是用来系统地收集资料和积累数据，确认事实并对数据进行粗略整理和分析的统计图表。它能够促使我们按统一的方式收集资料，便于分析，在质量改进的活动中得到了广泛的应用。

8.3.1.2 应用调查表的步骤

① 明确收集资料的目的。

② 确定为达到目的所需搜集的资料（这里强调问题）。

③ 确定资料的分析方法（如运用哪种统计方法）和负责人。

④ 根据不同目的，设计用于记录资料的调查表格式，其内容应包括调查者及调查的时间、地点和方式等栏目。

⑤ 对收集和记录的部分资料进行预先检查，目的是审查表格设计的合理性。

如有必要，应评审和修改该调查表格式。调查表的样式多种多样，可根据需要调查的项目灵活设计。

8.3.1.3 应用实例

见表 8-1。

表 8-1　不合格品分项检查表

不合格种类	检验记录	小计
表面缺陷	正 正 正 一	16
裂纹	正 正 一	11
装配不良	一	1
形状不良	正 正 一	11
其他	正 一	6
总计	正 正 正 正 正 正 正 正 正	45

8.3.1.4 应用调查表的注意事项

必须按照一定的规则对调查项目进行分类，分类的规则即考查事务的维度，如人的年龄、学历、收入状况等，不合格的类别、位置、模式等，不可混淆。

8.3.2 排列图

8.3.2.1 概念及用途

排列图（pareto diagram）又叫柏拉图、pareto 图，柏拉图是为寻找影响产品质量的主要问题，即在影响产品质量的诸多问题中确定关键的少数的一种方法。质量问题是以质量损失（不合格项目和成本）的形式表现出来的，大多数损失往往是由几种不合格引起的，而这几种不合格又是少数原因引起的。因此，一旦明确了这些"关键的少数"，就可消除这些原因，避免由此引起的大量损失。用排列图，我们可以有效地实现这一目的。排列图是为了对发生频次从最高到最低的项目进行排列而采用的简单图示技术。排列图是建立在巴雷特原理的基础上，主要的影响往往是由少数项目导致的，通过区分最重要的和较次要的项目，可以用最少的努力获取最佳的改进效果。

8.3.2.2 排列图的分类

正如前面所述,排列图是用来确定"关键的少数"的方法,根据概念及用途,排列图可分为分析现象用排列图和分析原因用排列图。

分析现象用排列图与以下不良结果有关,用来发现主要问题。

① 质量 不合格、故障、顾客抱怨、退货、维修。

② 成本 损失总数、费用等。

③ 交货期 存货短缺、付款违约、交货期拖延等。

④ 安全 发生事故、出现差错等。

分析原因用排列图与过程因素有关,用来发现主要问题。

操作者:班次、级别、年龄、经验、熟练情况以及个人本身因素。

① 机器 设备、工具、模具、仪器。

② 原材料 制造商、工厂、批次、种类。

③ 作业方法 作业环境、工序先后、作业安排、作业方法。

8.3.2.3 制作排列图的步骤

第一步,确定所要调查的问题以及如何收集数据。

① 选题 确定所要调查的问题是哪一类问题,如不合格项目、损失金额、事故等。

② 确定问题调查的期间 如自 4 月 1 日至 4 月 30 日止。

③ 确定哪些数据是必要的,以及如何将数据分类 如或按不合格类型分,或按不合格发生的位置分,或按工序分,或按机器设备分,或按操作者分,或按作业方法分等。数据分类后,将不常出现的项目归到"其他"项目。

④ 确定收集数据的方法,以及在什么时候收集数据,通常采用调查表的形式收集数据。

第二步,设计一张数据记录表(检查表)。

第三步,将数据填入表中,并合计。

第四步,制作排列图用数据表,表中列有各项不合格数据、累计不合格数据、各项不合格所占百分比以及累计百分比。

第五步,按数量从大到小顺序,将数据填入数据表中。"其他"的数据由许多数据很小的项目合并在一起,将其列在最后,而不必考虑"其他"项数据的大小。

第六步,画两条纵轴和一条横轴,左边纵轴,标上件数(频数)的刻度;右边纵轴,标上比率(频率)的刻度,最大刻度为 100%,左边总频数的刻度与右边总频率的刻度(100%)高度相等。横轴上将频数从大到小列出各项。

第七步,在横轴上按频数大小画出矩形,矩形的高度代表各不合格项频数的大小。

第八步,在每个直方柱右侧上方,标出累计值(累计频数和累计频率百分数),描点,用实线连接,画累计频数折线(巴雷特曲线)。

第九步,在图上记录有关必要事项,如排列名称、数据、单位、作图人姓名以及采集数据时间、主题、数据合计等。

8.3.2.4 应用实例

见表 8-2。

表 8-2 消费者投诉记录表(期间:2014 年 8 月 8—28 日;过程检查组检验者:张三)

项目	周一	周二	周三	周四	周五	周六	周日
口感不好	6	5	5	7	5	8	7
包装不良	10	9	14	9	14	15	15

项目	周一	周二	周三	周四	周五	周六	周日
质量轻、量少	2	2	2	0	0	6	4
少料包	12	15	9	12	14	15	17
料包破口	5	4	2	2	0	6	4
其他	2	3	0	2	2	3	3

请按照排列图的绘制方法制作排列图，从图 8-1 中能否发现造成本周客户投诉的主要原因是哪些？能否找出主要原因？

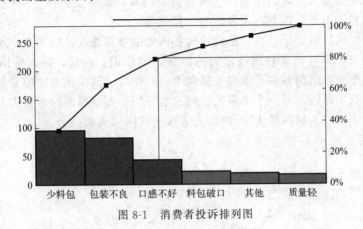

图 8-1 消费者投诉排列图

根据 2：8 法则，投诉的主要问题是少料包、包装不良、口感不好。

8.3.2.5 排列图的注意事项

① 项目分类一定要按照同一维度，这里最容易出现的错误就是分类混杂，如在同一张排列图上同时按照不合格的位置和原因分类，导致无法识别问题。

② 分类方法不同，得到的排列图不同。通过从不同的角度观察问题，把握问题的实质，需要用不同的分类方法进行分类，以确定"关键的少数"，这也是排列图分析方法的目的。

③ 为了抓住"关键的少数"，在排列图上通常把累计比率分为 3 类：0％～80％间的因素为 A 类因素，也即主要因素；在 80％～90％间的因素为 B 类因素，也即次要因素；在 90％～100％间的因素为 C 类因素，也即一般因素。

④ 如果"其他"项所占百分比很大，则分类是不够理想的。如果出现这种情况，是因为调查的项目分类不当，把许多项目归在了一起，这时应考虑采用另外的分类方法。

⑤ 如果数据是质量损失（金额），画排列图时质量损失在纵轴上表示出来。

8.3.3 因果图

8.3.3.1 概念及用途

因果图（cause-and-effect diagram）又叫石川图、鱼刺图、特性要因图。它是指导致过程或产品问题的因素可能有很多，通过对这些因素进行全面系统的观察和分析，可以找出因果关系。因果图就是一种简单易行的方法。

8.3.3.2 因果图的绘制步骤

① 简明扼要地规定结果，即规定需要解决的质量问题。如，主轴颈出现刀痕、烟卷内部空松、中断线插头槽径大、青霉素瓶消毒后胶塞水分高等。

② 规定可能发生的原因的主要类别。这时可以考虑下列原因作为原因的主要类别：数

据和信息系统、人员、机器设备、材料、方法、度量和环境等。

③ 开始画图。把"结果"画在右边的矩形框中，然后把各类主要原因放在它的左边，作为"结果"框的输入。

④ 寻找所有下一个层次的主原因并画在相应的主（因）枝上；继续一层层地展开下去，如图所示。一张完整的因果图展开的层次至少有两层，许多情况下还可以有三层、四层或更多的层。

⑤ 从最高层次（即最末一层）的原因（末端因素）中选取和识别少数（一般为 3～5 个）看起来对结果有最大影响的原因（一般称重要因素，简称要因），并对它们做进一步的研究，如收集资料、论证、试验、采取措施、控制等。

因果分析图完成以后，下一步就是要评价各因素的重要程度。因果图中所有的因素与结果不一定紧密相关，将对结果有显著影响的因素做出标记。最后，在因果图上标明有关资料，如产品、工序或小组的名称、参加人员名单、日期等。因果图方法的显著特点是包括两个活动，一个是找出原因，另一个是系统整理这些原因。查找原因时，要求开放式的积极讨论，最有效的方法是"头脑风暴法"，用过去的说法就叫"诸葛亮会"。

8.3.3.3 因果图示例

见图 8-2。

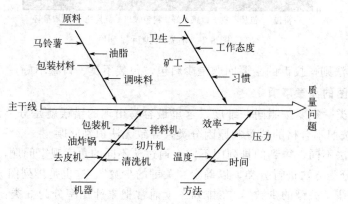

图 8-2 马铃薯片质量问题因果图

8.3.3.4 因果图的注意事项

（1）绘制因果图的注意事项

① 确定原因时大家应集思广益，以免疏漏 必须确定对结果影响较大的因素。如果某因素在讨论时没有考虑到，在绘图时就不会出现在图上。因此，绘图前，必须让有关人员都参加讨论，这样，因果图才会完整，有关因素才不会疏漏。

② 确定原因，尽可能具体 质量特性如果很抽象，分析出的原因只能是一个大概。尽管这种图的因果关系从逻辑上没什么错误，但对解决问题用处不大。

③ 有多少质量特性，就要绘制多少张因果图 比如，同一批产品的长度和质量都存在问题，必须用两张因果图分别分析长度波动的原因和质量波动的原因。若许多因素只用一张因果图来分析，势必使因果图大而复杂，无法管理，问题解决起来也很困难，无法对症下药。

④ 验证 如果对分析出的原因不能采取措施，说明问题还没有得到解决。要想改进有效果，原因必须细分，直至能采取措施为止。实际上，注意事项的内容要分别实现"重要的因素不要遗漏"和"不重要的因素不要绘制"两方面要求。正如前面提到过，最终的因果图

往往是越小越有效。

（2）使用因果图的注意事项

① 在数据的基础上客观地评价每个因素的重要性　每个人要根据自己的技能和经验来评价各因素，这一点很重要，但不能仅凭主观意识或印象来评议各因素的重要程度。用数据来客观评价因素的重要性比较科学又符合逻辑。

② 因果图使用时要不断改进　质量改进时，利用因果图可以帮助我们弄清楚因果图中哪些因素需要检查。同时，随着我们对客观的因果关系认识的深化，必然导致因果图发生变化，例如有些需要删减或修改，有些需要增加，要重复改进因果图，得到真正有用的因果图。这对解决问题非常有用。同时，这还有利于提高技术熟练程度，增加新的知识和解决问题的能力。

8.3.4　散布图

8.3.4.1　概念及用途

散布图（scatter diagram）是研究成对出现［如（x，y），每对为一个点］的两组相关数据之间相关关系的简单图示技术。在散布图中，成对的数据形成点子群，研究点子群的分布状态便可推断成对数据之间的相关程度。

在散布图中：

当 x 增加，相应地 y 值也增加，我们就说 x 和 y 是正相关；

当 x 增加，相应地 y 值却减少，我们就说 x 和 y 之间是负相关。

散布图可以用来发现、显示和确认两组相关数据之间的相关程度，并确定其预期关系，常在 QC 小组的质量改进活动中得到应用，在各种科学研究中应用广泛。

图 8-3 是 6 种常见的点子群状态。

8.3.4.2　应用散布图的步骤

应用散布图的步骤如下。

① 收集成对数据（x，y）。从将要对它的关系进行研究的相关数据中，收集成对数据（x，y），至少不得少于 30 对。

② 标明 x 轴和 y 轴。

③ 找出 x 和 y 的最大值和最小值，并用这两个值标定横轴 x 和纵轴 y。两个轴的长度应大致相等。

④ 描点。当两组数据值相等，即数据点重合时，可围绕数据点画同心圆表示，或在离前一个点的最近处点上第 2 个点表示。

⑤ 判断。分析研究画出来的点子群的分布状况，确定相关关系的类型。

8.3.4.3　散布图的相关性判断

散布图中数据点的相关性分析判断方法有 3 种。

① 对照典型图例判断法。

② 象限判断法　使直线两边的点子数相等，作两条平行于 x 轴、y 轴的直线，将坐标图分为 4 个区域，对角线点子数相加后对比，以此判断两者的相关性。

③ 相关系数判断法等。

8.3.5　分层法

8.3.5.1　概念及用途

引起质量波动的原因是多种多样的，因此搜集到的质量数据往往带有综合性。为了能反

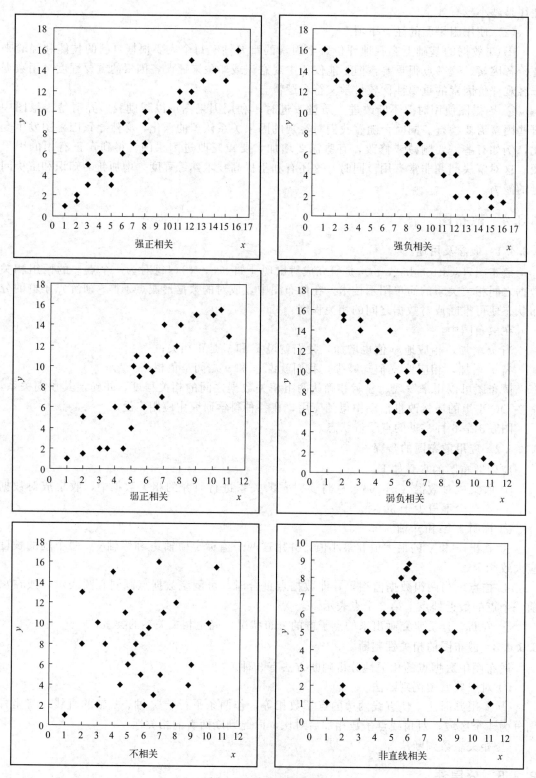

图 8-3　散布图的类型

映产品质量波动的真实原因和变化规律，就必须对质量数据进行适当归类和整理。

分层法（stratification）又叫分类法、分组法。它是按照一定的标准，把搜集到的大量有关某一特定主题的统计数据加以归类、整理和汇总的一种方法。分层的目的在于把杂乱无章和错综复杂的数据加以归类汇总，使之能更确切地反映客观事实。

分层的原则是使同一层次内的数据波动幅度尽可能小，而层与层之间的差别尽可能大，否则就起不到归类、汇总的作用。分层的目的不同，分层的标志也不一样。一般来说，分层可采用以下标志。

① 人员　可按年龄、工级和性别等分层。
② 机器　可按设备类型、新旧程度、不同的生产线和工夹具类型等分层。
③ 材料　可按产地、批号、制造厂、规格、成分等分层。
④ 方法　可按不同的工艺要求、操作参数、操作方法、生产速度等分层。
⑤ 测量　可按测量设备、测量方法、测量人员、测量取样方法和环境条件等分层。
⑥ 时间　可按不同的班次、日期等分层。
⑦ 环境　可按照明度、清洁度、温度、湿度等分层。
⑧ 其他　可按地区、使用条件、缺陷部位、缺陷内容等分层。

分层方法很多，可根据具体情况灵活运用，也可以在质量管理活动中不断创新，创造出新的分层标志。

8.3.5.2　应用分层法的步骤

① 收集数据。
② 将采集到的数据根据不同目的选择分层标志。
③ 分层。
④ 按层归类。
⑤ 画分层归类图。

8.3.5.3　分层法实例

某充气包装薯片经常漏气，经过对 50 套产品进行调查后发现两种情况：①三个操作者在封口时，操作方法不同；②所使用的充气封口机是由两个制造厂提供的。于是对漏气原因进行分层分析：①按操作者分层，如表 8-3 所示；②按机器生产厂家分层，如表 8-4 所示。

表 8-3　按操作者分层

操作者	漏气	不漏气	漏气率
王师傅	6	13	32
李师傅	3	9	25
张师傅	10	9	53
合计	19	31	38

表 8-4　按机器生产厂家分层

生产厂家	漏气	不漏气	漏气率
A厂家	9	14	39
B厂家	10	17	37
合计	19	31	38

由以上两个分层表容易得出：为降低漏气率，应采用李师傅的操作方法并选用 B 厂的机器。然而，事实并不是这样的，当该厂采用这个方案后，漏气率仍然很高（如表 8-5 所示，漏气率为 3/7＝43％）。因此，这样简单的处理是有问题的。正确的方法是：①当采用 A 厂家的机器生产时，应推广采用李师傅的操作方法；②当采用 B 厂家的机器生产时，应推广采用王师傅的操作方法。这时他们的漏气率都是 0％，可见，运用分层法时，不宜简单

地按单一因素分层，必须考虑各个因素的综合影响效果。

表 8-5　按两种因素交叉分层

| 操作者 | 漏气情况 | 充气包装机 | | 合计 |
		A厂家	B厂家	
王师傅	漏气	6	0	6
	不漏气	2	11	13
李师傅	漏气	0	3	3
	不漏气	5	4	9
张师傅	漏气	3	7	10
	不漏气	7	2	9
合计	漏气	9	10	19
	不漏气	14	17	31
共计		23	27	50

8.3.6　直方图

8.3.6.1　概念及用途

直方图（Histogram）又叫分布图，是对定量数据分布情况的一种图形表示，由一系列矩形（直方柱）组成。它将一批数据按取值大小划分为若干组，在横坐标上将各组为底作矩形，以落入该组的数据的频数或频率为矩形的高。通过直方图可以观测并研究这批数据的取值范围、集中及分散等分布情况。直方图根据使用的各组数据是频数还是频率分为频数直方图与频率直方图。

8.3.6.2　制作直方图的步骤

现在以某厂生产的产品质量为例，对应用直方图的步骤加以说明。

该产品的质量规范要求为 1000（+0～+50）g。

① 收集数据。作直方图的数据一般应大于 50 个。本例在生产过程中收集了 100 个数据（表 8-6）。

② 确定数据的极差（R）。用数据的最大值减去最小值求得。本例 $R=48-1=47$。

③ 确定组距（h）。先确定直方图的组数，然后以此组数去除极差，可得直方图每组的宽度，即组距。组数的确定要适当。组数太少，会引起工作量大。组数（k）的确定可参考组数（k）选用表（表 8-7）。一般选择组数为 10。

表 8-6　产品质量数据表　　　　　　　　　　　　　单位：g

43	28	27	26	33	29	18	24	32	14
34	22	30	29	22	24	22	28	48	1
24	29	35	36	30	34	14	42	38	6
28	32	22	25	36	39	24	18	28	16
38	36	21	20	26	20	18	8	12	37
40	28	28	12	30	31	30	26	28	47
42	32	34	20	28	34	20	24	27	24
29	18	21	46	14	10	21	22	34	22
28	28	20	38	12	32	19	30	28	19
30	20	24	35	20	28	24	24	32	40

注：该产品的质量规范要求为 1000（+0～+50）g，表中数据是实测值减去 1000g 的简化值。

表 8-7　组数 (k) 选用表

数据数目	组数(k)
50～100	6～10
100～250	7～12
250 以上	10～20

④ 确定各组的界限值。为避免出现数据值与组的界限值重合而造成频数计算困难，组的界限值单位应取最小测量单位的 1/2。本例最小测量单位是个位，其界限值单位应取 0.5。分组时应把数据表中最大值和最小值包括在内，第一组下限等于最小值减去最小测量单位的 1/2。

第一组下限值为 1−0.5＝0.5；

第一组上限值为第一组下限值加组距，即 0.5＋5＝5.5；

第二组下限值就是第一组的上限值，即 5.5；

第二组上限值就是第二组的下限值加组距，即 5.5＋5＝10.5。

第三组以后，依此类推出各组的组界。

⑤ 编制频数分布表。把各个组上下界限值分别填入频数分布表内，并把数据表 8-8 中的各个数据列入相应组，统计各组频数。

表 8-8　频数统计表

组号	组界	组中值	频数
1	0.5～5.5	3	1
2	5.5～10.5	8	3
3	10.5～15.5	13	6
4	15.5～20.5	18	14
5	20.5～25.5	23	19
6	25.5～30.5	28	27
7	30.5～35.5	33	14
8	35.5～40.5	38	10
9	40.5～45.5	43	3
10	45.5～50.5	48	3

⑥ 按数据值比例画横坐标。

⑦ 按频数值比例画纵坐标，以观测值数目或百分数表示。

⑧ 画直方图（图 8-4）。按纵坐标画出每个长方形的高度，它代表了落在此长方形中的数据数（注意：每个长方形的宽度都是相等的）。

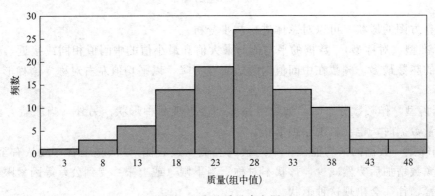

图 8-4　成品质量直方图

8.3.6.3 直方图的常见类型

通常直方图有以下几种类型（图 8-5）。

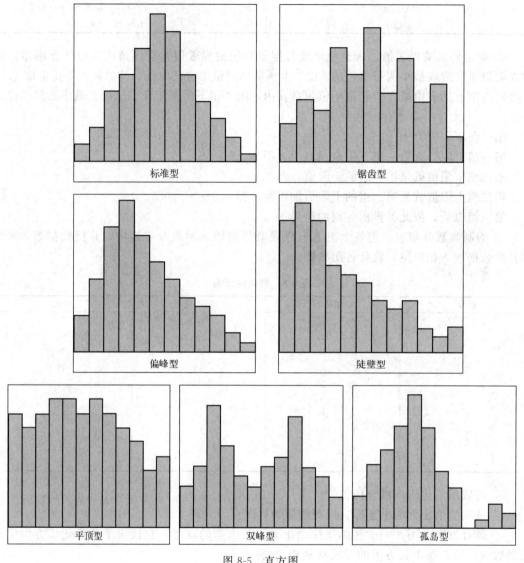

标准型

锯齿型

偏峰型

陡壁型

平顶型

双峰型

孤岛型

图 8-5　直方图

根据直方图的形状，可以对总体进行初步分析。

① 标准型（对称型）　数据的平均值与最大值和最小值的中间值相同或接近，平均值附近的数据的频数最多，频数在中间值向两边缓慢下降，以平均值左右对称。这种形状也是最常见的。

② 锯齿型　作频数分布时，如分组过多，会出现此种形状。另外，当测量方法有问题或读错测量数据时，也会出现这种形状。

③ 偏峰型　数据的平均值位于中间值的左侧（或右侧），从左至右（或从右至左），数据分布的频数增加后突然减少，形状不对称。当下限（或上限）受到公差等因素限制时，由于心理因素，往往会出现这种形状。

④ 陡壁型　平均值远远左偏离（或右偏离）直方图的中间值，频数自左至右减少（或

增加），直方图不对称。当工序能力不足，为找出符合要求的产品经过全数检查，或过程中存在自动反馈调整时，常出现这种形状。

⑤ 平顶型　当几种平均值不同的分布混在一起，或过程中某种要素缓慢劣化时，常出现这种形状。

⑥ 双峰型　靠近直方图中间值的频数较少，两侧各有一个"峰"。当有两种不同的平均值相差大的分布混在一起时，常出现这种形状。

⑦ 孤岛型　在标准型的直方图的一侧有一个"小岛"。出现这种情况是夹杂了其他分布的少量数据，比如工序异常，测量错误或混有另一分布的少量数据。

8.3.6.4　直方图与公差限的比较

加工零件时，有尺寸公差规定，将公差限用两条线在直方图上表示出来，并与直方图的分布进行比较。典型的 5 种情况如图 8-6 所示，评价总体时可予以参考。

（1）当直方图符合公差要求时

① 现在的状况不需要调整，因为直方图充分满足公差要求，如图 8-6(a) 所示。

② 直方图能满足公差要求，但不充分。这种情况下，应考虑减少波动，如图 8-6(b) 所示。

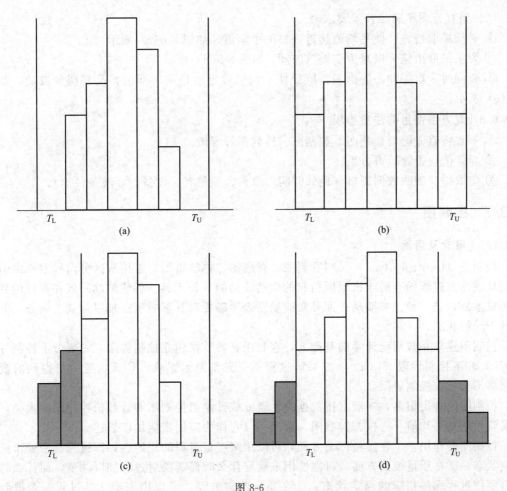

图 8-6

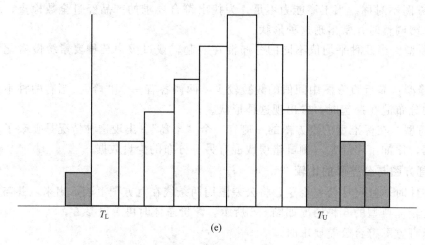

(e)

图 8-6　典型的直方图

（a）与（b）表示符合公差要求类型图，（c）（d）与（e）表示不符合公差要求类型图；
T_L代表公差下限，T_U代表公差上限

（2）当直方图不满足公差要求时

① 必须采取措施，使平均值接近规格的中间值，如图 8-6（c）所示。

② 要求采取措施，以减少变差（波动）如图 8-6（d）所示。

③ 要同时采取①和②的措施，既要使平均值接近规格的中间值，又要减少波动，如图 8-6（e）所示。

8.3.6.5　直方图使用的注意事项

① 不要将直方图与柱状图、控制图、排列图等混淆。

② 异常值应去除后再分组。

③ 应取得详细的数据资料（例如时间、原料、测量者、设备、环境条件等）。

8.3.7　控制图

8.3.7.1　概念及用途

控制图（Control Chart）又叫管制图、管理图、休哈特图，是用来区分由异常原因引起的波动或是由过程固有的随机原因引起的偶然波动的一种工具。偶然波动一般在预计的界限内随机重复，是一种正常波动；而异常波动则表明需要对其影响因素加以判别、调查，并使之处于受控状态。

控制图建立在数理统计学的基础上，它利用有效数据建立控制界限，一般分上控制界限（UCL）和下控制界限（LCL），如果该过程不受异常原因影响，那么，进一步得到的观测数据将不会超出控制界限。

控制图的种类很多，一般常按数据的性质分成计量值控制图和计数值控制图两大类，其中最常用的是平均值——极差控制图。后面将以它作为应用实例加以表述。

控制图的作用：①在质量诊断方面，可以用来度量过程的稳定性，即过程是否处于统计控制状态；②在质量控制方面，可能性用来确定什么时候需要对过程加以调整，而什么时候则需要使过程保持相应的稳定状态；③在质量改进方面，可以用来确认某过程是否得到了改进。

8.3.7.2 应用控制图的步骤

控制图的应用步骤如下。

① 选取控制图拟控制的质量特性，如重量、不合格数等。

② 选用合适的控制图种类。

③ 确定样本组、样本大小和抽样间隔。在样本组内，假定波动只由偶然原因所引起。

④ 收集并记录至少 25 个样本组的数据，或使用以前所记录的数据。

⑤ 计算各组样本的统计量，如样本平均值、样本极差和样本标准差等。

⑥ 计算各统计量的控制界限。

⑦ 画控制图并标出各组的统计量。

⑧ 研究在控制界限以外的点子和在控制界限内排列有缺陷的点子以及标明异常（特殊）原因的状态。这一步要使用控制图的判断准则进行分析，当过程稳定了，可以执行下一步；否则剔除异常数据后从第⑤步重新开始。

⑨ 研究过程能力并检验是否满足技术要求。若过程能力满足要求，可以转入下一步；否则需要调整过程直至满足要求。

⑩ 延长控制图的控制限作为控制用控制图，进行过程日常管理。

8.3.7.3 应用实例

某公司为控制某型号产品的尺寸（规格为 100.150 ± 0.050），每天取样 5 个作测量，数据如表 8-9 所示。

表 8-9 测量数据

组别	X1	X2	X3	X4	X5	均值	极差
1	154	174	164	166	162	164.0	20
2	166	170	162	166	164	165.6	8
3	168	166	160	162	160	163.2	8
4	168	164	170	164	166	166.4	6
5	153	165	162	165	167	162.4	14
6	164	158	162	172	168	164.8	14
7	167	169	159	175	165	167.0	16
8	158	160	162	164	166	162.0	8
9	156	162	164	152	164	159.6	12
10	174	162	162	156	174	165.6	18
11	168	174	166	160	166	166.8	14
12	148	160	162	164	170	160.8	22
13	165	159	155	153	151	156.6	14
14	164	166	164	170	164	165.6	6
15	162	158	154	168	172	162.8	18
16	158	162	156	164	152	158.4	12
17	151	158	154	166	168	159.4	17
18	166	166	172	164	162	166.0	10
19	170	170	166	160	160	165.2	10
20	168	160	162	154	160	160.8	14
21	162	164	165	169	153	162.6	16
22	166	160	170	172	158	165.2	14
23	172	164	159	167	160	164.4	13
24	174	164	166	157	162	164.6	17
25	151	160	164	158	170	160.6	19
Σ						4080.4	340

8.3.7.4 控制图的观察和分析

控制图上的点子是否超出控制线及其排列状况（图 8-7），反映出生产过程的稳定程度，据此，便可决定是否采取措施。

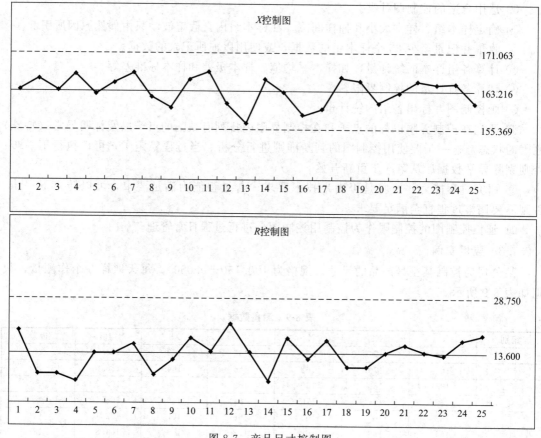

图 8-7 产品尺寸控制图

点子没有超出控制线（在控制线上的点子按超出处理），控制界线内的点子排列无缺陷，反映工序处于控制状态，生产过程稳定，不必采取措施。

控制图上的点子出现下列情形之一时，即判断生产过程异常：①点子超出或落在控制线上（判异准则一）；②控制界线内点子的排列有缺陷（判异准则二）。

8.3.7.5 注意事项

在应用控制图中常见的错误有如下几种情况。

① 在 5M1E 因素未加控制、工序处于不稳定状态时就使用控制图管理工序。

② 在分析用控制图不满足要求（如工序能力不足、控制图不稳等）情况下就使用控制图管理工序。

③ 用公差线代替控制线，或用压缩的公差线代替控制线。

④ 仅打"点"而不做分析判断，失去控制图的报警作用。

⑤ 不及时打"点"，因而不能及时发现工序异常。

⑥ 当"5M1E"发生变化时，未及时调整控制线。

⑦ 画法不规范或不完整。

⑧ 在研究分析用控制图时，对已弄清有异常原因的异常点，在原因消除后，未剔除异常点数据。

8.4 质量控制工具——QC 新七法

质量控制新七大手法（QC 新七法）是将散漫无章的语言资料变成逻辑思考的一种方法，也是一种事先考虑不利因素的方法，它通过运用系统化的图形，呈现计划的全貌，防止错误或疏漏发生。

质量控制新七种手法是指亲和图（也称 KJ 法）、关联图、系统图（也称树图）、过程决定计划图（PDPC 法）、矩阵图、矩阵数据解析法、箭条图（也称网络图）。

（1）质量控制新七大手法的使用情形，可归纳如下

① 关联图——理清复杂因素间的关系。

② 亲和图——从杂乱的语言数据中汲取信息。

③ 系统图——系统地寻求实现目标的手段，或对主题构成因素进行系统分析展开。

④ 矩阵图——多角度考察存在的问题、变量关系。

⑤ 箭条图——合理制订进度计划。

⑥ PDPC 法——预测设计中可能出现的障碍和结果。

⑦ 矩阵数据解析法——多变量转化少变量数据分析。

（2）质量控制新七种手法特点

① 整理语言资料。

② 引发思考，有效解决零乱问题。

③ 充实计划。

④ 防止遗漏、疏忽。

⑤ 使有关人员了解。

⑥ 促使有关人员的协助。

⑦ 不同的目标采取针对性的质量管理方法，与现有资料描述一致。

（3）质量控制新老七种工具对比（表 8-10）

表 8-10　质量控制新老七种工具对比

QC 老七种工具	QC 新七种工具
理性面多	感性面多
大量的数据资料	大量的语言资料
问题发生后的改善	问题发生前计划、构想

（4）质量控制工具方法选择依据（表 8-11）

表 8-11　质量控制工具方法选择依据

用途 （当你想要……）	使用手法	内容说明
查清问题	关联图 亲和图	当你处于混沌不清的状况,想要查清问题,找出问题时使用
展开方法	树图 矩阵图	针对某一问题事件,寻找解决方法,展开计划步骤时使用
实施计划	网络图 PDPC 法 矩阵数据解析法	针对问题事件,一步一步将处理手段排列出来,做成实施计划图,并具体实行时使用

8.4.1 关联图

8.4.1.1 概念及用途

在企业的质量管理活动中，一个质量问题的影响因素多种多样、错综复杂。要解决这样复杂的质量问题，若再像过去那样，以一名管理者为中心逐个因素加以解决，那进程将是非常缓慢的。当今世界已进入由多方管理者和有关人员密切配合并在广阔的范围内进行卓有成效的合作的时代，关联图（Relation Diagram）也因此应运而生。

什么是关联图？它是解决关系复杂、因素之间又相互关联的原因与结果或目的与手段的单一或多个问题的图示技术，是根据逻辑关系理清复杂问题、整理语言文字资料的一种方法，其格式如图 8-8 所示。

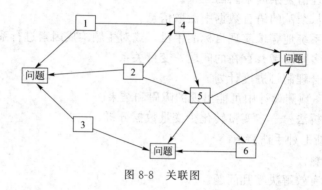

图 8-8　关联图

关联图可用于以下工作。

① 制订全面质量管理计划。

② 制定质量方针。

③ 制定生产过程的质量改进措施。

④ 推进外购、外协件的质量管理工作。

⑤ 制订质量管理小组活动规划与目标展开。

⑥ 解决工期、工序管理上的问题。

⑦ 改进职能部门的工作。

⑧ 其他。

8.4.1.2 应用关联图的步骤

① 确定要分析的"问题"。"问题"宜用简洁的"主语＋谓语"的短语表达，一般用粗线方框圈起。一个粗方框只圈一个"问题"，多个问题则应用多个粗方框圈起来。"问题"识别规则是：箭头只进不出。

② 如开质量问题研讨会。与会者应用"头脑风暴法"就分析的"问题"充分发表意见，找"因素"。

③ 边记录边绘制，反复修改关联图。

④ 用箭头表示原因与结果（目的与手段）的关系；箭头指向是：原因→结果。

⑤ 找出重要因素（简称"要因"）。"要因"应出自末端因素。末端因素的识别标志是：箭头只出不进。"要因"应当用符号加以标识。

⑥ 将"要因"同"问题"之间的路线用粗箭头连接起来，以示关键路线。

⑦ 复审关联图。随着环境条件的变化，应当不断地、及时地复审关联图并加以修正甚

至重新绘制。

8.4.1.3 应用实例

某公司生产的果汁在一段时间内经常出现在保质期内变质的现象。公司派人对果汁的变质原因进行调查，并用关联图法寻找导致果汁变质的主要原因，如图8-9，最终确定导致果汁在保质期内变质的原因是杀菌不彻底，导致残留细菌的大量繁殖。

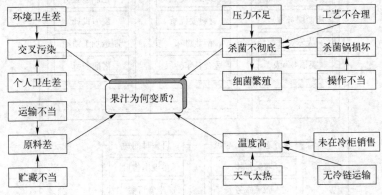

图 8-9　果汁变质原因的关联图

8.4.1.4 应用注意事项

① 单目标（即关键质量问题只有一个）因果分析时最好不用关联图。

② 用因果分析关联图时，"要因"必出自末端因素并做出"标识"。

③ 图中一定有若干相互关联的因素。

8.4.2 亲和图

8.4.2.1 概念及用途

亲和图（Affinity Diagram）又叫 KJ 法、A 型图解法，是由日本学者川喜田二郎于1970 年前后（一说 1953 年）研究开发并加以推广的方法。这种方法是针对某一问题，充分收集各种经验知识、想法和意见等语言文字资料，通过亲和图进行汇总，并按其相互亲和性归纳整理这些资料，使问题明确起来，求得统一认识和协调工作，以利于问题解决的一种方法。

8.4.2.2 亲和图的绘制步骤

① 确定课题。

② 收集语言资料。在亲和图的使用过程中，资料的收集是重要的一环。资料收集应按照客观事实，找出原始资料和思想火花，收集语言资料。

③ 将语言资料制成卡片。将收集的语言资料按内容进行逐个分类，并分别用独立的、简洁的语言写在一张张卡片上。注意不要用抽象化的语言表述，而应尽量采用形象生动的、让大家都能理解的语言来表示。否则，这些卡片在下一阶段就会失去应有的作用。

④ 整理综合卡片。卡片汇在一起以后，将卡片逐张展开，用一定的时间反复阅读几遍，在阅读卡片的过程中，要将那些内容相似或比较接近的卡片汇总在一起，编成一组，并命名。整理卡片时，对无法归入任何一组的卡片，可以独立地编为一组。

⑤ 制图。卡片编组整理后，将它们的总体结构用容易理解的亲和图来表示。

⑥ 应用。绘制出亲和图后，可以反复观看，也可以采用小组的形式，组内轮流讲解，还可以就亲和图写一些报告，在这些活动过程中，就逐步达到了使用亲和图的目的。

8.4.2.3 亲和图实例

图 8-10 为"如何开设一家受欢迎的快餐店"的亲和图。

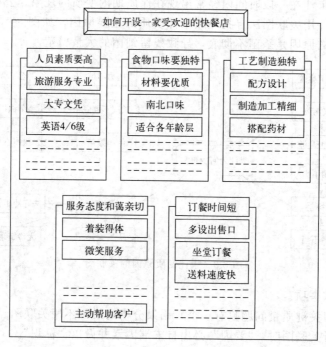

图 8-10 "如何开设一家受欢迎的快餐店"的亲和图

8.4.3 树图

8.4.3.1 树图的分类

树图（Tree Diagram）又叫树形图、系统图。在树图法中，所用的树图大体上可以分为两大类：一类是把组成事项展开，称为"构成因素展开型"；另一类是把为了解决问题和达到目的或目标的手段、措施加以展开，称为"措施展开型"。

8.4.3.2 概念及用途

树图能将事物或现象分解成树枝状，又称树形图或系统图。

构成因素展开型树图就是把主题构成因素一级一级地展开，绘制成树状图形，显示因素之间的关系。

措施展开型树图就是把要实现的目的与需要采取的措施或手段系统地展开，并绘制成图，以明确问题的重点，寻找最佳手段或措施。

树图的主要用途如下。

① 新产品研制过程中设计质量的展开。

② 制订质量保证计划，对质量保证活动进行展开。

③ 目标、方针、实施事项的展开。

④ 明确部门职能、管理职能。

⑤ 对解决企业有关质量、成本、交货期等问题的创意进行展开。

⑥ 工序分析中对质量特性进行主导因素的展开。

⑦ 探求明确部门职能、管理职能和提高效率的方法。

⑧ 可以用于因果分析。

8.4.3.3　绘制树图的一般步骤

① 确定具体的目的或目标　要把应用树图最终达到的目的或目标，明确地记录在卡片上。在确定具体的目的或目标时，应该注意以下 4 点。

a. 为了使任何人都能一目了然，必须把目的或目标的名词或短句以简洁的形式表示出来。

b. 在为了达到目的、目标过程中，如果存在着制约事项，必须予以指明。

c. 确定目的、目标时，首先要对已经确定的目的、目标问几个"为什么"，也就是"为什么要实现该目的、目标?"

d. 在确认了更高一级水平的目的、目标之后，还要确认原目的、目标是否恰当。

② 提出手段和措施　为了达到预定的目的、目标，必须召开会议，集思广益，提出必要的手段、措施，并依次记录下来。提出这种手段、措施，有几种方法可供参考。

a. 从水平高的手段、措施开始，按顺序边想边提。

b. 先提出被认为是最低水平的手段、措施，一边编组，一边按顺序提出较高水平的手段、措施。

c. 不管水平的高低，按随意想到的方式，提出手段、措施。

至于采用哪种方法，要视具体情况而定，不能一概而论。

③ 对措施、手段进行评价　要对提出的手段、措施进行一一评价，每项手段、措施是否适当、可行需要经过调查才能确认。在有限制事项时，也要对该限制事项进行评价。

a. 不要用粗浅的认识进行评价，轻易否定别人提出的手段、措施；对这些手段、措施，要反复推敲、思考和调查，有许多措施初看是不行的，实践证明是可行的。

b. 愈是离奇的思想和手段，愈容易被否定。但是，实践证明，当离奇的思想和手段实现后，往往效果更好，因此，更要慎重。

c. 在进行评价的过程中，往往又会出现新的设想，要不断补充、完善。

④ 绘制手段、措施卡片　把经过评价后提出的手段、措施，用通俗易懂的语言写在一张卡片上。

⑤ 形成目标手段的树状展开图　摊开一张白纸，把绘制的目的、目标卡片放在纸的左侧中间，如有限制事项时，把这一限制事项记在目的、目标卡片的下方。

首先对目的、目标卡片提出问题Ⅰ。

问题Ⅰ：为了实现这个目的、目标，需要采取什么手段、措施?

从绘制的手段、措施的卡片中，找出能回答这一问题的手段、措施卡片，把它安排在提出问题的目的、目标卡片的右侧；如果有 2 张以上的卡片，可以纵向排放，然后，把达到目的、目标与相应采取的手段、措施之间的关系联系起来。但是，这些手段、措施一般还不能变为具体的行动。因此，为了实现上一水平的手段、措施，还必须对下一水平的手段、措施进行展开。

接着，又要安排在这种目的、目标之后的各种手段、措施，提出问题Ⅱ。

问题Ⅱ：把手段、措施作为目的、目标，为了实现这个目的、目标，又需要采取什么手段、措施?

从绘制的手段、措施卡片中，找出能够回答这一问题的手段、措施的卡片，把它安排在提出问题的手段、措施卡片右侧以下，不断重复提问问题Ⅱ，把绘制成的所有手段、措施卡片按顺序排列在成为"目的"的手段、措施卡片的右侧，排列结束后，分别按"目的-手段"的关系用线连接起来。在树图绘制过程中，往往不等绘制手段、措施的卡片工作做完，就又会发现一些新的必要的手段、措施，这时就必须一个个补充上去；同时，还要去掉那些不需要的或修改那些不清楚的手段、措施。特别需要注意的是，在树图法应用的过程中，绘制过程是重要的一环，不能把全部精力仅仅放在整理这些手段、措施上，重要的是要仔细考虑如何更好地、系统地展开这些手段、措施，防止疏忽和遗漏。

⑥ 确认目标能否充分地实现　虽然做出了树图，但还需要从"手段"出发，确认上一级的"手段"（目的）是否妥当，也就是说，首先对做出的树图的最低水平（最右端）的手段提出问题Ⅲ。

问题Ⅲ：实现这些手段、措施能否达到更高一级的目的、目标？

如果回答"行"，那就依次对上一水平的"手段"（目的）提出同样的问题，并且确认所展开的手段、措施能否达到最初所确定的目的、目标。如果回答"不行"，意味着所展开的手段没有实现上一水平的"手段"（目的），必须增加所缺少的手段、措施。以上确认完成后，将为达到目的、目标所必需的所有手段、措施都进行系统的展开，树图即完成。

⑦ 制订实施计划　根据上述方案，制订实施计划。这时，要把树图最低水平的手段更加具体化，并决定具体的实施内容、日期和负责人等。

a. 简明扼要地讲述清楚要研究的主题（如质量问题）。

b. 确定该主题的主要类别，即主要的层次。这时可以利用亲和图中的主卡片，也可以利用通过头脑风暴法确定的主要层次来确定。

c. 构造树图。把主题放在最上面的方框内，把主要类别放在下边的框内。

d. 针对这个主要类别确定其组成要素及其子要素。

e. 把针对每个主要类别的组成要素及其子要素放在主要类别下边相应的方框内。

f. 评审画出的树图，确保无论在顺序上或逻辑上都没有差错和空挡。

8.4.3.4　树图法应用实例

（1）措施展开型树图（图8-11）

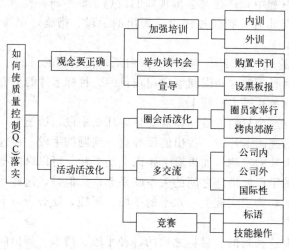

图 8-11　措施展开型树图实例

（2）构成因素展开型树图（图8-12）

8.4.3.5　应用树图注意事项

① 用于因果分析的树图一般是单目标的，即一个质量问题用一张树图。

② 当树图用于多目标的因果分析时，目标不宜太多，一般不超过3个。

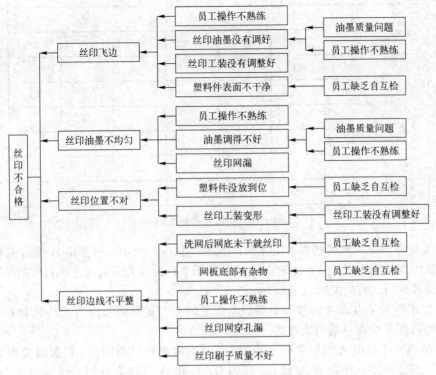

图 8-12　构成因素展开型树图实例

　　③ 树图中的主要类别一般可以不先从 5M1E 出发，而是根据具体的质量问题和逻辑关系去选取。

8.4.4　矩阵图

8.4.4.1　矩阵图基本概念

　　所谓矩阵图（Matrix Chart）是一种利用多维思考去逐步明确问题的方法，其工具是矩阵图。

　　多维思考就是从问题的各种关系中找出成对要素 L_1，L_2，L_3，…，L_n 和 R_1，R_2，R_3，…，R_n，用数学上矩阵的形式排成行和列，在其交点上标示出 L 和 R 各因素之间的相互关系，从中确定关键点的方法。

　　在分析质量问题的原因、整理顾客需求、分解质量目标时，将问题、顾客需求、质量目标（设为 L）放在矩阵图的左边，将问题的原因、顾客需求转化来的质量目标或针对质量目标提出的质量措施（设为 R）列在矩阵图的上方，用不同的符号表示它们之间关系的强弱，通常用◎表示关系密切，○表示有关系，△表示可能有关系（或不相关），如图 8-13 所示。

　　通过在交点处给出行与列对应要素的关系及关系程度，可以从二元关系中探讨问题所在和问题的形态，并得到解决问题的设想。

　　在寻求问题的解决手段时，若目的（或结果）能够展开为一元性手段（或原因）则可用树图法，然而，若有两种以上的目的（或结果），则其展开用矩阵图法较为合适。

8.4.4.2　矩阵图分类

　　在矩阵图法中，按矩阵图的形式可将矩阵图分为 L 型、T 型、X 型和 Y 型 4 种，如图 8-14 所示。

要素		R					
		R_1	R_2	...	R_k	...	R_n
L	L_1	◎					
	L_2						◎
	...				○		
	L_k		○				
	...			△			
	L_n	△			◎		

图 8-13　矩阵图的概念图

① L 型矩阵图是一种最基本的矩阵图，如图 8-14(a) 所示，它是由 A 类因素和 B 类因素二元配置组成的矩阵图。这种矩阵图适用于若干个目的和为了实现这些目的的手段，或若干个结果及其原因之间的关联。

② T 型矩阵图是由 A 类因素和 B 类因素组成的 L 型矩阵图和由 A 类因素和 C 类因素组成的 L 型矩阵图组合在一起的矩阵图[图 8-14(b)]。

③ Y 型矩阵图是由 A 类因素和 B 类因素、B 类因素和 C 类因素、C 类因素和 A 类因素组成三个 L 型矩阵图，即表示 A 和 B、B 和 C、C 和 A 三因素分别对应的矩阵图[图 8-14(c)]。

④ X 型矩阵图是由 A 类因素和 B 类因素、B 类因素和 D 类因素、D 类因素和 C 类因素、C 类因素和 A 类因素的 L 型矩阵图组合在一起的矩阵图[图 8-14(d)]。

除以上介绍的 4 种矩阵图外，还有一种三维立体的 C 型矩阵图，但实际使用过程中，通常将其分解成几张平面矩阵图联合分析。

8.4.4.3　矩阵图主要用途

① 是系统产品开发、改进的着眼点。
② 用于产品的质量展开以及其他展开，被广泛应用于质量机能展开（QFD）之中。
③ 系统核实产品的质量与各项操作乃至管理活动的关系，便于全面地对工作质量进行管理。
④ 发现制造过程出现不良品的原因。
⑤ 了解市场与产品的关联性分析，制订市场产品发展战略。
⑥ 明确一系列项目与相关技术之间的关系。
⑦ 探讨现有材料、元器件、技术的应用新领域。

8.4.4.4　矩阵图应用步骤

① 确定事项。
② 选择因素群。
③ 选择矩阵图类型。
④ 根据事实或经验评价和标记。
⑤ 数据统计寻找着眼点。

8.4.4.5　矩阵图实例

图 8-15 为某纺布工厂的制程因素-项目-抱怨现象矩阵图。

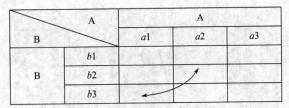

(a) L型矩阵图

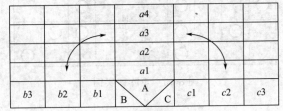

(b) T型矩阵图

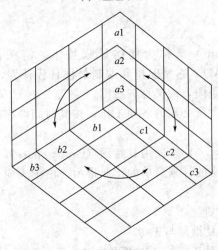

(c) Y型矩阵图

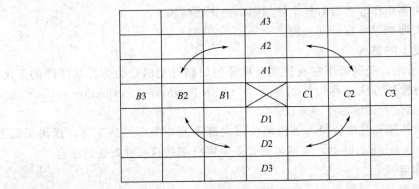

(d) X型矩阵图

图 8-14　矩阵图类型

8.4.4.6　矩阵图应用注意事项

在评价有无关联及关联程度时，要获得全体参与讨论者的同意，不可按多数人表决通过来决定。

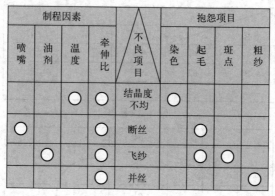

图 8-15　矩阵图实例

8.4.5　网络图

8.4.5.1　概念

网络图（Arrow Diagram）又称为网络计划技术、箭条图、矢线图、计划评审法（PERT）、关键路线法（CPM）。它是安排和编制最佳日程计划，有效实施进度管理的一种科学管理方法，其工具是箭条图，故又称矢线图。

所谓网络图是把推进计划所必需的各项工作，按其时间顺序和从属关系，用网络形式表示的一种"矢线图"。

在日程计划与进度方面，人们常使用甘特图（Gantt chart）。

甘特图只能给出比较粗略的计划简单的作业指示，由于表现不出作业的从属关系，因而存在如下缺点。

①　难以给出极详细的计划。

②　在计划阶段不便于反复推敲与思考。

③　进入实施阶段后的情况变化与计划变更难以处理。

④　不能获得有关某项作业迟滞对整个计划影响的正确情报。

⑤　设计规模稍大即难以掌握计划全貌。

⑥　难以判断进度上的重点。

20 世纪 50 年代后期，美国海军在制订北极星导弹研制计划时，为弥补甘特图的不足，提出了一种新的计划管理方法，称为计划评审法（PERT-program evaluation review technique），使该导弹研制任务提前两年多完成。

1956 年，美国的杜邦和兰德公司为了协调公司内部不同业务部门的工作，提出了关键路线法 CPM（critical path method），取得显著效果。网络图是这两种方法的结合。

8.4.5.2　网络图的作用

①　制订详细的计划。

②　可以在计划阶段对方案进行仔细推敲，从而保证计划的严密性。

③　进入计划实施阶段后，对于情况的变化和计划的变更都可以做出适当的调整。

④　能够具体而迅速地了解某项工作工期延误对总体工作的影响，从而及早采取措施，计划规模越大，越能反映出该工具的作用。

8.4.5.3　网络图组成

网络图是一张有向无环图，由节点、作业活动组成，如图 8-16 所示。

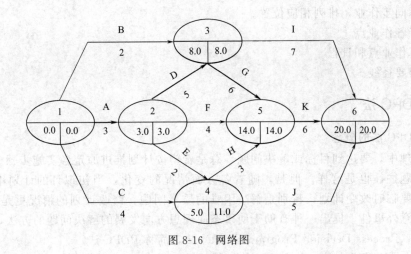

图 8-16 网络图

（1）节点

在网络图中，节点表示某一项作业的开始或结束，在图中用图 8-17 所示的两种图形表示，也叫事件。节点不消耗资源，也不占用时间，只是时间的一个"交接点"。

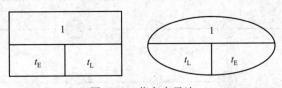

图 8-17 节点表示法

其中 1（或 2，3，…）表示节点，t_E、t_L 分别表示节点最早开工时间和最迟完工时间。

（2）作业

在网络图中，作业活动用箭头（→）表示，箭头所指方向为作业前进方向，箭条上方的文字表示作业的名称，箭条下方的数字表示作业活动所需的时间。

在网络图中，还有一种作业即所谓"虚作业"，是指作业时间为零的一种作业，以虚箭条（┈┈→）表示，它不占用时间，其作用是把先后的作业连接起来，表明它们之间的先后逻辑关系，指明作业进行的方向。

8.4.5.4 网络图绘制规则

① 网络图中每一项作业都应有自己的节点编号，编号从小到大，不能重复。

② 网络图中不能出现闭环。也就是说，箭条不能从某一节点出发，最后又回到该节点上。

③ 相邻两个节点之间，只能有一项作业，也就是说，只能有一个箭条。

④ 网络图只能有一个起始节点和一个终节点。

⑤ 网络图绘制时，不能有缺口，否则就会出现多起点或多终点的现象。

以上是画网络图必须遵循的基本规则，违背了这些规则，就不可能应用网络图正确地解决问题。

8.4.5.5 网络图绘制步骤

① 明确主题。

② 确定必要的作业和（或）日程。

③ 按先后排列各作业。

④ 考虑同步作业，排列相应位置。

⑤ 连接各作业点。

⑥ 计算作业点和日程。

⑦ 画出要径线。

8.4.6 PDPC 法

8.4.6.1 PDPC 法的概念

企业管理中，要达到目标或解决问题，总是希望按计划推进原定各实施步骤。质量管理中遇到的问题往往也是这样。但是，随着各方面情况的变化，当初拟订的计划不一定行得通，往往需要临时改变计划，特别是解决困难的质量问题，修改计划的情况更是屡屡发生。为应对这种意外事件，提出一种有助于使事态向理想方向发展的解决问题的方法，称为过程决策程序图（Process Decision Program Chart）法，简称 PDPC 法。

PDPC 法是运筹学中的一种方法，其工具就是 PDPC 图（图 8-18）。所谓 PDPC 法，是为了完成某个任务或达到某个目标，在制订行动计划或进行方案设计时，预测可能出现的障碍和结果，并相应地提出多种应变计划的一种方法。这样，在计划执行过程中遇到不利情况时，仍能按第二、第三或其他计划方案进行，以便达到预定的计划目标。

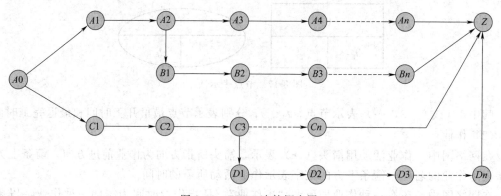

图 8-18　PDPC 法的概念图

制订计划时，不一定把所有可能发生的问题全部考虑进去。实施时，随着工作的开展，原来没有考虑的问题逐渐暴露出来，或者原来没有想出的方法、方案已逐步形成。这时必须根据新的问题，再重新考虑措施，增加新的方案或活动，因此，PDPC 图不是一成不变的，而要根据具体情况，每隔一段时间修改一次。

8.4.6.2 PDPC 法的特征

① PDPC 法不是从局部，而是从全局、整体掌握系统的状态，因而可作全局性的判断。

② 可按时间先后顺序掌握系统的进展情况。

③ 可密切注意系统进程的动向，在追踪系统运转时，能掌握产生非理想状态的原因。同时，从某一输入出发，依次追踪系统的运转，也能找出"非理想状态"。

④ 当出现过去没有想到的情况时，可不断补充、修订计划措施。

8.4.6.3 使用 PDPC 法的步骤

使用 PDPC 法的基本步骤如下。

① 召集所有有关人员（要求尽可能地广泛参加）讨论所要解决的课题。

② 从自由讨论中提出达到理想状态的手段、措施。

③ 对提出的手段和措施，列举出预测的结果以及提出的措施方案行不通或难以实施时应采取的措施和方案。

④ 将各研究措施按紧迫程度、所需工时、实施的可能性及难易程度予以分类，特别是对当前要着手进行的措施，应根据预测的结果，明确首先应该做什么，并用箭条向理想的状态方向连接起来。

⑤ 决定各项措施实施的先后顺序，从一条线路得到的情报，要研究其对其他线路是否有影响。

⑥ 落实实施负责人及实施期限。

⑦ 不断修订 PDPC 图。按绘制的 PDPC 图实施，在实施过程中可能会出现新的情况和问题，需要定期召开有关人员会议，检查 PDPC 的执行情况，并按照新的情况和问题，重新修改 PDPC 图。

8.4.6.4　PDPC 法的用途

利用 PDPC 法，可从全局、整体掌握系统状态以作出全局性的判断，可按时间顺序掌握系统的进展情况，在质量管理中，用 PDPC 法有助于在解决问题过程中恰当地提出所有可能的手段和措施，在实施过程中碰到困难时，能迅速采取对策，其具体用途如下。

① 制订方针目标管理中的实施计划。

② 制订科研项目的实施计划。

③ 对整个系统的重大事故进行预测。

④ 制订控制工序的方案和措施。

8.4.6.5　PDPC 法应用实例

某维修品管圈（QCC）小组绘制保证减少设备停机影响均衡生产的 PDPC 图（图 8-19）来指导小组工作。

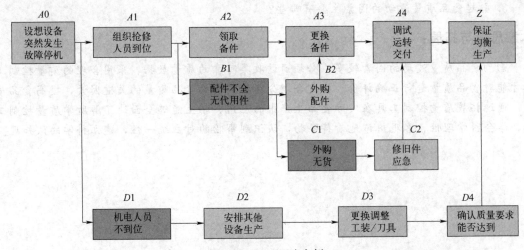

图 8-19　PDPC 法实例

8.4.6.6　PDPC 法应用注意事项

① 过程决策程序图法无论是正向构思还是反向构思，都是用"否定式"提问法完善和优化程序的。

② 最终实现理想目的，只实施一个方案。正向构思动态管理时是实施一个可行方案，反向构思完善思维时是实施最后一个最优方案。

③ 必须以动态发展所产生的结果来调整动态管理的 PDPC 方案。
④ 使用 PDPC 方案进行动态管理前，应做好各种方案的资源准备，力争实现第一方案。
⑤ 课题组长应始终在指挥位置上组织方案的实施。

8.4.7 矩阵数据解析法

8.4.7.1 基本概念

矩阵图上各元素间的关系如果能用数据定量化表示，就能更准确地整理和分析结果。这种可以用数据表示的矩阵图法，叫作矩阵数据解析法。

8.4.7.2 主要方法

矩阵数据解析法的主要方法为主成分分析法，利用此法可从原始数据获得许多有益的情报。

主成分分析法是一种将多个变量化为少数综合变量的一种多元统计方法。

8.4.7.3 用途

① 新产品开发的企划。
② 复杂的品质评价。
③ 从市场调查的资料中把握顾客所要求的品质，质量功能的开展。
④ 从大量的资料中解析不良要因。
⑤ 牵涉复杂性要因的工程解析。

本章习题：

1. 食品质量控制工具的旧七法有哪些？
2. 食品质量控制工具的新七法有哪些？
3. 引起食品质量波动的因素主要有哪些？

本章思考与拓展：

影响食品质量波动的因素较多，必须通过收集可靠的质量数据，采用合理的质量控制工具才能对食品质量进行正确评价。经过合理分析找到影响食品质量的关键因素，提高食品质量。通过拓展质量控制工具在实际食品生产中的应用，学生能够全面地了解所学质量控制工具，学会科学理性、客观辩证地看待事物，认识到事物的对立统一性，建立科学的认知观。

第 **9** 章

5S 管理

干净、整洁和安全的工作或学习环境，能够提高工作或学习效率，增加员工的工作积极性，减少安全事故的发生。在现实工作中，我们会经常遇到被小事缠绕、工作情绪受到影响的状况。解决的良方是推行 5S 管理〔即整理（Seiri）、整顿（Seiton）、清扫（Seiso）、清洁（Seiketsu）、修养（素养）（Shitsuke）〕。5S 管理就是一种以提高员工素质为最终目的基础管理手段，是企业变革的敲门砖和突破点。推行 5S 的过程就是改变员工习惯和思维，重塑企业文化的过程，是从内到外、从上到下的从思维到行为的洗礼，是所有变革的基础。

9.1 5S 概述

9.1.1 5S 的起源和发展

5S 最早起源于日本，指的是在生产现场对人员、机器、材料、方法等生产要素进行有效管理，5S 最早是日式企业独特的一种管理方法。1955 年，日本的宣传口号为"安全始于整理整顿，终于整理整顿"。之前 2S 的推行，其目的仅是确保作业空间和安全，后因生产控制和质量控制的需要，而逐步提出后续的 3S，即"清扫""清洁""修养"，从而使其应用空间及适用范围进一步扩展。1986 年，首部 5S 著作问世，从而对整个现场管理模式起到了巨大的冲击作用，并由此掀起了 5S 的热潮。5S 是通过不断对车间现场环境提出改善，从而逐渐改变员工思维模式，提高员工素质，以塑造一个清爽、明朗、洁净的工作场所为目的，使全体员工，尤其是现场作业人员，能更安全、更轻松、更愉快、更有效地完成任务，从而提升企业形象，强化企业体制。由于 5S 活动对于工厂的安全、卫生、效率、品质、成本等方面有极强的改善力，是工厂管理的基础，随着中日贸易的发展，5S 管理理念逐渐被我国的企业所接受、推广。

日本企业以 5S 运动作为管理工作的基础，在此基础上推行各种质量管理方法。第二次世界大战后，日本产品质量得以迅速提升，奠定了经济大国的地位。而在丰田公司的倡导下，5S 对于塑造企业形象、降低成本、准时交货、安全生产、高度标准化、创造令人心旷神怡的工作场所、现场改善等方面发挥了巨大作用，逐渐被各国的管理界所认识。随着世界经济的发展，5S 已经成为工厂管理的一项基本内容。根据企业进一步发展的需要，有的公司在原来 5S 的基础上又增加了安全（Safety）这个要素，成为"6S"，6S＝5S＋安全

（Safety）。有的公司增加了节约（Save）及安全（Safety）这两个要素，形成了"7S"，7S＝5S＋安全＋节约（Service）。也有的企业在 7S 基础上又加上习惯化（Shiukanka）、服务（Service）及坚持（Shikoku），形成了"10S"。但是万变不离其宗，所谓"6S""7S""10S"都是从"5S"里衍生出来的。

只要 5S 能彻底实施，任何活动的导入都能轻而易举。因为 5S 强调的是全体员工必须遵守制定的标准，切实做好自主管理。如果 5S 活动所制定的规则不能遵守，制定再多的规定都是多余的。

9.1.2　5S 的含义

5S 活动指的是整理（Seiri）、整顿（Seiton）、清扫（Seiso）、清洁（Seiketsu）、修养（Shitsuke），因上述 5 个日文词汇的罗马拼音第一个字母均为"S"，故称之为 5S。

随着人们对这一活动的认识不断深入，我国不少企业又添加了"节约、安全、服务"等内容，分别称为 6S、7S 和 8S。不过，5S 仍然是最基础、最核心的部分，能把 5S 做好，其他要素的完善是水到渠成的。

9.1.3　5S 推行的目的和作用

9.1.3.1　推行 5S 的目的

当我们做一件事情非常棘手的时候，5S 可以帮助我们分析、判断、处理所存在的各种问题。实施 5S，能为企业带来巨大的好处，可以改善企业的品质，提高生产力，降低成本，确保准时交货，同时还能确保安全生产并能持续增强员工们高昂的士气。一个生产型的企业，人员的安全受到威胁，生产的安全受到影响，物品的安全受到影响，那么人心就会惶惶不安，员工就会大量流失，影响到企业的生产、经营及经济效率，使企业严重地缺乏甚至根本没有凝聚力和向心力而如同一盘散沙，导致企业濒临破产，甚至分崩离析。所以，一个企业要想改善和不断地提高企业形象，就必须推行 5S 计划。

推行 5S 具有以下作用和目的（图 9-1）。

（1）推行 5S 可以改善和提升企业形象

整齐、整洁的工作环境，容易吸引顾客，让顾客心情舒畅的同时由于口碑的相传，企业会成为其他公司的学习榜样，从而大大提高企业的威望和形象。

树立良好的形象是公司发展的重要环节，良好的企业形象可以使企业得到社会公众的信赖和支持，为企业的商品和服务创造出一种消费信心，进而使企业的产品占领市场。

良好的企业形象也可以塑造一大批追随者，以拥有和购买企业商品为荣耀，所以良好的企业形象等于为推销工作奠定了稳固的基础。

良好的企业形象有助于企业股票的出售，吸收资金，获得贷款等，可以增强企业的筹资能力，这使企业在较短的时间内能够积聚大量资本，扩大经营规模，提高市场开拓能力和抗风险能力，增强发展后劲，提高经济效益。

良好的企业形象有助于增强企业的凝聚力。良好的企业形象能够激发员工的自豪感、荣誉感，使他们热爱企业，献身企业，自觉地把自身的言行和企业的形象联系起来，把自身的命运和企业的命运联系起来，从而产生强烈的使命感和责任感。

从宏观角度看，企业形象是企业实力、地区实力，甚至国家实力的象征。一个国家拥有的著名企业越多，说明这个国家的企业在世界上越具有竞争实力，越能够开拓国际市场，从而赢得更多的商业利润，综合国力自然大增，国家因此也就成为经济强国，进而成为世界强

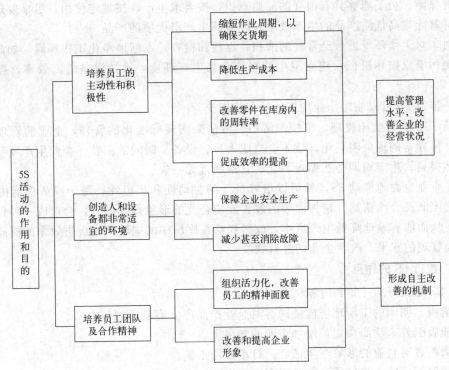

图 9-1　5S 活动作用和目的示意图

国。所以，为了强国富民，我们应该大力推行企业形象战略和企业品牌战略，以此来逐步强化我国的企业实力、地区实力和国家实力。

（2）推行 5S 可以提升员工归属感，提高工作效率

良好的工作环境和工作氛围，加上很有修养的合作伙伴，可以提升员工归属感，有利于员工集中精神，认认真真地干好本职工作，进而大大提高工作效率。

反之，如果员工们始终处于一个杂乱无序的工作环境中，情绪必然就会受到影响。情绪不高，干劲不大，也很难产生经济效益。

（3）推行 5S 可以减少浪费，增加利润

杂乱无章的工作环境，延长员工的走动时间、增加寻找工器具的时间，同时道路拥堵，本应该工作的场所得不到充分利用，造成劳动力的浪费、场所浪费，同时也造成了时间浪费，这种浪费是完全没有必要的，是可以避免的，而且这些都是企业的成本，是企业完全可以减少或避免的成本。

同时，清洁有序的环境，能缩短取用物品的时间，物流通畅，极大地减少寻找所需物品时所需的时间；也不会因为物品积压增加不必要的库存，因此，能有效地改善物料在库房、车间中的周转率，减少物料和流动资金的浪费。

如何做好这些安全作业的重点呢？在整理、整顿上我们一定要客服麻痹大意、马马虎虎的思想，加强对安全的重视，在清扫、清洁上一定要做到全面、规范。在素养方面一定要通过培训、教育来达到改造人性的目的。我们利用整理、整顿、清扫、清洁、修养这 5S 就能找出影响安全因素的元凶，同时减少意外事故的发生，从而实现"零事故"的终极目标。5S 与安全关系是密不可分的，只有做好了 5S，安全才有保障！

（4）推行 5S 质量有保障

质量保障的基础在于做任何事都要"讲究"，不"马虎"，5S 就是要去除马虎，这样品

质就会有保障。员工能够具有很强的品质意识,按要求生产,按规定使用,尽早发现质量隐患,这样就能提高优质产品的生产效率,就能够生产出优质的产品。

同时,对工作环境进行经常性的清扫、点检和检查,不断地净化工作环境,如此才能有效地避免污染或损坏机械,建立卫生洁净的食品生产环境,维持设备的高效率,提高产品质量。

(5) 推行 5S 可以缩短作业周期,确保按期交货

推动 5S,通过实施整理、整顿、清扫、清洁来实现标准化的管理,企业的管理就会一目了然,使异常的现象明显化,就不会造成人员、设备、时间的浪费。企业生产顺畅,工作效率必然提高,生产周期必然缩短,交货日期就万无一失。

一个企业全力地推动 5S,就可以培养员工的主动性和积极性,每个成员都能由内而外地散发出团队及合作精神。精神面貌的改善能使企业的形象得到提升,会形成一种自主改善的机制,从而能有效地降低生产成本,改善物料在库房中的周转率,促进效率的提高;从而可以提高管理的水平,改善企业的经营状况。

9.1.3.2　推行 5S 的作用

(1) 5S 是良好的"销售专家"

① 清爽、明朗的工厂环境能使顾客对企业产品产生高品质的信心。

② 能吸引外来厂商参观,增加企业的知名度。

③ 采购者对企业的形象产生信心,订单源源不断。

④ 明朗舒适的工作场所,能吸引高素质人才。

(2) 5S 是"节约专家"

5S 活动可节省消耗品、工具、原材料、品种变换时间及作业时间,无形中替公司节省成本。

(3) 5S 是标准化的"推进专家"

① 5S 强调作业标准的重要性。

② 在 5S 活动中,每个人都能遵守作业标准。

③ 产品质量稳定,生产目标如期达成。

(4) 5S 是"守时专家"

由于基本条件完备,绝对能严格遵守产品交货期。

(5) 5S 是工厂安全的"守护专家"

① 舒适、清洁、流程明畅,不会发生意外事故。

② 员工遵守作业标准,不会发生工作伤害。

③ 5S 活动强调危险预知训练,使每个人有危险预知能力,安全得以确保。

(6) 5S 是促进员工愉快工作的"专家"

① 标准化、工作改善,使作业愈来愈容易。

② 工作环境清爽舒适,员工有被尊重的感觉。

③ 员工从简易 5S 活动中,慢慢改变意识,有助于工作的推进。

④ 员工向心力增强,工作更加愉快。

5S 活动对人的意识、行为产生潜移默化的作用,使员工爱护物品,对设备的清扫、点检更加认真,产生爱护他人的心胸及自我反省的观念。

学校及家庭不是唯一的教育场所,工厂也是训练如何做人的场所。在 5S 活动中表现出色的员工回家后也能对家庭有所帮助,让人觉得在那家公司上班,会提高自身的修养,5S

强化团队活动，每一个人的责任分工更明确，并通过全员参与完成所交付的职责。

企业会经常举办各种全员参与的竞赛、活动，以促进团队活动的强化，而能取得丰硕成果之一的活动就是 5S。5S 必须靠全员参与行动，如果只由一两个技术人员或管理者主导，是很难达到效果的。通过 5S，可以体会全员参与的喜悦与凝聚力，可以说，5S 是企业全员参与活动的试金石。

9.1.4 5S 之间的关系

图 9-2 为 5S 之间的关系示意图。

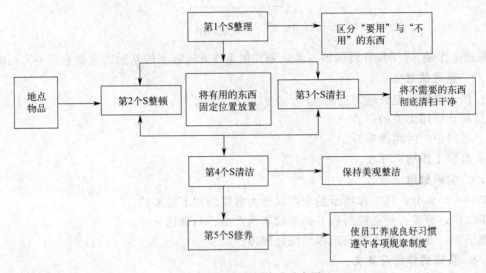

图 9-2 5S 之间的关系示意图

整理、整顿、清扫、清洁、修养这 5 个 S 并不是各自独立，互不相关的，它们之间是一种相辅相成，缺一不可的关系。

整理是整顿的基础，整顿又是整理的巩固，清扫是显现整理、整顿的效果，而通过清洁和修养，则使企业形成一个所谓整体的改善气氛。

5 个 S 之间的关系可以用几句口诀来表达：只有整理没有整顿，物品真难找得到；只有整顿没有整理，无法取舍乱糟糟；只有整理、整顿没清扫，物品使用不可靠；3S 效果怎保证，清洁出来献一招；标准作业练修养，公司管理水平高。

9.2 5S 的执行

9.2.1 整理

9.2.1.1 整理的含义

将必需品与非必需品区分开，在岗位上只放必需品（图 9-3）。

如果工作岗位堆满了非必需品，就会导致必需品无处摆放；这样可能要增加一张工作台来堆放必需品，从而造成浪费，如果不改善便会形成后果严重的恶性循环。简单来说，整理就是对物品进行区分和归类，无用的东西就会一目了然，我们就能在此基础上将多余的物品从作业现场清除出去。

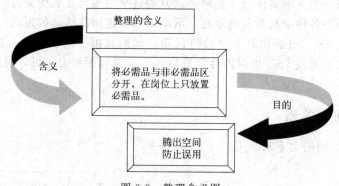

图 9-3　整理含义图

整理工作是 5S 工作开展的第一步，是其他工作开展起来的基础，重要意义不言而喻。

9.2.1.2　整理的意义

① 腾出空间，充分利用空间。

② 防止误用无关的产品。

③ 不再浪费时间找东西。

④ 改善工作场所环境。

9.2.1.3　如何整理

第一步，区分：将工作场所的东西区分为需要的和不需要的。

第二步，分类：将必要的和不必要的东西严格、明确地分开。

第三步，处理：将不要的东西尽快处理掉。

9.2.1.4　整理的作用及意义

（1）整理的作用

① 能使现场无杂物，过道通畅，增大作业空间，提高工作效率。

② 减少碰撞，保障生产安全，提高产品质量。

③ 消除混杂材料的差错。

④ 有利于减少库存，节约资金。

⑤ 使员工心情舒畅，工作热情高涨。

（2）因缺乏整理会造成各种浪费

① 空间造成浪费。

② 原材料或产品因为过期而不能使用，造成资金浪费。

③ 因场所狭窄，物品时常移动，造成工时浪费。

④ 管理非必需品的场地和人力浪费。

⑤ 库存管理以及盘点，造成时间浪费。

9.2.1.5　整理推行要领

① 马上要用的，暂时不用的，先把它区别开。一时用不着，甚至长期不用的要区分对待。即便是必需品也要适量。

② 将必需品的数量降到最低的程度。

③ 对可有可无的物品，不管是谁买的，无论有多昂贵，都应坚决地处理掉。

④ 自己的工作场所（范围）全面检查，包括看得到和看不到的。

9.2.1.6　整理的检查要点

① 不需要的东西是不是非常分散，到处都是？

② 线路管路的旁边是不是放置了不需要的东西？

③ 废弃物或者不必要的东西，是否按照指定的放置场地区分、集中放置？

④ 对于不要的东西进行处置，是不是按照第一次审查、第二次审查的两段式审查法？（第一次审查就是现场的员工判断为不需要的东西；第二次审查就是现场的上司或者其他的部门进一步判断要不要。）

a. 夹具、工装工具搁架：

（a）有没有用不着的或者不能用的夹具、工具袋？

（b）除夹具或者工装工具之外，有没有杂物？

（c）在各家的顶层和最下一层有没有不要的东西？

b. 工具箱、抽屉、储存间：

（a）锤子、扳手、刀具、测量器具等是否随手乱放？

（b）抹布、手套、油类等是不是随便放？

（c）里面有没有杂志或漫画？

（d）测量器具和工具是否分开放置？

c. 地面：

（a）房间角落或者房后有没有不要的东西？

（b）是否放有不用的设备、大型夹具、台车等？

（c）有没有堆积如山的在制品、材料？

（d）传送带的下面、窗户前、操作台下面、柱子前是不是有在制品？

（e）产品或者工具是否有竖向放置的？

（f）有没有禁止带入的油桶等？

d. 零部件仓库、材料仓库：

（a）有没有多年没有动过的零部件或者材料？

（b）有没有落满了灰的材料？

（c）仓库不需要的东西是不是非常分散，到处都是？

e. 作业现场、办公室、车间主任办公室等：

（a）操作台、设备装置的上面或者周边有没有不需要的东西？

（b）有没有用不着的在制品？

（c）箱子、储物间、架子等里面有没有不要的文件或者图纸？

（d）有没有用过的试用品、样品等？

f. 房外：

（a）有没有数年来从没有动过的东西？

（b）台车、托盘、集装箱等有没有需要处理的？

（c）碎片（生产加工产生的废料）等是否堆积成山？

（d）模具、工装工具等有没有待处理的？

g. 文件：

（a）文件原件是否分开保存？

（b）是否保留着无用的别的部门的文件原件？

（c）是否保留着那些看过一遍就可以扔掉的文件原件？

（d）是否仅仅保存着目前有用的文件原件？

9.2.1.7 进行"管理"时管理上的要点

① 具备决定"这是不要的东西"的能力。

② 发起撤掉不要的东西的运动。

③ 定期进行大扫除（每月一次大扫除）。

④ 定期巡查，检查整理的效果。

9.2.1.8 推行整理的步骤

在推行整理的过程中，要增加场地的空间，把东西整理好，把必需品和非必需品区分开，将工作的场所整理干净。

推行整理可按如下步骤进行。

第一步：现场检查。

对工作场所要进行全面检查，包括眼睛看到的和看不到的地方，特别是大机械设备（内部看不见）、文件柜的底部、桌子的底部，这些都是现场检查时应特别注意的地方。归纳起来就是两点：看得见的要整理，看不到的更要整理。

第二步：区分必需品与非必需品。

管理必需品和清除非必需品同样重要。首先要判断某物的重要程度，然后根据此物的使用频率来决定它的管理方法。如果是一支笔，它的使用频率是每天、每周或者每个小时都在用，它就是必需品，要用恰当的方法来保管，以便于寻找和使用。

对于必需品，许多人往往混淆了客观上的需要与主观想要的概念，他们在保存物品方面总是采取保守的态度，即以防万一的心态，最后把工作场所变成了杂物馆，所以对管理者而言，准确地区分需要还是想要，是非常关键的问题。

如何区分必需品和非必需品呢？

所谓必需品（图9-4），是指经常必须使用的物品，如果没有它，就必须购入替代品，否则就会影响工作。

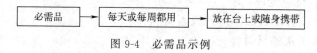

图 9-4　必需品示例

必需品的使用频率可能是每小时或每天都要用，也可能每一周都要用。凡是它的使用频率为每小时或每天及每周都要用到的，就称为必需品（图9-4）。

它的处理方法就是放在随手可以拿到的工作台上、工具橱里，或是随身携带，如笔就是我们经常要用的必需品。

非必需品则可分为两种（图9-5）。

图 9-5　非必需用品示例

① 使用周期较长的物品，即一个月、三个月甚至半年才使用一次的物品，如样品、文件、零配件等。

② 对目前的生产或工作无任何作用的，需要报废的物品。它又包括以下两种。

a. 非必需用品。如维修工具，可能不是每天要用，也可能不是每周都要用，但它可能每隔一段时间或每个月会用到一两次，也许半年或一年才会用到几次，就叫非必需用品。

b. 不能用的物品。如过期的文件、样品，处理方法只有一种，就是放在仓库。有一种东西，是必须要封存的，一年或两年才会用到的，像这一类的东西应放在仓库里封存，同时把非必需用品摆在库里后，建立档案，并定期地检查。

试用一下：

请检查一下你宿舍里或你的杂物橱里，哪些是必需品，哪些是非必需品？对非必需品，你是如何进行妥善处理的？对于必需品，你又如何摆放它的顺序？

第三步：清理非必需品。

清理非必需品时必须明确物品现在有没有使用价值，也就是说，要注意使用价值，而不是原来的购买价值，也就是使用价值大于购买价值。

要重点清理以下用品：货架、工具箱、抽屉、橱柜中的杂物，过期的报刊、杂志，空的罐子，已损坏的工具或器皿，仓库墙角、窗台、货架，甚至货柜顶上摆放的样品，长时间不用或已不能使用的设备、工具、原材料、半成品、成品，在你的办公场所或生产场所、桌椅下面、设备下面，还有报废的设备、工器具、文具以及过期的文件、表格、速记记录等。

第四步：非必需品的处理（图 9-6）。

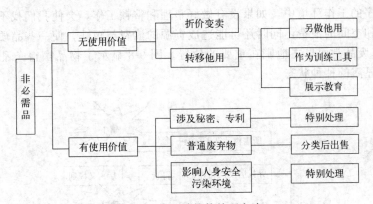

图 9-6 非必需品的处理方法

第五步：养成每天循环整理的习惯。

整理是一个永无止境的过程，现场每天都在变化，昨天的必需品，今天就可能是多余的。今天生产蒸制产品，蒸盘是必需的，但生产油炸产品，蒸盘还放在现场就是多余的，今天的需要与明天的需求必然有所不同。

总结：整理，是一项日日在做、天天要做的工作，是一个每天循环的过程。要区分出哪些是该用的，哪些是不该用的；区分出哪些是必需品，哪些是非必需品，对于非必需品要时时刻刻地进行清理，要区别非必需品是有价值还是无价值，养成一种良好的习惯。只有这样才会不断地进步。

9.2.2 整顿

9.2.2.1 整顿的含义

将必要物品定量、定位放置好，便于拿取和放回，避免"寻找的浪费"（图 9-7）。

整顿就是研究如何提高效率的科学，也就是如何能立即取得物品或放回原位。随意摆放物品必然不会使你的工作速度加快，它只会增加找寻的时间。

9.2.2.2 整顿的意义

整顿就是把需要的人、事、物加以定量、定位。通过前一步整理后，对生产现场需要留

下的物品进行科学合理的布置和摆放，以便
用最快的速度取得所需之物，在最有效的规
章、制度和最简捷的流程下完成作业。

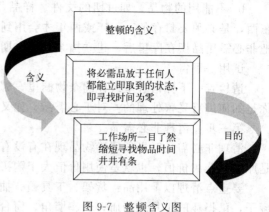

图 9-7　整顿含义图

9.2.2.3　如何整顿

① 物品摆放要有固定的地点和区域，以
便于寻找，消除因为混放而造成的差错。

② 物品摆放地点要科学合理。例如，根
据物品使用的频率，经常使用的东西应放得
近些（如放在作业区内），偶尔使用或不常使
用的东西则应放得远些（如集中放在车间某
处）。

③ 物品摆放目视化，做到定量装载的物
品过目知数，摆放不同物品的区域采用不同的色彩和标记加以区别。

9.2.2.4　整顿的作用

在杂乱无序的工作环境中，如果没有做好整理和整顿工作，会使我们找不到要使用的物
品，造成时间和空间的浪费，同时还可能造成资源的浪费与短缺，使一些品质优良的物品沦
为"废品"，使废品堂而皇之地躺在重要的位置。图 9-8 显示了物品摆得杂乱无章，工作人
员寻找物品时显露的种种状态。

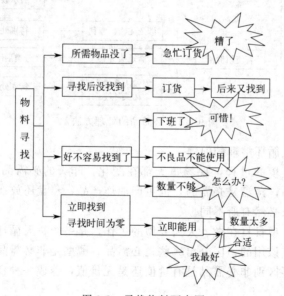

图 9-8　寻找物料百态图

整顿定出了物品摆放的标准化，什么东西放在哪里、有什么用途就一目了然，并养成一
种习惯。整理工作没有落实必定会造成很大的浪费，通常有以下几种：①寻找时间的浪费；
②停止和等待的浪费；③认为本单位没有而盲目购买所造成的浪费；④计划变更而产生的浪
费；⑤交货期延迟而产生的浪费。

综上所述，整顿的作用总结如下：

① 提高工作效率，将寻找时间减少为零。

② 异常情况（如丢失、损坏）能马上发现。

③ 非现场操作人员也能明白要求和做法。

④ 不同的人去做，结果应是一样的（已标准化）。

9.2.2.5 整顿的推行要领

（1）要领之一：彻底地进行整理

① 彻底地进行整理，只留下必需品。

② 在工作岗位只能摆放最低限度的必需品。

③ 正确地判断出是个人所需还是班组共需品。

（2）要领之二：确定放置场所

① 放在岗位上的哪一个位置比较方便？进行布局研讨。

② 可以预先画一张布局图，便于布局规划。

③ 将经常使用的物品放在工作地点的最近处。

④ 特殊物品、危险品必须设置专门场所并由专人来进行保管。

⑤ 物品放置要100％定位。

（3）要领之三：规定摆放方法

① 产品按性能或按种类来区分放置。

② 摆放方法各种各样，例如，架式、箱内、工具柜、悬吊式，各个岗位提出最适合各自工作需要的想法。

③ 尽量立体放置，充分利用空间。

④ 便于拿取和先进先出。

⑤ 平行、直角、在规定区域放置，不要随意摆放。

⑥ 堆放高度应有限制，一般不超过1.2m。

⑦ 容易损坏的物品要分隔或加防护垫保管，防止碰撞。

⑧ 做好防潮、防尘、防锈的三防措施。

（4）要领之四：进行标识

① 采用不同颜色。

② 用地板砖或栅栏来划分区域。

③ 文字标识和统一符号标识（如交通信号）。

目视管理——标识的作用：目视管理是一种既简单、又很有效的管理方法。其定义为"一看便知"。每个人都能"一看便知"，既方便又减少找寻所浪费的时间，也不会被误用，因此工作效率自然会提高，异常事故也会减少。

9.2.2.6 整顿的检查要点

（1）整体

① 工作场所中是否有固定的位置摆放东西并加以标明？

② 是否按照直角平行的原则放置？

③ 为了进行整顿而追加的架子等，是否有保证？

④ 是否试图进行空间的立体利用？

⑤ 放置方法是否存在危险？

（2）操作工具

① 操作工具的架子上，是否有明确标识并按照正确顺序放置？

② 工具是否放在使用地点的附近（10cm以内）？

③ 工具是否采用吊起下垂式（一旦放手就恢复原位）？

④ 常用的工具是否就在手边？

⑤ 为了保证工具回到指定位置，是否采用描影方式、色彩区分方式或者镶嵌式？

（3）切割工具

① 很少用得到的工具是否大家共同使用？

② 是否在确定最小必要限度的数量后，不再保留多余的数量？

③ 切割工具是否实现统一规格？

④ 工具是否按照种类进行分别放置？是否分类标示？

⑤ 专用工具和公用工具是否分开，保证能够要用时立刻拿到手？

（4）测量工具、测量设备等

① 放置地点是否采取了防止震动的方法？

② 是否设置了隔断，防止工具滚动？

③ 定盘在不用的时候是否盖上盖子？

④ 包括定盘在内的测量工具类，是否采取了方法防止灰尘进入？

⑤ 测量仪器、测量设备等，是否进行定期检查？

（5）在制品

① 是否制定了标准在制品量？

② 是否设定了在制品的放置场地？

③ 在制品的数量和放置场地，是否所有的人都能够一目了然？

④ 在制品被放在指定场所之外时，是否被当作异常状况？

（6）零部件仓库

① 零部件货架上是否有明确标识？

② 零部件货架上放置何种东西，是否有明确的种类标识？

③ 零部件箱中，是否都有种类或者条码、编号等的标识？

（7）加工车间作业现场

① 在主要通道上，是否有通道的标识？

② 垃圾箱、台车等的放置场地，是否画线来标示指定位置？

③ 零部件箱的堆放是否按照指定的基准高度？

④ 标示物品或者张贴物品是否放在容易看到的地方？

⑤ 长的物品是否放在地面？

⑥ 控制箱或者操作箱中是否有关不上的？

⑦ 地面是否有凹陷、突起物、破损等？

⑧ 在易打滑的地方是否采取对策防止滑倒？

⑨ 灭火器的周围是否放有别的物品？

⑩ 是否根据油品的种类用不同的颜色进行标示？

（8）文件

① 文件是否按照一定的顺序摆放？

② 资料原件和其他的文件是否分别存放？

③ 对文件夹中的文件是否按照类别分别标明标题？

④ 各个标题中的文件是否按照一定的规则分类？

⑤ 把指定的资料取出的时间是否都能在 30s 以内？

9.2.2.7 进行"整顿"时管理上的要点

（1）归置放置场地

① 为了归置放置场地，需要最小限度地追加一些货架或者箱子。

② 设法对空间进行立体利用。

（2）按照正确顺序排列和表示现有物品

（3）提高和整顿相关的部门的管理职能

① 对接收材料、加工日程等的工程管理方面的职能，应当加以提高（减少在制品）。

② 贯彻质量管理，保证不拿次品交货（因为次品也属于在制品）。

9.2.2.8 推行整顿的步骤

推行整顿，要根据 PDCA 循环原理，不断地循环完善，达到最佳的物品摆放状态，每一循环分为 4 个步骤：分析现状、物品分类、决定储存方法、实施。

（1）分析现状

人们取放物品时为什么会花很多的时间，追根究底有几个原因：①不知道物品存放在哪里。②不知道要取的物品叫什么。③存放地点太远。④存放的地点太分散，物品太多，难以找到。⑤不知道是否已用完，或者别人正在使用，找不着。

把上述原因归纳起来进行分析后所得到的结论就是：对于现状没有分析。

所以在日常工作中必须对必需品的名称、物品的分类、物品的放置等情况进行规范化的调查分析，找出问题所在，对症下药。在进行分析时，从物品名称、物品分类，还有物品放置这几个方面进行规范化。

（2）物品分类

在整顿时，要根据物品各自的特征进行分类，把具有相同特点或具有相同性质的物品划分到同一个类别，并制定标准和规范，确定并标识物品的名称。

如工器具（又分随时用的和偶尔用的）、消毒用品、消毒剂、洗刷用具、洗刷容器等。

（3）决定储存方法

对于物品的存放，一般应进行定置管理。定置管理是根据产品工艺流程和工序特点，按照人的生理、心理、效率及安全的需求来科学地确定物品的场所和位置，实现人与物的最佳结合的管理方法，通俗地说就是达到"三易"（易取、易放、易存储）和"三定"（定位、定量、定容）。

定置管理的两种基本形式为固定位置和自由位置。

固定位置，即场所、物品的存放位置、标识等三方面都要固定。

① 场所的固定　如这个物品应该摆在流水线或某区域的固定位置。

② 物品标识固定　如这个物品名称及注意事项，防潮、轻放、勿倒置、危险等。

③ 物品存放的位置要固定　也就是这个物品固定存放的位置，未经许可不得移动。

自由位置，与固定的方式相比，物品的存放有一定的自由度。这种方法适用于物流系统中的那些不用放回去，不重复使用的物品，比如原材料、包装物料、半成品等。

这些物品的特点就是按工艺流程的顺序规定，不停地从上一道工序提供到与它相连的下一道工序这样一种供需的流动，一直到最后生产出成品出厂。

所以，对每个物品来说，在每一道工序加工以后，一般不再回归到它原来所在的场所。这些物品的标识可以采用可移动的标识牌，如更换的插牌等标识，以便于清晰地对不同物品加以区分。

（4）实施

按照决定的储放方法，把物品放在该放的地方，不要存在有些物品没地方放的现象。存放时要达到以下要求：

    ① 工作场所的定置要求；

    ② 生产现场各工序、岗位、机器的定置要求；

    ③ 工具箱的定置要求；

    ④ 仓库的定置要求；

    ⑤ 检查现场的定置要求。

对以上定置要求都要有明确的规定，按照这些规定，进一步具体地实施。

试用一下：

在宿舍或朋友的宿舍里，有没有因为用了别人的擦脚毛巾擦手，或自己的擦脸毛巾被别人用来擦脚或当作抹布使用的尴尬？

试想将自己的物品根据用途放在最顺手最合适的位置，并加以标识，还会发生这样的情况吗？

总结：整顿是整理的进一步，整顿是以整理为前提和基础的。在日常的工作过程中，要做好整顿工作，就要从我做起，从身边的每一件小事做起，从每一点一滴做起，做好自主管理。为创造优美的工作环境而努力。通过整理、整顿，使空间得到最佳利用，使运输距离得到缩短，减少装卸次数，切实做到安全防护，最终达到操作便利，心情舒畅，费用最少，形成统一规范、和谐的环境布局。

9.2.3 清扫

9.2.3.1 清扫的含义

将工作现场变得没有垃圾、灰尘，干净整洁，将设备保养得非常好，创造一个一尘不染的环境（图9-9）。对食品来说，清洁还包括清除看不见的污染——微生物，所以，清扫还包括了消毒过程。

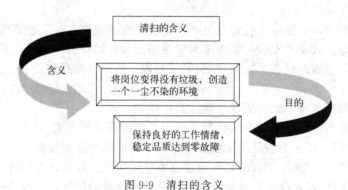

图9-9　清扫的含义

如果您能将岗位上出现的垃圾马上清扫掉，做到始终保持整洁干净，您就会引来许多赞许的眼光："啊！多干净的工作岗位。"干净、清洁的工作环境让人感觉到身心愉快，同时也是保证食品卫生的基础。

9.2.3.2 清扫的意义

"清扫"就是生产现场处于无垃圾、灰尘的整洁状态。不管是家庭、工厂，还是个人，不管从事什么工作，清扫都是必要的。换句话说，不管开展什么工作，都会有垃圾和废物，而清扫这些垃圾、废物以及外部环境带来的灰尘都是必然要开展的工作。可以这么说，清扫本身就是日常工作的一部分，而且是所有工作岗位上都会存在的工作内容。

我们还可以把清扫的对象扩大一些，将现场存在的影响人们工作情绪和工作效率的东西都当作清扫的对象。于是，就产生了美化工作环境、活跃工作气氛、缓和人际关系等效果。像有的企业的生产车间里，工人自发地利用假期在车间的角落里修了小公园，在工作现场就可以看见小桥流水，或对休息室进行改造，变得富有家庭气氛，从而能让大伙儿得到更好的休息。

9.2.3.3 清扫的目的

① 消除不利于产品质量、环境整洁的因素。

② 减少对工人健康的危害。

9.2.3.4 清扫的作用

① 通过整理、整顿，使物品处于能立即取到的状态，取出的物品完好无损，再进行清扫和消毒。

② 保证清洁的环境，没有附着物、易松脱物、易碎物等，杜绝异物隐患。

③ 保证基本的卫生环境，减少微生物的交叉污染。

④ 远离消毒剂、清洁剂、润滑油等物质的污染。

⑤ 稳定产品卫生质量。

灰尘和微生物：

灰尘虽小，但它的破坏作用却很大（图 9-10）。机器上有灰尘，就会造成氧化，就会腐蚀设备而使设备生锈。腐蚀、生锈易造成接口松动、脱落，零部件变形，甚至产生断裂，发生故障，所以，灰尘的危害的确很大。清扫就是要让我们的岗位以及我们的机器设备没有灰尘。

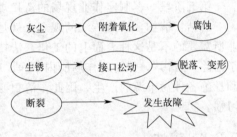

图 9-10　灰尘的影响图

因此在企业里，员工要关注设备的微小变化，细心维护好设备，为设备创造一个无尘化的使用环境，只有这样，设备才能做到"零故障"。如果设备有灰尘，那故障自然也会相应增加。

目前，国际上出现很多无尘化、无人化的工厂。所谓"无人化工厂"也并非真正没有人，而是自动化程度非常高，工作人员数量很少。有人说，无人始于无尘，也就是说，高度自动化的企业若能真正保证无人运转顺利、稳定，首先就要做到无尘。

据世界卫生组织报道，全球每年发生腹泻的病例数高达十几亿，重大食品卫生事件时有发生，令全球恐慌。这些事件很大程度上归咎于各种致病性微生物污染的食品。而保证清洁卫生的食品生产环境，减少交叉污染的发生，是保证食品卫生安全的基础条件之一。

9.2.3.5 清扫的推行要领

推行清扫的要领，可概括为以下 4 点：① 人人参与，责任到人；② 与点检、保养工作充分结合；③ 调查污染源，予以杜绝；④ 建立清扫基准，作为规范。

清扫就是使岗位达到没有垃圾、脏污的状态。经过前面的整理、整顿，虽然要的东西马上就能取得，但是被取出的东西是否能正常使用呢？因此，清扫的第一目的就是要使工具等能正常使用。

最高领导要以身作则，清扫需要每一个人的参与，责任贯穿到每一个人，明确每个人清洁的区域，分配区域时必须绝对清楚地划分界线，不能留下无人负责的区域，即不能留死角。

清扫与点检、检查、保养工作要充分地结合，杜绝污染源，最终要建立清扫的标准。

9.2.3.6　推行清扫的步骤

作业现场假如又脏又乱，在这种环境下工作，心情就不会很好。工作时自然会希望有一个整洁美丽的环境，做到这一点的关键是要制度化、经常化，偶尔临时大会战、大扫除，即使全力以赴，也难以全部整理干净。平常我们每个人要先从自己身边做起，然后再扩展到现场的每一个角落，开展整个作业场所的清洁活动。

清扫要分五个阶段来实施。

第一阶段——将地面、墙壁和窗户打扫干净。

在作业环境的清理中，地面、墙壁和窗户的清扫是必不可少的，只要地面干净就足以使人的心情变得很愉快，更何况墙壁和窗户也非常干净。任何人处在这样的作业环境中时，都会产生"多干净啊，我不忍心也不好意思将它弄脏了"的感觉。清扫时，要探讨作业场地的最佳清扫方法，了解过去清扫时出现的问题，明确清扫后要达到的目的。

第二阶段——划出表示整顿位置的区域和界线。

第三阶段——将可能产生污染的污染源清理干净。

第四阶段——对设备进行清扫、润滑，对电器和操作系统进行彻底检修。

第五阶段——制定作业现场的清扫规程并实施。

总结：清扫，按照传统的观念，就是把垃圾扫起来，把脏的地方弄干净。但是，现代企业所需要的不是这种表面上的工作。清扫不仅仅是打扫，而是加工过程的一部分，清扫，除了清除"脏污"，保持工作场所内干净、明亮外，还要排除一切干扰正常工作的隐患，防止和杜绝各种污染源的产生。因此，清扫要用心来做，必须人人动手，认真对待，保持良好的习惯。

9.2.4　清洁

9.2.4.1　清洁的意义和目的

（1）清洁的意义

所谓"清洁"，不单是我们所说的干净、清洁的意思，而是指维持和巩固整理、整顿、清扫而获得的结果，保持生产现场任何时候都整齐、干净。作业现场洁净明亮，会使人心情愉快，有利于提高工作效率。

（2）清洁的目的

重复做好整理、整顿、清扫，维持前3S的成果，并使之制度化、规范化，包括不清洁现象发生时的对策，以达到时刻保持清洁的状态（图9-11）。

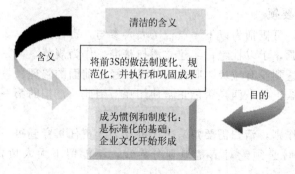

图 9-11　清洁含义图

清洁，是一个企业文化建设开始步入正轨的重要步骤，必须充分利用它，以实现全面标准化并持续改善，提高工作效率。

清洁包含以下意思。

① 清洁是3S活动的代名词。如果有人说"搞一下清洁活动"，事实上是指进行整理、整顿、清扫等活动。

② 清洁是5S活动中的稳定、提升阶段，是对现有不足提出反省、对策，并为活动的深入开展铺垫基础。

③ 清洁要将3S活动的活动内容标准化、习惯化。

9.2.4.2 清洁的作用

（1）维持作用

清洁起维持的作用，将整理、整顿、清扫后取得的良好成绩维持下去，成为公司内必须人人严格遵守的固定的制度。

（2）改善作用

对已取得的良好成绩，不断地进行持续改善，使之达到更高更好的境界。

① 贯彻5S的意识，寻找有效的激励方法，让企业内部的全体员工每天都对本公司正在进行的5S评价活动持有饱满的热情。

② 坚持不懈，一时养成的坏习惯要花10倍的时间去改正，如果不能坚持，很快就会恢复原样，整理、整顿、清扫的效果很快就消失。

9.2.4.3 不清洁的弊端

（1）前功尽弃

整理、整顿、清扫活动一旦开展就必然要展开清洁化维持活动，否则前功尽弃。

推进者千万不要放松推进力度，也不要为这种"动荡"局面而担忧，只要你坚持下去，局面自然就会明朗起来。相反，如果自己先放弃了，那么之前所做的一切都白费了，用不了多久，你会发现一切如故，甚至成为别人的笑柄。

（2）企业文化的基础无法形成

什么是企业文化？从小层面来说，是这家企业的经营管理手法如何。不要小看了现场中的一个污点，多增加一个污点，就意味着要多花一份清洁工时，多一套清扫工具。这些多余的工作，并不会为工厂带来任何利润，久而久之人们甚至会熟视无睹，听之任之，这也是一种企业文化。

9.2.4.4 清洁推行要领

① 落实前3S的工作。

② 制定目视管理、颜色管理的标准。

③ 制定检查、考核的方法。

④ 制定奖惩制度，加强执行。

⑤ 维持5S的意识。

⑥ 高层主管经常带头巡查，带头重视。

推动5S并不是某一个人的事，而是每一个人的事，领导者必须以身作则，要持续不断，坚持不懈，必须树立这样一种观念：一就是一，二就是二，对长时间养成的坏习惯，必须长时间地坚持进行改正。

9.2.4.5 清洁的实施方法

如果保持作业现场的清洁，工人就会有愉快的心情，现场洁净明亮，也能提高工人的干劲，这对提高企业的生产效率是非常有利的。

不进行清扫而要保持干净的做法是没有的，也是不可能的。如果清除地板上顽固的污垢、补刷墙壁上脱落的涂料、将现场到处都擦拭得洁净明亮，这样就会改变现场的气氛，从而使工人的心情舒畅。

在实施的过程中，要不断对不足之处进行纠正，并且再次对 3S（整理、整顿、清扫）的意义进行认识，使员工的认识呈螺旋形上升。所以，为了真正地维持 3S（整理、整顿、清扫），就要在整个企业全面地进行宣传和教育，用巡回检查、5S 报道、宣传画、标语、举行参观交流会等各种形式来加强员工的 5S 意识，使 5S 活动不断具有新鲜感。

（1）制定专门的手册

整理、整顿、清扫的最终结果是形成"清洁"的作业环境。要做到这一点，动员全体员工参加整理、整顿是非常重要的，所有的人都要清楚应该干些什么，在此基础上将大家都认可的各项应做工作和应保持的状态汇集成文，形成专门的手册，从而达到确认的目的。

清洁手册要明确以下内容：

① 作业场所地面的清洁程序、方法和清扫后的状态；

② 确立区域和界线，规定完成后的状态；

③ 设备的清扫、检查的进程和完成后的状态；

④ 设备的动力部分、传动部分、润滑油、油压、气压等部位的清扫、检查进程及完成后的状态；

⑤ 工厂的清扫计划和责任者，规定清扫实施后及日常的检查方法。

（2）明确"清洁"的状态

所谓清洁的状态，包含 3 个要素。第一是"干净"；第二是"高效"；第三是"安全"。这就是我们称之为缺一不可的"清洁的状态"。

在开始时，要对"清洁度"进行检查，制定详细的检查表，以明确"清洁的状态"。

① 地面的清洁状态应该是怎样的状态。

② 窗户和墙壁的清洁状态应该是怎样的状态。

③ 操作台上的清洁状态应该是怎样的状态。

④ 工具和工装的清洁状态应该是怎样的状态。

⑤ 设备的清洁状态应该是怎样的状态。

⑥ 货架和放置物资场所的清洁状态应该是怎样的状态。

只有明确了这些清洁的状态之后，才可以进行清洁检查。

（3）定期检查

同清洁的状态相适应的，比保持清洁更重要的要素是保持场地高效率作业。为此，不仅在日常的工作中检查，还要定期地进行检查。检查对象虽然和检查表的内容相同，但是这些不仅仅是单指"清洁度"，而且是要检查"高效的程度"，效率是定期检查的要点，这同样需要制定检查表。

检查要求现场的图表和指示牌设置位置合适，提示的内容合适，安置的位置和方法有利于现场高效率运作；现场的物品数量合适，没有多余的。

9.2.4.6 推行清洁的步骤

第一步：对推进组织进行教育。

第二步：整理、区分工作区的必需品和非必需品。

第三步：向该岗位作业者进行确认说明。

第四步：撤走各岗位的非必需品。

第五步：整顿、规定必需品的摆放场所。

第六步：规定摆放方法。

第七步：进行必要的标识。

第八步：将放置及识别方法对作业者进行说明。

第九步：清扫并在地板上画出区域线，明确各责任区的界线和清扫的责任人。

以上步骤按 PDCA 循环重复进行，具体为：制定一套保持制度（P），持续地进行整理、整顿、清扫的各项活动（D），发现问题并对发现的问题作及时反馈（C），对反馈的问题作及时修正（A），这样就能持续保持工作环境清洁卫生的状态。

9.2.4.7　清洁的推进方法

（1）维持全员的 3S 意识

整理、整顿、清扫推进快的话，不出一星期现场面貌就会大为改观，材料、设备、辅助设施的摆放、使用看上去有板有眼。如果推进再细致一点的话，现场面貌就会井井有条，有点现代企业的"味道"。此时推进者（管理者）不要高兴得太早，也不要就此打住。

前面的 3S 活动只改善了材料、设备、环境（生产设施）的定位和使用，而作为这些活动的实施者——人还没有真正从思想上接受和养成习惯，一旦松懈，又会退回以前的状态。所以，清洁阶段的要点是维持，稳住已经取得改善的成果。

要让全员明白 3S 活动，只有靠所有人员的持续推进，才能达到良好的效果。

多使用早晚会、企业内部报刊、上司巡查、标贴画、标语、清洁化活动周等手段，大力宣传、营造新鲜声势。

（2）创造 3S 继续改善的契机

很少人会主动提出想要参观其他部门或其他公司 3S 活动推进好的地方，有的管理人员甚至误以为自己主动提出想参观，岂不是证明自己部门的 3S 活动没搞好，因而不提，反正跟着做就是了。因此，高级管理人员要适时推进各部门的相互参观学习，同时亦要设法建立和外界保持对等参观学习的途径。

清洁不仅仅是"干净、整洁和卫生"，而且还包括"美化"。也就是说，除了维持前 3S 的效果以外，更要通过各种目视化管理来进行点检工作，消除各种"异常"情况，让工作环境保持良好的状态。

9.2.5　修养（素养）

9.2.5.1　修养的含义

修养就是遵守规定的事项，并养成习惯（图 9-12）。

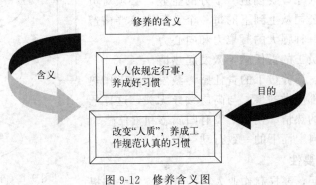

图 9-12　修养含义图

让企业每位员工从上到下，都认识到"我是一个员工，应如何进行整理、整顿以及清扫，并保持清洁"，进而发展为每个人都能严格遵守公司的规章制度和工作纪律，每个人都知道要在企业里成长，就必须从内而外主动积极配合公司的要求，都能认识到"我要成长，我做好了，企业才能做好"，从而培养员工的良好素质。

9.2.5.2　修养的作用

① 教育培训，保证人员的基本素质。

② 推动 4S，直至成为全员的习惯。

③ 使员工严守标准，按标准作业。

④ 形成温馨明快的工作氛围。

⑤ 塑造优秀人才并铸造战斗型的团队。

⑥ 是企业文化的起点和最终归属。

修养，必须制定相关的规章和制度，进行持续不断的教育培训，持续地推行 5S 中的前 4S，直到成为全公司员工共有的习惯，每一个人都知道整理、整顿、清扫、清洁的重要性，要求每一个员工都严守标准，整理、整顿、清扫、清洁都要按照标准去作业。

9.2.5.3　修养的意义

① 修养要求通过人的更进一步努力，将好的工作方法保持下去，并形成习惯，最终达到所有生产要素和谐、完美统一。

② 修养是确保各种生产要素安全运作，工厂各种标准化事务推进的最重要手段之一。

③ 修养是除了金钱、待遇等物质激励手段以外，提高人们工作积极性的有效手段之一。

④ 修养同时是社会进步的前提。

9.2.5.4　修养的推行要领

第一步：持续推行 4S 直到成为全员共有的习惯。

通过 4S（整理、整顿、清扫、清洁）的手段，让每一个员工都能够达到工作的最基本要求，就是修养。

第二步：制定相关的规章制度。

规章制度是员工行为的准则，是让人们达成共识，形成企业文化的基础。制定相应的语言、行为等方面的各种员工守则，帮助员工达到修养最低限度的要求。

第三步：教育培训。

员工就好像是一张白纸，及时进行强化教育是非常必要的。如果一个企业到处脏乱差，通道不畅通，这样的工作环境根本留不住人才。要创造一个好的企业，必须对员工进行教育培训，公司从上到下的每一个人都应该严格遵守规章制度，形成一种强大的凝聚力和向心力。

第四步：培养员工的责任感，激发起热情。

有的企业认为，培养员工的责任感，激发他的工作热情，那是人力资源部应做的事，与高层领导无关，这样的企业很难激发员工的热情，使员工没有归属感和责任感。

所以，修养是自上而下的一致行动（图 9-13）。

9.2.5.5　修养的必要性

强将手下无弱兵，要提高作业人员的修养，首先得提

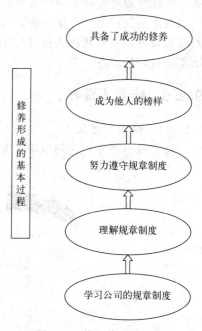

图 9-13　推行修养步骤图

高管理人员自身的修养。良好的修养不是一朝一夕的培训可以获得的，为了确保工作进展顺利，有时需要强制执行。在企业中也是同样的道理，只有每一个人遵守各项规章制度，养成良好的工作习惯，那么这家企业才可能获得本质上的进步。由于人与人存在行事差异，如果放任自流不管，必然导致各种不同行事结果。这对任何一家企业来说都是不利的，企业需要和谐，需要凝聚力，需要团队协作精神，需要每一个成员遵章行事。要达到这一点，就得对人力资源进行开发、培训、管理。一家企业既然录用了某员工，就有责任及义务帮助该员工提高修养，而不能把他当作"一台全自动机器"，拿来就用。提高员工的修养是企业经营者的责任所在。每一个员工的修养提高，企业才有可能向更高的一个目标迈进。

9.2.5.6　不修养的弊端

① 3S 活动流于形式。

②"标准"成为挂在墙上的一纸空谈。

③ 人员无法和睦相处。

④ 企业社会形象欠佳。

9.2.5.7　修养的推进步骤

制定、完善《规章制度》。伴随着企业从小到大，从弱到强的扩展进程，《规章制度》也是从无到有、从简到全地演变着。《规章制度》是企业内部的"法律"，不是饭馆里可有可无的"菜单"，既然是"法律"就得遵守，这是每一个组织成员的使命所在。

修养不但是 5S 的最终结果，更是企业界各主管期盼的终极目标。在 5S 活动中，我们不厌其烦地指导员工做整理、整顿、清扫、清洁，其目的不仅仅在于希望员工将东西摆好，设备擦拭干净，更主要的是通过细琐、简单的动作，潜移默化地改变气质，养成良好的习惯。

9.3　5S 在食品企业的执行

9.3.1　食品企业推行 5S 管理的指导思想

"民以食为天"这句俗语充分说明了食品对人类的重要性。全球曾爆发过一些食品安全的事故，如欧洲疯牛病和口蹄疫、日本"雪印"牛奶污染、比利时二噁英"毒鸡"案、美国的金黄葡萄球菌和李斯特菌中毒、日本的"O157"事件以及禽流感等，给人们敲响了警钟，"食以安为先"的提出与"民以食为天"并列，食品安全成为各国政府和企业以及消费者关注的焦点。

为了保证食品安全，各国都制定了法律法规和相关标准，并采用各种控制措施，如GMP、SSOP、ISO 9001 和 HACCP 体系等，可能有人要问，食品行业有了这么多规范的体系来管理，还需要推行 5S 吗？答案是肯定的，良好操作规范（GMP）、标准卫生操作规范（SSOP）、危害分析和关键控制点（HACCP）是对食品生产环境和食品安全的要求和控制手段，而 5S 则是实现这些要求、保证这些控制手段得以实施的方法和途径。

整理、整顿配合标识管理，可以保证化学药品和食品添加剂的有效管理，防止非预期的使用；清扫、点检和修养，可以有效控制和预防物理危害，及时发现和处理设备上松动的螺丝等预脱落物；清扫、清洁则可以保证高效、清洁、卫生、安全的生产环境，防止交叉污染的发生；修养则是培养员工讲卫生、工作认真的良好习惯，这样 GMP、SSOP 和 HACCP中的相关要求和控制措施就能不折不扣地被自觉执行，保证控制措施的有效。

搞好现场管理，保证整齐清洁卫生的工作环境，同时通过规范员工的行为来改变员工的工作态度，使之成为习惯，塑造认真、负责、合作的优秀企业团队，是减少浪费、提高生产效率及保证食品安全和质量的基础工程。

9.3.2　食品企业推行 5S 管理的方法

9.3.2.1　企业推行 5S 的步骤

① 成立 5S 推动小组。

② 制订 5S 推动计划、目标及时间表。

③ 实施宣传策划，开展全员培训。

④ 按照计划时间检查。

⑤ 将检查中的不良点拍照公布。

⑥ 依照检查结果实施奖惩。

⑦ 循环推动、持之以恒。

企业在实施 5S 活动时，最重要的是要坚持。实施时不一定要完全按照 5 个项目实施，也有的企业依自身特性去掉其中某项而另外加入如安全、认真、准备等配合企业文化背景的项目，或按上述的 5S 而另加入其他项目如安全、服务成为 6S、7S 等。但不管是 6S 还是 7S，其实施的精神都已包含在上述的 5S 活动中。因此，一般以推行 5S 活动较为普遍。

在食品企业，推行 5S 可配合进行食品卫生知识的培训、产品质量月等活动，以加强各种管理的有机结合。

9.3.2.2　5S 推进的八大要诀

日本著名的顾问师隋冶芝先生，曾经对 5S 推进做过一个归纳总结，提出了推进 5S 的八大要诀。多年的运行实践证明了这八个要诀是一个非常系统的方法，一直沿袭到今天，所以很多企业在推动 5S 时都用这八个要诀来教育所有的员工。

(1) 要诀一：全员参与，其乐无穷

① 5S 的推动要做到企业上下全体一致，全员参与；

② 经理、科长、主任、班组长要做到密切的配合；

③ 小组活动是其中的一个环节。

因为推行 5S 的是一个车间或一个部门，在装配车间，主管就应该告知或教育员工整理、整顿、清扫的重要性，然后再进一步地告知每个人，要养成一种习惯，怎样进行整理、整顿、清扫。每一个人都能够做好以后，这个小组就可以做得更好。所以，5S 的活动的一个环节就是部门，每一个人都有责任；每一个责任都要环环相扣，也就是每一个领导干部之间都要环环相扣。

(2) 要诀二：培养 5S 的大气候

① 5S 的推动，不要秘密地行动，也不要加班加点来做，要全员认同。

5S 是一个非常简单的工作，只要大家知道整理、整顿、清扫，然后再进一步地提出方案，让大家做得更好。

② 充分地利用口号、标语、宣传栏。

让每个员工都能明白施行 5S 可以提升企业形象、提高品质，是替公司节约成本的一项最好的活动，也是企业迈向成功的重要途径。所以 5S 的一些口号、标语和宣传栏要让每个人都了解，5S 是非常简单但又每天每时每刻都要做好的 5 件工作。

③ 每个月要举行一次全员大会，厂长或总经理要表态。

(3) 要诀三：领导挂帅

① 最高领导要抱着我来做的决心，亲自出马。

② 交代每一个部门的经理或者科长要大力地推动。

③ 在推动的会议上，领导要集思广益，让大家积极地提出怎么做会更好。

（4）要诀四：要彻底理解 5S 精神

① 为什么挂红牌了，有改善的必要吗？应该避免说这种质问口气的话。

② 5S 推进要说明精神要点，让每个员工都自觉主动地去执行。

③ 在实行过程中，让大家参与，参观学习效果显著的 5S 的样板场所，看哪个班组做得最好，大家相互观摩，或给予指导，或提出更好的改进意见。

（5）要诀五：立竿见影的方法

① 整理的推进过程可以采取红牌作战的方法，也就是针对问题点亮红灯、亮红牌的具体方法，判断基准要明确。

② 整顿可以使用看板管理的方法，把形式和内容展示出来，让大家都能一目了然。

（6）要诀六：领导要巡视现场

① 巡视过程中要指出哪里做得好，哪里做得还不够。

② 巡视完毕后，要召开现场会议，将问题点指定专人及时地跟进解决。

③ 确认问题点的改进进度，责任人要细心研究改进方法，再向领导汇报最终成果。

（7）要诀七：上下一心，彻底推进

领导要有一种雷厉风行的良好作风，确立推进的体制和方式，这样才能上下齐心。全公司展开红牌作战，谁做错了就给予指正。

（8）要诀八：以 5S 作为改善的桥梁

通过推行 5S 来达到降低成本，提升产品质量的目的。在实际推行过程中，很多企业都发生过"一紧二松，三垮台，四重来"的现象，所以推行 5S 贵在坚持。

9.3.2.3 别让 5S 走进误区

企业在推行 5S 活动的时候，可能会遇到困难或遭遇失败。究其原因，对 5S 活动的一些错误认识，客观上阻碍了活动的开展，导致了活动失败，错误的认识通常表现在对 5S 的理解上出了偏差，或者说在对 5S 的认识上存在误区。

（1）误区一，5S 就是把现场搞干净

问题说明：抱这种态度的人并不了解 5S 活动的真正意义，混淆了 5S 和大扫除之间的关系。

正确认识：5S 和大扫除是有根本区别的，5S 活动不仅要把现场搞干净，最重要的通过持续不断的活动能够使得现场 5S 水平达到一定的高度，并且让员工养成良好的习惯。

（2）误区二，5S 是工厂现场的事情

问题说明：管理者所在的办公室 5S 水平低下，到了现场却大谈 5S 的重要性，要求员工做好 5S，认为 5S 活动只是现场的事。

正确认识：5S 是所有人的事情，只有全员参与，领导身先士卒，5S 活动才能取得良好的效果。

（3）误区三，5S 可以包治百病

问题说明：或者认为 5S 活动做好了即万事大吉，对管理没有更高的追求，或者在企业出现重大困难时，期待 5S 活动能够帮助解决问题。

正确认识：5S 是管理及改善活动的基础，在做好 5S 活动的基础上，要利用新的革新、改善方法来进一步提升管理水平。企业出现经营困难时，5S 并不能帮企业走出困境，最急切需要解决的也许是产品战略和营销战略等问题。

（4）误区四，5S活动看不到经济效益

问题说明：企业最高层疑问，做5S到底能带来什么效益上的好处？有些人借口：既然5S并不能带来什么经济效益，不参与也罢。

正确认识：尽管5S活动并不能带来效益上立竿见影的效果，但是可以肯定，只要长期坚持这项活动，作用是可以期待的。

（5）误区五，我们这个行业不可能做好5S

问题说明：这些人会以他的经验告诉你，他这个行业就是这样脏乱不堪，无法做好5S，他不知道，所有的发生源都是可以治理的。

正确认识：5S适用于各行业，正因为有各种各样的使得现场变得脏污的原因，才需要持续不断地推进5S活动来解决这些问题。

（6）误区六，5S活动太形式化

问题说明：认为5S活动有太多形式上的东西，看不到实质内容。

正确认识：只有从形式上把5S活动内容固定下来，并要求员工长期按要求重复这些活动，才能够真正让员工养成5S的习惯。

5S活动初期推动者会提出各种各样的活动形式，比如要求每天早上上班后要清扫自己的岗位5min，即使是干净的地方也要清扫到位，有人认为，太形式化了，看不到实质内容。

5S活动的理解和实践都告诉我们，要养成良好的5S习惯，就必须从5S的形式和实现这些形式的过程着眼。重视形式和过程，并不是对形式和过程本身的追求，而是为了通过长期的形式化的规范操作，使员工能够习惯成自然，变成自觉的行动。

（7）误区七，我们的员工素质差，搞不好5S

问题说明：认为员工的素质太差，做不好5S。

正确认识：事实上，做不好5S的根本原因不是员工的素质差，而是管理者自身出了问题。

有人认为，有些员工可能没有养成良好的习惯，但是他们如一张白纸，只要方法得当，让他们养成良好的5S习惯并不难。

（8）误区八，我们的企业这么小，搞5S没必要

问题说明：认为企业小，管理者有足够的时间和精力，用不着做5S活动也能把现场管理做得很好。

正确认识：做不做5S活动和企业的规模没有关系，再小的企业，让员工养成良好的5S习惯总是十分有益的。

（9）误区九，我们工作忙，没时间搞5S

问题说明：这是把5S与工作对立起来的错误认识，这种认识最容易传染，危害性极大。

正确认识：5S是工作的一部分，必须像对待工作一样对待5S。

这样的说法有两个方面的问题。首先，有这种认识的人认为5S是分外的事，并不是一项必须做好的工作。其次，没有认识到5S活动本身可以提升效率或为提升效率创造条件。因此，工作忙便成为不推进5S的理由。其结果是，越没时间做5S，现场就越乱。

本章习题：

1. 简述5S的含义。

2. 简述5S推行的目的和作用。

3. 简述企业推行5S的步骤。

本章思考与拓展：

在"理解和掌握食品质量安全市场准入制度""掌握 SSOP 和 GMP 体系"的学习情境中，强调食品生产者在保障人民群众"舌尖上的安全"中负主要责任，使学生深刻认识到"食品生产者是食品安全的第一责任人"。注重培养生产操作中的标准化意识，在原料验收、预处理、生产加工、贮藏保鲜、运输、销售等环节中，必须严格按照国家法律法规、食品标准以及环境卫生、个人卫生、设备卫生、生产工具卫生等企业要求进行标准化作业，以自身的专业知识和技术技能为国家食品安全事业贡献力量。

第**10**章

食品质量管理体系

在市场竞争日益激烈的今天，所谓"竞争"即质量的竞争，企业如何提高自身的质量，这是必须面对的问题。ISO 9000 质量体系是一个全员参与、全面控制、持续改进的综合性的质量管理体系，其核心是以满足客户的质量要求为标准。它所规定的文件化体系具有很强的约束力，它贯穿于整个质量管理体系的全过程，使体系内各环节环环相扣，互相督导，互相促进，任何一个环节发生脱节或故障，都可能直接或间接影响到其他部门或其他环节，甚至波及整个体系。

10.1 ISO 9000 概述

10.1.1 ISO 9000 产生的历史背景

10.1.1.1 世界各国军工质量经验为产生质量管理国际标准打下基础

第二次世界大战期间，世界各国急需大量高质量军事物品，但是当时的生产技术落后，如何提高产品的质量和数量来满足所需要成为当时每个国家最为关心的问题。20 世纪 50 年代末，美国发布了《质量大纲要求》，这是世界上最早的有关质量保证方面的标准。在军工生产中的成功经验被迅速应用到民用工业上，如锅炉、压力容器、核电站等涉及安全要求较高的行业，之后迅速推行到各行业中。尤其是 20 世纪 70 年代以后，科学技术在生产力发展中已处于突出地位时，许多企业已转变到通过开发新产品和提高质量来取得效益。

10.1.1.2 全球经济和技术发展的需要

随着全球经济和科学技术的不断发展，国际经济贸易和合作项目逐渐增多，竞争的激烈性也逐渐增强，但国际上商品的质量标准存在差别，许多国家为了维护自己的利益，故意提高进口产品的质量标准，在国际贸易间形成贸易壁垒。这种贸易壁垒包括法规、标准、检验和认证。由于这种贸易壁垒在某种意义上代表了先进的生产力，是难以要求拆除的，因此，只能通过掌握、适应它，进而打破和跨越它。而 ISO 9000 系列标准提供了一个全球统一的、详尽的和可操作的标准，质量管理和质量标准的国际化也逐步成为世界各国的需要。

10.1.1.3 生产经营者提高经济效益和竞争力的需要

自 20 世纪 70 年代以来，真正意义上的全球经济逐渐形成，因而所有的工业、商业性企业，哪怕是很小的地方性企业，均应从全球角度开发产品和市场，以适应全球性竞争。企业的全球战略逐步形成，而质量在全球性竞争中的重要性与日俱增。顾客对产品的质量有了更深的认识，同时琳琅满目的产品也为顾客提供了较多的选择机会，因此生产者为了提高经济效益和竞争力，不得不提高自己的产品质量，满足顾客的需求。制定国际化的质量管理和质量保证标准成为迫切的需要。

ISO（International Organization for Standardization），翻译成中文就是"国际标准化组织"，它是世界上最大的标准化组织，成立于 1947 年 2 月 23 日，前身是 1928 年成立的"国际标准化协会国际联合会"（简称 ISA），截至 2020 年 2 月，ISO 共有成员 164 个，其中正式成员 121 个、通讯成员 39 个、注册成员 4 个。ISO 9000 族标准是由 ISO/TC 176（国际标准化组织质量管理和质量保证技术委员会）组织制定的所有国际标准，是质量管理的国际通用标准，适用于各个行业。TC 176 即 ISO 中第 176 个技术委员会，它成立于 1980 年，全称是"品质保证技术委员会"，1987 年又更名为"品质管理和品质保证技术委员会"。

10.1.2 ISO 9000 修订与发展

1986 年，ISO 8402《质量——术语》定义修订；1987 年 3 月又发布了 5 个系列标准：

ISO 9000：1987《质量管理和质量保证标准——选择和使用指南》；

ISO 9001：1987《质量体系——设计/开发、生产、安装和服务的质量保证模式》；

ISO 9002：1987《质量体系——生产和安装的质量保证模式》；

ISO 9003：1987《质量体系——最终检验和试验的质量保证模式》；

ISO 9004：1987《质量管理和质量体系要素——指南》。

1987 版 ISO 9000 系列标准制订的时期，在当时世界各国的经济发展中占主导地位的是制造行业，因此，1987 版 ISO 9000 系列标准突出地体现了制造业的特点，这给标准的广泛适用性造成一定的限制。然而，随着全球经济一体化进程的加快，国际市场的进一步开放，信息技术的迅猛发展，市场竞争日趋激烈，世界各国及组织都在加强科学管理，努力提高组织的竞争力。这就需要标准能够满足各种类型使用者的需要，要求标准的结构和内容具有更加广泛的通用性，能够适用于提供各种类型的产品和规模的组织。

ISO 9000 族标准发展至今，修订可分为 4 个阶段。

第一阶段：1994 版 ISO 9000 族标准。

第一阶段修订为"有限修改"，仅对标准的内容进行技术性局部修改，并通过 ISO 9000 和 ISO 8402 两个标准，引入了一些新的概念和定义，如过程和过程网络、受益者、质量改进、产品（硬件、软件、流程性材料和服务）等，为第二阶段修改提供了过渡的理论基础。1994 年 7 月 1 日，ISO/TC 176 完成了第一阶段的修订工作，发布了 16 项国际标准，到 1999 年底 ISO 9000 族标准的数量已经发展到 27 项，从而提出了 ISO 9000 系列标准的概念。

第二阶段：2000 版 ISO 9000 族标准。

第二阶段修订为"彻底修订"，第 2 次修改是在充分总结了前两个版本标准的长处和不足的基础上，对标准总体结构和技术内容两个方面进行的彻底修改。2000 年 12 月 15 日，ISO /TC 176 正式发布了新版本的 ISO 9000 族标准，统称为 2000 版 ISO 9000 族标准。该标准的修订充分考虑了 1987 版和 1994 版标准以及现有其他管理体系标准的使用经验，2000 版 ISO 9000 族标准使质量管理体系有更好的适用性，更加简便、协调，它由 4 个核心标准、1 个支持标准、6 个技术报告、3 个小册子等组成。

第三阶段：2008 版 ISO 9000 族标准。

2004 年，各成员对 ISO 9001：2000 进行了系统评审，以确定是否撤销、保持原状、修正或修订。评审结果表明，需要修正 ISO 9001：2000。修正 ISO 9001 的目的是更加明确地表述 2000 版 ISO 9001 标准的内容，并加强与 ISO 14001：2004 的兼容性。2007 年 4 月，负责修订 ISO 9001 标准的 ISO/TC、176/SC、2/WG18 吸收了中国代表为注册专家，SAC/TC 15 成立了对口工作组，从 CD 稿（草案）开始，跟踪 ISO 9001 标准的修订情况。2008 版 ISO 9001 目的就是尽可能地提高 ISO 14001：2004《环境管理体系要求及使用指南》的兼容性。

第四阶段：2015 版 ISO 9000 族标准。

2015 年 12 月，2015 版 ISO 9000 发行，意味着 2008 版 ISO 9000 完成了其历史使命，退出历史舞台。ISO 一般是 5～8 年改一次版本，标准的转换时间一般为 3 年，也就是说各认证企业要在 2018 年进行质量管理体系的换版工作。2015 版 ISO 9000 族标准与 2008 版 ISO 9000 族标准相比较，有 26 个变化。

进行换版工作，也就意味着公司现有的质量管理体系相关文件制度应该规定最新的标准，必要时重建流程，理顺关系，为体系的有效运行奠定基础。

10.2 八项质量管理原则

2000 版 ISO 9000 族标准中，ISO 9000 标准起着确定理论基础、统一技术概念和明确指导思想的作用，具有很重要的地位。2000 版 ISO 9000 标准代替 1994 版 ISO 9000 标准，其在内容上有了很大变化。其中新增加的一个非常重要的内容就是八项质量管理原则。它是 2000 版标准的理论基础，又是组织领导者进行质量管理的基本原则。正因为八项质量管理原则是 2000 版 ISO 9000 标准的灵魂，所以对它的含义的理解和掌握是至关重要的，为此，本节专门介绍它。

10.2.1 以顾客为关注焦点

"以顾客为关注焦点"是 ISO 9000 族质量标准中所体现的最重要的原则，即组织依存于顾客。因此，组织应当理解顾客当前的和未来的需求，满足顾客需求并争取超越顾客期望。顾客是组织存在发展的基础，满足顾客的需要是组织的根本目的。

对一个国家来说，要想实现"质量兴国"，首先就是要引导企业树立"以顾客为关注焦点"的经营理念。揭秘世界 500 强企业，沃尔玛、百威、三星……这些企业的成功无不是从"关注顾客"做起的。世界 500 强成功的秘诀在哪里？为什么这些企业能够为消费者提供较为完美的产品质量和服务质量？从市场调研、产品设计与制作，到市场销售与服务，"每一环节都能充分考虑到顾客的需求"，不能不说是其最终赢得市场的根本因素之一。

10.2.2 领导作用

"领导作用"即领导者建立组织统一的宗旨、方向。所创造的环境能使员工充分参与实现组织目标的活动。

领导指的是组织的最高管理层，领导在企业的质量管理中起着决定性的作用，实践证明只有领导重视，各项质量活动才能有效开展。领导的作用，即最高管理者具有的决策和领导组织的关键作用。为营造良好的环境，最高管理者应制定质量方针和目标，确保关注顾客需求、确保建立有效的质量管理体系、确保应有的资源，并随时将组织运行的结果与目标进行比较，根据情况决定实现方针、目标及持续改进的措施。

领导要想指挥好和控制好一个组织，必须做好确定方向、提供资源、策划未来、激励员工、协调活动和营造一个良好的内部环境等工作。此外，在领导方式上，最高管理者还要做到透明、务实和以身作则。

10.2.3 全员参与

"全员参与"即各级人员都是组织之本。只有他们的充分参与，才能使他们的才干为组织带来收益。调动广大职工积极性、主动性和创造性应是组织一贯坚持的路线。

全体员工是每个组织的基础，组织的质量管理不仅需要最高管理者的正确领导，还有赖于全员的参与。所以要对员工进行质量意识、职业道德、以顾客为焦点的意识和敬业的精神教育，还要激发他们的积极性和责任感。此外，员工还应具备足够的知识、技能和经验，才能胜任工作，实现充分参与。

10.2.4 过程方法

过程是一种将输入转化为输出的相互关联或相互作用的活动，所有的工作都是通过过程完成的，有一个好的过程才能产生好的结果。将相关的资源和活动作为过程来进行管理，可以更高效地达到预期的结果。2000 版 ISO 9000 族标准把管理职责、资源管理、产品实现、测量、分析和改进作为体系的四大主要过程，描述其相互关系，并以顾客要求为输入，以提供给顾客的产品为输出，通过信息反馈来测定顾客的满意度、评价质量管理体系的业绩。任何利用资源并通过管理将输入转化为输出的活动，均可视为过程。任何过程都包括输入、输出、活动三要素，组织者经过精心策划每一个过程，任何过程的进行都要达到预期的输出。系统的

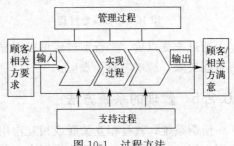

图 10-1 过程方法

识别和管理组织所应用的过程，特别是这些过程之间的相互作用，就是过程方法（图 10-1）。

过程方法鼓励组织要对其所有的过程有一个清晰的理解。过程包含一个或多个将输入转化为输出的活动，通常一个过程的输出直接成为下一个过程的输入。

在日常生活中有很多人喜欢喝茶，如果想喝茶必须有图 10-2 所示的一个过程。

如果现在恰巧身边又没有茶叶了，则还要有一个购买茶叶的过程（图 10-3）。

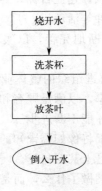

图 10-2 泡茶过程

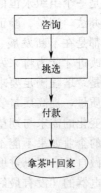

图 10-3 购茶过程

如果将上面两个过程合并就是如下过程（图 10-4）。

此过程就是直线型过程，此过程的优点是过程简单明了，过程控制方便；但是缺点也比较明显，那就是等待的时间长，浪费时间，造成时间的闲置。如果我们改变一下这个过程，将两个过程同时进行，其过程如图 10-5 所示。

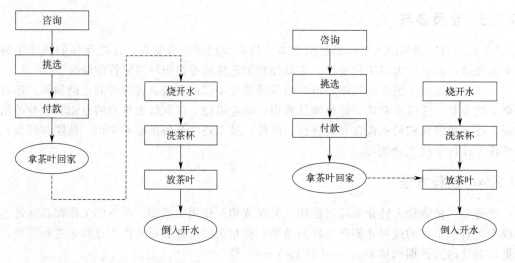

图 10-4　直线型过程　　　　　　　　　图 10-5　平行型过程

通过改变以后，平行型过程可以明显节省时间，缩短生产周期，但是缺点就是过程控制有可能失效，造成左右手效应。

10.2.5　管理的系统方法

所谓系统，就是相互关联或相互作用的一组要素。管理的系统方法就是通过各个分系统协同作用、互相促进，使总体作用大于各系统的单独作用。针对制定的目标，识别、理解并管理一个由相互联系的过程所组成的体系，有助于提高组织的有效性和效率。

在质量管理中采用系统方法，就是要把质量管理体系作为一个大系统，对组成质量管理体系的各个过程加以识别、理解和管理，以实现质量方针和质量目标。

10.2.6　持续改进

持续改进是一个组织永恒的目标。持续改进包括了解现状，建立目标，寻找、评价和实施解决问题的办法，测量、验证和分析结果，把更改纳入文件等活动。

任何事物都是在不断发展、进化，改善自身的条件，不断地完善，以实现永立不败之地。只有持续改进才能为将来发展提供快速灵活的机遇。

持续改进是"增强满足要求的能力的循环活动"。为了改进组织的整体业绩，组织应不断改进其产品质量，提高质量管理体系及过程的有效性和效率，以满足顾客和其他相关方日益增长和不断变化的需求与期望。只有坚持持续改进，组织才能不断进步。

再有实力的企业如果不能不断有效地改进自己的工作，都将像妇孺皆知的故事"龟兔赛跑"中那只高傲自负、不思进取的兔子一样，被自己的对手赶上甚至超越。

例如海尔电器的"没有最好，只有更好"说明，不是我们做了什么，而是我们能够做得更好。

实施过程中组织者实现持续改进的方法有以下 4 点：

① 为员工提供连续不断的学习和培训机会。

② 在组织内部不断地提高产品质量、过程方法以及系统中每一个独立过程。

③ 建立目标以指导、实施、目标跟踪，实现持续改进。

④ 对于在组织内部表现比较好的员工，要给予认可、奖励。

10.2.7　基于事实的决策方法

有效的决策是建立在对数据和信息进行合乎逻辑和直观的分析基础上。以事实为依据，可防止决策失误。统计技术可为持续改进决策提供依据。

决策是组织中各级领导的职责之一。所谓决策就是针对预定目标，在一定约束条件下，从诸方案中选出最佳的一个付诸实施。达不到目标的决策就是失策。正确的决策需要领导者用科学的态度，以事实或正确的信息为基础，通过合乎逻辑的分析，作出正确的决断。

10.2.8　互利的供方关系

供方提供的产品将对组织向顾客提供的产品产生重要影响，因此能否处理好与供方的关系，将会影响到组织能否持续、稳定地为顾客提供满意的产品。与供方的关系不能只讲控制、不讲合作互利，特别对关键供方，更需要建立互利关系。组织与供方是相互依存的，保持互利的关系可增强双方创造价值的能力。

2015 版 ISO 9000 标准修改为七项质量管理原则，分别是以顾客为关注焦点、领导作用、全员积极参与、过程方法、改进、循证决策、关系管理。

10.3　质量标准内容的理解与实施

10.3.1　GB/T 19000—2016《质量管理体系　基础和术语》

本标准表述的质量管理的基本概念和原理普遍适用于下列组织：

① 通过实施质量管理体系寻求持续成功的组织；

② 通过持续提供符合要求的产品和服务寻求顾客信任其能力的组织；

③ 希望在满足产品和服务要求的供应链中寻求信任的组织；

④ 希望通过对质量管理中使用的术语的共同理解促进相互沟通的组织和相关方。

10.3.1.1　基本概念和质量管理原则

（1）总则

本标准表述的质量管理概念和原则，可帮助组织获得应对与几十年前截然不同的环境所提出的挑战的能力。今天，组织工作的环境表现出如下特性：变化加快、市场全球化和知识作为主要资源出现。质量的影响已经超出了顾客满意的范畴，它可直接影响组织的声誉。

社会教育水平的提高，需求的增长，使得相关方的影响力在增加。通过对建立的质量管理体系提出基本概念和原则，本标准提供了一种更加广泛的思考组织的方法。所有的概念、原则及其相互关系应被看成一个整体，而不是彼此孤立。没有哪一个概念或原则比另一个更重要。在任何时候，它们都应得到同样的重视。

（2）基本概念

基本概念包括：质量、质量管理体系、组织的环境、相关方、支持。具体详见 GB/T 19000—2016《质量管理体系　基础和术语》文件。

（3）质量管理原则

质量管理原则包括：以顾客为关注焦点、领导作用、全员参与、过程方法、改进、循证决策、关系管理。具体详见 GB/T 19000—2016《质量管理体系　基础和术语》文件。

（4）质量管理体系使用的基本概念和原则

① 质量管理体系模式。

a. 总则。组织就像一个具有生存和学习能力的社会有机体，具有许多人的特征。两者都具有适应的能力并且由相互作用的系统、过程和活动组成。为了适应变化的环境，均需要具备应变能力。组织经常通过创新实现突破性改进。在组织的质量管理体系模式中，我们可以认识到，不是所有的系统、过程和活动都可以被预先确定，因此，组织需要具有灵活性，以适应复杂的组织环境。

b. 体系。组织寻求了解内外部环境，以识别相关方的需求和期望。这些信息被用于质量管理体系的建设，从而实现组织的可持续发展。一个过程的输出可成为其他过程的输入，并将其联入整个网络中。虽然每个组织的质量管理体系，通常是由相类似的过程所组成，实际上，每个质量管理体系都是唯一的。

c. 过程。组织拥有可被确定、测量和改进的过程。这些过程相互作用，产生与组织的目标和跨部门职能相一致的结果。某些过程可能是关键的，而另外一些则不是。过程具有内部相关的活动和输入，以提供输出。

d. 活动。人们在过程中协调配合，开展他们的日常活动。某些活动被预先规定并依靠对组织目标的理解，而另外一些活动则是通过对外界刺激的反应，以确定其性质并予以执行。

② 质量管理体系的建设。质量管理体系是一个随着时间的推移不断发展的动态系统。每个组织都有质量管理活动，无论其是否有正式计划。本标准为如何建立一个正规的体系管理这些活动提供了指南。确定组织中现存的活动及其适宜的环境是必要的。本标准和 GB/T 19001 可用于帮助组织建立一个有凝聚力的质量管理体系。

正规的质量管理体系为策划、执行、监视和改进质量管理活动的绩效提供了框架。质量管理体系无需复杂，而是需要准确地反映组织的需求。在建设质量管理体系的过程中，本标准中给出的基本概念和原理可提供有价值的指南。

质量管理体系策划不是一件单独的事情，而是一个持续的过程。计划随着组织的学习和环境的变化而逐渐形成。这个计划要考虑组织的所有质量活动，并确保覆盖本标准的全部指南和 GB/T 19001 的要求。该计划应经批准后实施。

定期监视和评价质量管理体系的计划执行情况和绩效状况，对组织来说是非常重要的。应仔细考虑这些指标，以使这些活动易于开展。

审核是一种评价质量管理体系有效性、识别风险和确定满足要求的方法。为了有效地进行审核，需要收集有形和无形的证据。在对所收集的证据进行分析的基础上，采取纠正和改进措施。知识的增长可能会导致创新，使质量管理体系的绩效达到更高的水平。

③ 质量管理体系标准、其他管理体系和卓越模式。

质量管理和质量保证标准化技术委员会（SAC/TC 151）起草的质量管理体系标准和其他管理体系标准，以及组织卓越模式中表述的质量管理体系方法是基于共同的原则，均能够帮助组织识别风险和机会并包含改进指南。在当前的环境中，许多问题，例如：创新、道德、诚信和声誉均可作为质量管理体系的参数。有关质量管理的标准（如：GB/T 19001）、环境管理标准（如：GB/T 24001）和能源管理标准（如：GB/T 23331），以及其他管理标准和组织卓越模式已经开始解决这些问题。

质量管理和质量保证标准化技术委员会（SAC/TC 151）起草的质量管理体系标准为质量管理体系提供了一套综合的要求和指南。GB/T 19001 为质量管理体系规定了要求，GB/T 19004 在质量管理体系更宽泛的目标下，为持续成功和改进绩效提供了指南。质量管理体系的指南包括：GB/T 19010、GB/T 19012、GB/T 19013、GB/T 19014、GB/T 19018、GB/T 19022 和 GB/T 19011。质量管理体系技术支持指南包括：GB/T 19015、GB/T 19016、GB/T 19017、GB/T 19024、GB/T 19025、GB/T 19028 和 GB/T 19029。支持质量管理体系的技术报告包括：GB/T 19023。在用于某些特殊行业的标准中，也提供质量管理体系的要求。

组织的管理体系中具有不同作用的部分，包括其质量管理体系，可以整合成为一个单一的管理体系。当质量管理体系与其他管理体系整合后，与组织的质量、成长、资金、利润率、环境、职业健康和安全、能源、治安状况等方面有关的目标、过程和资源可以更加有效和高效地实现和利用。组织可以依据若干个标准的要求，例如：GB/T 19001、GB/T 24001、GB/T 24353 和 GB/T 23331 对其管理体系同时进行整体综合性审核。

10.3.1.2　术语和定义

GB/T 19000—2016《质量管理体系　基础和术语》中列出了 138 条术语，共分为 13 部分。内容如下。

第一部分	有关人员的术语	6 条
第二部分	有组织的术语	9 条
第三部分	有关活动的术语	13 条
第四部分	有关过程的术语	8 条
第五部分	有关体系的术语	12 条
第六部分	有关要求的术语	15 条
第七部分	有关结果的术语	11 条
第八部分	有关数据、信息和支持的术语	15 条
第九部分	有关顾客的术语	6 条
第十部分	有关特性的术语	7 条
第十一部分	有关确定的术语	9 条
第十二部分	有关措施的术语	10 条
第十三部分	有关审核的术语	17 条

具体术语见 GB/T 19000—2016《质量管理体系　基础和术语》文件。

10.3.2　GB/T 19001—2016《质量管理体系　要求》

采用质量管理体系是组织的一项战略决策，能够帮助其提高整体绩效，为推动可持续发展奠定良好基础。

组织根据本标准实施质量管理体系具有如下潜在益处：

① 持续提供满足顾客要求以及适用的法律法规要求的产品和服务的能力；

② 促成增强顾客满意的机会；

③ 应对与组织环境和目标相关的风险和机遇；

④ 证实符合规定的质量管理体系要求的能力。

内部和外部各方均可使用本标准。

实施本标准并不意味着需要：

a. 统一不同质量管理体系的架构；

b. 形成与本标准条款结构相一致的文件；

c. 在组织内使用本标准的特定术语。

本标准规定的质量管理体系要求是对产品和服务要求的补充。

10.3.2.1 概述

GB/T 19001—2016《质量管理体系 要求》，由前言、引言、正文、附录 4 部分组成。

（1）范围

本标准为下列组织规定了质量管理体系要求：

a. 需要证实其具有稳定地提供满足顾客要求及适用法律法规要求的产品和服务的能力；

b. 通过体系的有效应用，包括体系改进的过程，以及保证符合顾客和适用的法律法规要求，旨在增强顾客满意度。

本标准规定的所有要求是通用的，旨在适用于各种类型、不同规模和提供不同产品和服务的组织。

注 1：在本标准中，术语"产品"或"服务"仅适用于预期提供给顾客或顾客所要求的产品和服务。

注 2：法律法规要求可称作法定要求。

（2）术语与定义

GB/T 19000—2016 界定的术语和定义适用于本文件。

10.3.2.2 组织环境

（1）理解组织及其环境

组织应确定与其宗旨和战略方向相关并影响其实现质量管理体系预期结果的能力的各种外部和内部因素。

组织应对这些内部和外部因素的相关信息进行监视和评审。

注 1：这些因素可能包括需要考虑的正面和负面要素或条件。

注 2：考虑来自国际、国内、地区和当地的各种法律法规、技术、竞争、市场、文化、社会和经济环境因素，有助于理解外部环境。

注 3：考虑与组织的价值观、文化、知识和绩效等有关的因素，有助于理解内部环境。

（2）理解相关方的需求和期望

由于相关方对组织持续提供符合顾客要求和适用法律法规要求的产品和服务的能力具有影响或潜在影响，因此，组织应确定：

a. 与质量管理体系有关的相关方；

b. 与质量管理体系有关的相关方的要求。

组织应监视和评审这些相关方的信息及其相关要求。

（3）确定质量管理体系的范围

组织应确定质量管理体系的边界和适用性，以确定其范围。

在确定范围时，组织应考虑：

a. 内部和外部因素；

b. 有关相关方的要求；

c. 组织的产品和服务。

如果本标准的全部要求适用于组织确定的质量管理体系范围，组织应遵循本标准的全部要求。

组织的质量管理体系范围应作为成文信息，可获得并得到保持。该范围应描述所覆盖的产品和服务类型，如果组织确定本标准的某些要求不适用于其质量管理体系范围，应说明理由。

只有所确定的不适用的要求不影响组织确保其产品和服务合格的能力或责任，对增强顾客满意度也不会产生影响，方可声称符合本标准的要求。

（4）质量管理体系及其过程

① 组织应按照本标准的要求，建立、实施、保持和持续改进质量管理体系，包括所需过程及其相互作用。

组织应确定质量管理体系所需的过程及其在整个组织中的应用，且应：

a. 确定这些过程所需的输入和期望的输出；

b. 确定这些过程的顺序和相互作用；

c. 确定和应用所需的准则和方法（包括监视、测量和相关绩效指标），以确保这些过程有效运行和控制；

d. 确定这些过程所需的资源并确保可获得；

e. 分配这些过程的职责和权限；

f. 应按照确保质量管理体系能够实现期望的结果的要求应对风险和机遇；

g. 评价这些过程，实施所需的变更，以确保实现这些过程的预期结果；

h. 改进过程和质量管理体系。

② 在必要的范围和程度上，组织应：

a. 保持成文信息以支持过程运行；

b. 保留成文信息以确信其过程按策划进行。

10.3.2.3 领导作用

（1）领导作用和承诺

① 总则　最高管理者应证实其对质量管理体系的领导作用和承诺，通过：

a. 对质量管理体系的有效性负责；

b. 确保制定质量管理体系的质量方针和质量目标，并与组织环境相适应，与战略方向相一致；

c. 确保质量管理体系要求融入组织的业务过程；

d. 促进使用过程方法和基于风险的思维；

e. 确保质量管理体系所需的资源是可获得的；

f. 沟通有效的质量管理和符合质量管理体系要求的重要性；

g. 确保质量管理体系实现其预期结果；

h. 促使人员积极参与、指导和支持他们为质量管理体系的有效性作出贡献；

i. 推动改进；

j. 支持其他相关管理者在其职责范围内发挥领导作用。

注：本标准使用的"业务"一词可广义地理解为涉及组织存在目的的核心活动，无论是公营、私营、营利或非营利组织。

② 以顾客为关注焦点　最高管理者应通过确保以下方面，证实其以顾客为关注焦点的领导作用和承诺：

a. 确定、理解并持续地满足顾客要求以及适用的法律法规要求；

b. 确定和应对风险和机遇，这些风险和机遇可能影响产品和服务合格以及增强顾客满意度的能力；

c. 始终致力于增强顾客满意度。

（2）方针

① 制定质量方针　最高管理者应制定、实施和保持质量方针，质量方针应：

a. 适应组织的宗旨和环境并支持其战略方向；

b. 为建立质量目标提供框架；

c. 包括满足适用要求的承诺；

d. 包括持续改进质量管理体系的承诺。

② 沟通质量方针　质量方针应：

a. 可获取并保持成文信息；

b. 在组织内得到沟通、理解和应用；

c. 适宜时，可为有关相关方所获取。

③ 组织的岗位、职责和权限　最高管理者应确保组织内相关岗位的职责、权限得到分配、沟通和理解。

最高管理者应分配职责和权限，以：

a. 确保质量管理体系符合本标准的要求；

b. 确保各过程获得其预期输出；

c. 报告质量管理体系的绩效及其改进机会，特别是向最高管理者报告；

d. 确保在整个组织推动过程中以顾客为关注焦点；

e. 确保在策划和实施质量管理体系变更时保持其完整性。

10.3.2.4　策划

（1）应对风险和机遇的措施

① 在策划质量管理体系时，组织应考虑到组织及环境的内外部因素和组织相关方面的要求，并确定需要应对的风险和机遇，以：

a. 确保质量管理体系能够实现其预期结果；

b. 增强有利影响；

c. 预防或减少不利影响；

d. 实现改进。

② 组织应策划：

a. 应对这些风险和机遇的措施。

b. 如何：

ⅰ. 在质量管理体系过程中整合并实施这些措施；

ⅱ. 评价这些措施的有效性。

应对措施应与风险和机遇对产品和服务符合性的潜在影响相适应。

注1：应对风险可选择规避风险，为寻求机遇承担风险，消除风险源，改变风险的可能性或后果，分担风险，或通过信息充分决策保留风险。

注2：机遇可能导致采用新实践，推出新产品，开辟新市场，赢得新客户，建立合作伙伴关系，利用新技术和其他可行之处，以应对组织或其顾客的需求。

（2）质量目标及其实现的策划

① 组织应在相关职能、层次和质量管理体系所需的过程建立质量目标。

质量目标应：

a. 与质量方针保持一致；

b. 可测量；

c. 考虑适用的要求；

d. 与产品和服务合格以及增强顾客满意度相关；

e. 予以监视；

f. 予以沟通；

g. 适时更新。

组织应保持有关质量目标的形成文件的信息。

② 策划如何实现质量目标时，组织应确定：

a. 做什么；

b. 需要什么资源；

c. 由谁负责；

d. 何时完成；

e. 如何评价结果。

（3）变更的策划

当组织确定需要对质量管理体系进行变更时，变更应按所策划的方式实施。

组织应考虑：

a. 变更目的及其潜在后果；

b. 质量管理体系的完整性；

c. 资源的可获得性；

d. 职责和权限的分配或再分配。

10.3.2.5 支持

（1）资源

① 总则 组织应确定并提供所需的资源，以建立、实施、保持和持续改进质量管理体系。

组织应考虑：

a. 现有内部资源的能力和局限；

b. 需要从外部供方获得的资源。

② 人员 组织应确定并配备所需的人员，以有效实施质量管理体系，并运行和控制其过程。

③ 基础设施 组织应确定、提供并维护所需的基础设施，以运行过程，并获得合格产品和服务。

注：基础设施可包括：

a. 建筑物和相关设施；

b. 设备，包括硬件和软件；

c. 运输系统；

d. 信息与通信系统。

④ 过程运行环境 组织应确定、提供并维护所需的环境，以运行过程，并获得合格产品和服务。

注：适当的过程运行环境可能是人为因素与物理因素的结合，例如：

a. 社会因素（如非歧视、和谐稳定、非对抗）；

b. 心理因素（如减压、预防过度疲劳、稳定情绪）；

c. 物理因素（如温度、热量、湿度、照明、空气流通、卫生、噪声等）。

由于所提供的产品和服务不同，这些因素可能存在显著差异。

⑤ 监视和测量资源 利用监视或测量来验证产品和服务符合要求时，组织应确定并提供所需的资源，以确保结果有效和可靠。

组织应确保所提供的资源：

a. 适合所开展的监视和测量活动的特定类型；

b. 得到维护，以确保持续适合其用途。

组织应保留适当的成文信息，作为监视和测量资源适合其用途的证据。

当要求测量溯源时，或组织认为测量溯源是信任测量结果有效的基础时，测量设备应：

a. 对照能溯源到国际或国家标准的测量标准，按照规定的时间间隔或在使用前进行校准和（或）检定（验证），当不存在上述标准时，应保留作为校准或验证依据的成文信息；

b. 予以识别，以确定其状态；

c. 予以保护，防止由于调整、损坏或衰减所导致的校准状态和随后的测量结果的失效。

当发现测量设备不符合预期用途时，组织应确定以往测量结果的有效性是否受到不利影响，必要时应采取适当的措施。

⑥ 组织的知识　组织应确定所需的知识，以运行过程，并获得合格产品和服务。

这些知识应予以保持，并能在所需的范围内得到。

为应对不断变化的需求和发展趋势，组织应审视现有的知识，确定如何获取或接触更多。

注1：组织的知识是组织特有的知识，通常从其经验中获得，是为实现组织目标所使用和共享的信息。

注2：组织的知识可以基于：

a. 内部来源（如知识产权、从经验获得的知识、从失败和成功项目汲取的经验和教训、获取和分享未成文的知识和经验，以及过程、产品和服务的改进结果）；

b. 外部来源（如标准、学术交流、专业会议、从顾客或外部供方收集的知识）。

（2）能力

组织应：

a. 确定在其控制下的工作人员所需具备的能力，这些人员从事的工作影响质量管理体系绩效和有效性；

b. 给于适当的教育、培训或参考经验，确保这些人员是胜任的；

c. 适用时，采取措施获得所需的能力，并评价措施的有效性；

d. 保留适当的成文信息，作为人员能力的证据。

注：适当措施可包括对在职人员进行培训、辅导或重新分配工作，或者聘用、外包胜任的人员。

（3）意识

组织应确保受其控制的工作人员知晓：

a. 质量方针；

b. 相关的质量目标；

c. 他们对质量管理体系有效性的贡献，包括改进绩效的益处；

d. 不符合质量管理体系要求的后果。

（4）沟通

组织应确定与质量管理体系相关的内部和外部沟通，包括：

a. 沟通什么；

b. 何时沟通；

c. 与谁沟通；

d. 如何沟通；

e. 谁来沟通。

（5）成文信息

① 总则　组织的质量管理体系应包括：

a. 本标准要求的成文信息；

b. 组织所确定的、为确保质量管理体系有效性所需的成文信息。

注：对于不同组织，质量管理体系成文信息的多少与详略程度可以不同，取决于：

a. 组织的规模，以及活动、过程、产品和服务的类型；

b. 过程及其相互作用的复杂程度；

c. 人员的能力。

② 创建和更新　在创建和更新成文的信息时，组织应确保适当的：

a. 标识和说明（如标题、日期、作者、索引编号）；

b. 形式（如语言、软件版本、图表）和载体（如纸质的、电子的）；

c. 评审和批准，以保持适宜性和充分性。

③ 成文信息的控制　应控制质量管理体系和本标准所要求的成文信息，以确保：

a. 在需要的场合和时机，均可获得并适用；

b. 予以妥善保护（如：防止失密、不当使用或不完整）。

为控制成文信息，使用时，组织应进行下列活动：

a. 分发、访问、检索和使用；

b. 存储和防护，包括保持可读性；

c. 更改控制（如版本控制）；

d. 保留和处置。

对于组织确定的、策划和运行质量管理体系所必需的、来自外部的成文信息，组织应进行适当识别，并予以控制。

对所保留的作为符合性证据的成文信息应予以保护，防止非预期的更改。

注：对形成文件的信息的"访问"可能意味着仅允许查阅，或者意味着允许查阅并授权修改。

10.3.2.6　运行

（1）运行的策划和控制

为满足产品和服务提供的要求，并实施（本标准策划相关内容）所确定的措施，组织应通过以下措施对所需的过程进行策划、实施和控制：

a. 确定产品和服务的要求。

b. 建立下列内容的准则：

ⅰ. 过程；

ⅱ. 产品和服务的接收。

c. 确定所需的资源以使产品和服务符合要求。

d. 按照准则实施过程控制。

e. 在必要的范围和程度上，确定并保持、保留成文信息：

ⅰ. 确信过程已经按策划进行；

ⅱ. 证实产品和服务符合要求。

策划的输出应适于组织的运行。

组织应控制策划的变更，评审非预期变更的后果，必要时，采取措施减轻不利影响。

组织应确保外包过程受控。

（2）产品和服务的要求

① 顾客沟通　与顾客沟通的内容应包括：

a. 提供有关产品和服务的信息；

b. 处理问询、合同或订单，包括更改；

c. 获取有关产品和服务的顾客反馈，包括顾客投诉；

d. 处置或控制顾客财产损失；

e. 关系重大时，制定应急措施的特定要求。

② 产品和服务要求的确定　在确定向顾客提供的产品和服务的要求时，组织应确保：

a. 产品和服务的要求得到规定，包括：

ⅰ. 适用的法律法规要求；

ⅱ. 组织认为的必要要求。

b. 提供的产品和服务能够满足所声明的要求。

③ 产品和服务要求的评审　组织应确保有能力向顾客提供满足要求的产品和服务。在承诺向顾客提供产品和服务之前，组织应对如下各项要求进行评审：

a. 顾客规定的要求，包括对交付及交付后活动的要求；

b. 顾客虽然没有明示，但规定的用途或已知的预期用途所必需的要求；

c. 组织规定的要求；

d. 适用于产品和服务的法律法规要求；

e. 与以前表述不一致的合同或订单要求。

组织应确保与以前规定不一致的合同或订单要求已得到解决。

若顾客没有提供成文要求，组织在接受顾客要求前应对顾客要求进行确认。

注：在某些情况下，如网上销售，对每一个订单进行正式的评审可能是不实际的，作为替代方法，可评审有关的产品信息，如产品目录。

适用时，组织应保留与下列方面有关的成文信息：

a. 评审结果；

b. 产品和服务的新要求。

④ 产品和服务要求的更改　若产品和服务要求发生更改，组织应确保相关的成文信息得到修改，并确保相关人员知道已更改的要求。

（3）产品和服务的设计和开发

① 总则　组织应建立、实施和保持适当的设计和开发过程，以确保后续的产品和服务的提供。

② 设计和开发策划　在确定设计和开发的各个阶段和控制时，组织应考虑：

a. 设计和开发活动的性质、持续时间和复杂程度；

b. 所需的过程阶段，包括适用的设计和开发评审；

c. 所需的设计和开发验证、确认活动；

d. 设计和开发过程涉及的职责和权限；

e. 产品和服务的设计和开发所需的内部、外部资源；

f. 设计和开发过程参与人员之间接口的控制需求；

g. 顾客及使用者参与设计和开发过程的需求；

h. 对后续产品和服务提供的要求；

i. 顾客和其他有关相关方期望的设计和开发过程的控制水平；

j. 证实已经满足设计和开发要求所需的成文信息。

③ 设计和开发输入　组织应针对所设计和开发的具体类型的产品和服务，确定必需的要求。组织应考虑：

a. 功能和性能要求；

b. 来源于以前类似设计和开发活动的信息；

c. 法律法规要求；

d. 组织承诺实施的标准或行业规范；

e. 由产品和服务性质所导致的潜在的失效后果。

针对设计和开发的目的，输入应是充分和适宜的，且应完整、清楚。

相互矛盾的设计和开发输入应得到解决。

组织应保留有关设计和开发输入的成文信息。

④ 设计和开发控制　组织应对设计和开发过程进行控制，以确保：

a. 规定拟获得的结果；

b. 实施评审活动，以评价设计和开发的结果满足要求的能力；

c. 实施验证活动，以确保设计和开发输出满足输入的要求；

d. 实施确认活动，以确保形成的产品和服务能够满足规定的使用要求或预期用途；

e. 针对评审、验证和确认过程中确定的问题采取必要措施；

f. 保留这些活动的成文信息。

注：设计和开发的评审、验证和确认具有不同目的。根据组织的产品和服务的具体情况，可单独或以任意组合的方式进行。

⑤ 设计和开发输出　组织应确保设计和开发输出：

a. 满足输入的要求；

b. 满足后续产品和服务提供过程的需要；

c. 包括或引用监视和测量的要求，适当时，包括接收准则；

d. 规定产品和服务特性，这些特性对于预期目的、安全和正常提供是必需的。

组织应保留有关设计和开发输出的成文信息。

⑥ 设计和开发更改　组织应对产品和服务设计和开发期间以及后续所做的更改进行适当的识别、评审和控制，以确保这些更改对满足要求不会产生不利影响。

组织应保留下列方面的成文信息：

a. 设计和开发更改；

b. 评审的结果；

c. 更改的授权；

d. 为防止不利影响而采取的措施。

（4）外部提供的过程、产品和服务的控制

① 总则　组织应确保外部提供的过程、产品和服务符合要求。

在下列情况下，组织应确定对外部提供的过程、产品和服务实施的控制：

a. 外部供方、产品和服务将构成组织自身的产品和服务的一部分；

b. 外部供方代表组织直接将产品和服务提供给顾客；

c. 组织决定由外部供方提供的过程或部分过程。

组织应基于外部供方按照要求提供过程、产品或服务的能力，确定并实施对外部供方的评价、选择、绩效监视以及再评价的准则，对于这些活动和由评价引发的任何必要的措施，组织应保留成文信息。

② 控制类型和程度　组织应确保外部提供的过程、产品和服务不会对组织持续地向顾客交付合格产品和服务的能力产生不利影响。

组织应：

a. 确保外部提供的过程保持在其质量管理体系的控制之中。

b. 规定对外部供方的控制及其输出结果的控制。

c. 考虑：

ⅰ. 外部提供的过程、产品和服务对组织持续地满足顾客要求和适用的法律法规要求的能力的潜在影响；

ⅱ. 由外部供方实施控制的有效性。

d. 确定必要的验证或其他活动，以确保外部提供的过程、产品和服务满足要求。

③ 提供给外部供方的信息　组织应确保在与外部供方沟通之前所确定的要求是充分和适宜的。

组织应与外部供方沟通以下要求：

a. 需提供的过程、产品和服务。

b. 对下列内容的批准：

ⅰ. 产品和服务；

ⅱ. 方法、过程和设备；

ⅲ. 产品和服务的放行。

c. 能力，包括所要求的人员资格。

d. 外部供方与组织的互动。

e. 组织使用的对外部供方绩效的控制和监视。

f. 组织或其顾客拟在外部供方现场实施的验证或确认活动。

（5）生产和服务提供

① 生产和服务提供的控制　组织应在受控条件下进行生产和服务提供。适用时，受控条件应包括：

a. 可获得成文信息，以规定以下内容：

ⅰ. 拟生产的产品、提供的服务或进行的活动的特性；

ⅱ. 拟获得的结果。

b. 可获得和使用适宜的监视和测量资源。

c. 在适当阶段实施监视和测量活动，以验证是否符合过程或输出的控制准则以及产品和服务的接收准则。

d. 为过程的运行使用适宜的基础设施，并保持适宜的环境。

e. 配备胜任的人员，包括人员要具备所要求的资格。

f. 若输出结果不能由后续的监视或测量加以验证，应对生产和服务提供过程实现策划结果的能力进行确认，并定期再确认。

g. 采取措施防范人为错误。

h. 实施放行、交付和交付后的活动。

② 标识和可追溯性　需要时，组织应采用适当的方法识别输出，以确保产品和服务合格。

组织应在生产和服务提供的整个过程中按照监视和测量要求识别输出状态。

当有可追溯要求时，组织应控制输出的唯一性标识，并应保留所需的成文信息以实现可追溯。

③ 顾客或外部供方的财产　组织应爱护在组织控制下或组织使用的顾客或外部供方的财产。

对组织使用的或构成产品和服务一部分的顾客和外部供方财产，组织应予以识别、验证、保护和防护。

若顾客或外部供方的财产发生丢失、损坏或出现不适用情况，组织应向顾客或外部供方报告，并保留相关成文信息。

注：顾客或外部供方的财产可能包括材料、零部件、工具和设备，顾客的场所、知识产权和个人资料。

④ 防护　组织应在生产和服务提供期间对输出进行必要防护，以确保符合要求。

注：防护可包括标识、处置、污染控制、包装、储存、传输或运输以及保护。

⑤ 交付后的活动　组织应满足与产品和服务相关的交付后活动的要求。

在确定所要求的交付后活动的覆盖范围和程度时，组织应考虑：

a. 法律法规要求；

b. 与产品和服务相关的潜在不期望的后果；

c. 产品和服务的性质、用途和预期寿命；

d. 顾客要求；

e. 顾客反馈。

注：交付后活动可包括保证条款所规定的措施、合同义务（如维护服务等）、附加服务（如回收或最终处置等）。

⑥ 更改控制　组织应对生产和服务提供的更改进行必要的评审和控制，以确保持续地符合要求。

组织应保留形成文件的信息，包括有关更改评审结果、授权进行更改的人员以及根据评审所采取的必要措施。

（6）产品和服务的放行

组织应在适当阶段实施策划的安排，以验证产品和服务的要求已得到满足。

除非得到有关授权人员的批准，适用时得到顾客的批准，否则在策划的安排已圆满完成之前，不应向顾客放行产品和交付服务。

组织应保留有关产品和服务放行的成文信息。成文信息应包括：

a. 符合接收准则的证据；

b. 可追溯到授权放行人员的信息。

（7）不合格输出的控制

组织应确保对不符合要求的输出进行识别和控制，以防止非预期的使用或交付。

组织应根据不合格的性质及其对产品和服务符合性的影响采取适当措施。这也适用于在产品交付之后，以及在服务提供期间或之后发现的不合格产品和服务。

组织应通过下列一种或几种途径处置不合格输出：

a. 纠正；

b. 隔离、限制、退货或暂停对产品和服务的提供；

c. 告知顾客；

d. 获得让步接收的授权。

对不合格输出进行纠正之后应验证其是否符合要求。

组织应保留下列形成文件的信息：

a. 描述不合格；

b. 描述所采取的措施；

c. 描述获得的让步；

d. 识别处置不合格的授权。

10.3.2.7　绩效评价

（1）监视、测量、分析和评价

① 总则　组织应确定：

a. 需要监视和测量什么；

b. 需要用什么方法进行监视、测量、分析和评价，以确保结果有效；

c. 何时实施监视和测量；

d. 何时对监视和测量的结果进行分析和评价。

组织应评价质量管理体系的绩效和有效性。

组织应保留适当的成文信息，以作为结果的证据。

② 顾客满意　组织应监视顾客对其需求和期望已得到满足的程度的感受。组织应确定获取、监视和评审该信息的方法。

注：监视顾客感受的例子可包括顾客调查、顾客对交付产品或服务的反馈、顾客座谈、市场占有率分析、顾客赞扬、担保索赔和经销商报告。

③ 分析与评价　组织应分析和评价通过监视和测量获得的适当的数据和信息。

应利用分析结果评价：

a. 产品和服务的符合性；

b. 顾客满意程度；

c. 质量管理体系的绩效和有效性；

d. 策划是否得到有效实施；

e. 应对风险和机遇所采取措施的有效性；

f. 外部供方的绩效；

g. 质量管理体系改进的需求。

注：数据分析方法可包括统计技术。

（2）内部审核

① 组织应按照策划的时间间隔进行内部审核，以提供有关质量管理体系的下列信息：

a. 是否符合：

ⅰ. 组织自身的质量管理体系要求；

ⅱ. 本标准的要求。

b. 是否得到有效的实施和保持。

② 组织应：

a. 依据有关过程的重要性、对组织产生影响的变化和以往的审核结果，策划、制定、实施和保持审核方案，审核方案包括频次、方法、职责、策划要求和报告；

b. 规定每次审核的审核准则和范围；

c. 选择审核员并实施审核，以确保审核过程客观公正；

d. 确保将审核结果报告给相关管理者；

e. 及时采取适当的纠正措施；

f. 保留成文信息，作为实施审核方案以及审核结果的证据。

注：相关指南参见 GB/T 19011。

（3）管理评审

① 总则　最高管理者应按照策划的时间间隔对组织的质量管理体系进行评审，以确保其持续的适宜性、充分性和有效性，并与组织的战略方向保持一致。

② 管理评审输入　策划和实施管理评审时应考虑下列内容：

a. 以往管理评审所采取措施的情况；

b. 与质量管理体系相关的内外部因素的变化；

c. 下列有关质量管理体系绩效和有效性的信息，包括其趋势：

ⅰ. 顾客满意和相关方的反馈；

ⅱ. 质量目标的实现程度；

ⅲ. 过程绩效以及产品和服务的合格情况；

ⅳ. 不合格以及纠正措施；

ⅴ. 监视和测量结果；

ⅵ. 审核结果；

ⅶ. 外部供方的绩效。

d. 资源的充分性；

e. 应对风险和机遇所采取措施的有效性；

f. 改进的机会。

③ 管理评审输出　管理评审的输出应包括与下列事项相关的决定和措施：

a. 改进的机会；

b. 质量管理体系所需的变更；

c. 资源需求。

组织应保留成文信息，作为管理评审结果的证据。

10.3.2.8　改进

（1）总则

组织应确定和选择改进机会，并采取必要措施，以满足顾客要求和增强顾客满意度。

这应包括：

a. 改进产品和服务，以满足要求并应对未来的需求和期望；

b. 纠正、预防或减少不利影响；

c. 改进质量管理体系的绩效和有效性。

注：改进可包括纠正、纠正措施、持续改进、突破性变革、创新和重组。

（2）不合格和纠正措施

① 当出现不合格，包括来自投诉的不合格，组织应：

a. 对不合格做出应对，并在适用时：

ⅰ. 采取措施以控制和纠正不合格；

ⅱ. 处置后果。

b. 通过下列活动，评价是否需要采取措施，以消除产生不合格的原因，避免其再次发生或者在其他场合发生：

ⅰ. 评审和分析不合格；

ⅱ. 确定不合格的原因；

ⅲ. 确定是否存在或可能发生类似的不合格。

c. 实施所需的措施。

d. 评审所采取的纠正措施的有效性。

e. 需要时，更新在策划期间确定的风险和机遇。

f. 需要时，变更质量管理体系。

纠正措施应与所产生的不合格的影响相适应。

② 组织应保留成文信息，作为下列事项的证据：

a. 不合格的性质以及随后所采取的措施；

b. 纠正措施的结果。

（3）持续改进

组织应持续改进质量管理体系的适宜性、充分性和有效性。

组织应考虑分析和评价的结果以及管理评审输出，以确定是否存在需求和机遇，这些需求或机遇应作为持续改进的一部分加以应对。

10.4 质量管理体系认证

质量管理体系认证是质量认证的一种类型，具有质量认证的共同属性，所以本节先介绍质量认证，而后再阐述质量管理体系认证过程。

10.4.1 质量认证

质量认证简称认证，其定义是：第三方依据程序对产品、过程或服务符合规定的要求给予书面保证（合格证书）。按认证的对象可分为产品认证和质量管理体系认证。

产品认证和质量管理体系认证最主要的区别是认证的对象不同。产品认证的对象是特定产品，而质量管理体系认证的对象是组织的质量管理体系。认证对象的不同，引起了获准认证条件、证明方式、证明的使用等一系列不同。两者也有共同点，即都要求对组织的质量管理体系进行体系审核，但在具体实施上又有若干不同（表10-1）。

表 10-1　产品认证和质量管理体系认证的比较

项目	产品认证	质量管理体系认证
认证对象	特定产品	企业或组织的质量管理体系
认证目的	证明组织的具体产品符合特定标准的要求	证明体系有能力确保其产品满足规定的要求
获准认证条件	1. 产品质量符合指定标准要求 2. 质量管理体系满足 ISO 9001 要求及特定产品的补充要求	质量管理体系符合 ISO 9001 的要求
证明方式	产品认证证书、认证标志	质量管理体系认证证书、认证标志
证明的使用	证书不能用于产品，标志可用于获准认证的产品上	证书和标志都不能用在产品或包装上，但可用于宣传资料
性质	强制或自愿	自愿
两者关系	相互充分利用对方质量管理体系审核结果	

从国际范围来看，将产品认证中质量管理体系要求与质量管理体系认证中的质量管理体系要求协调起来，以避免重复认证活动，这是认证工作发展的总趋势，但这是一个过程，需要一定的时间。

10.4.2 质量管理体系认证概述

10.4.2.1 基本概念

质量管理体系认证是依据质量管理体系标准和相应管理要求，经认证机构审核确认并通过颁发质量管理体系注册证书来证明某一组织质量管理体系运作有效，其质量保证能力符合质量保证标准的质量活动。

10.4.2.2 质量管理体系认证机构的组织结构及职责

质量管理体系认证机构是依据已发布的质量管理体系标准和质量管理体系所要求的补充规定，对组织的质量管理体系进行评定和注册的第三方组织。我国的质量管理体系认证机构的组织结构一般如图10-6所示。

① 管委会　管委会由有关政府部门、社会团体、企事业单位、高等院校等的专家和代表组成，任何一方不具有支配地位，负责制定并监督实施认证机构的工作方针、政策，确保体系认证的独立性和公正性，监督认证机构的财务状况，任命认证机构的主要管理人员等。

② 总经理　总经理一般为质量管理体系认证机构的法定代表人，负责执行国家有关认证的法律、法规、方针、政策，主持全面工作，建立和实施质量管理体系文件，编制年度认证工作计划和发展规划，保证体系认证的独立性和公正性。

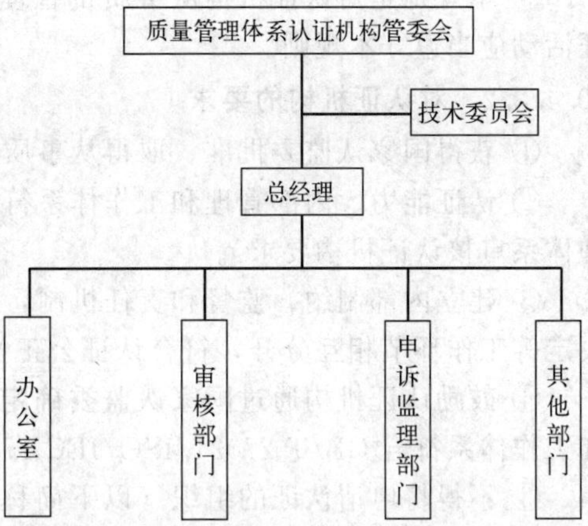

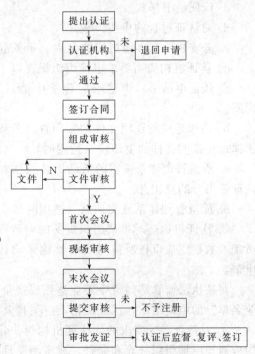

图 10-6　质量管理体系认证机构组织结构图

③ 技术委员会　技术委员会是管委会授权设置的技术评定决策机构，其成员由相关各方技术专家或审核员/高级审核员组成，负责审议认证机构的审核活动报告，并对认证机构的审核人员技术业务能力进行评价和指导。

④ 办公室　办公室是认证机构的日常工作部门，负责受理认证申请，文件资料管理，财务收支及其他日常工作。

⑤ 审核部门　审核部门负责实施体系认证审核及获准认证后的监督审核，提交审核报告。

⑥ 申诉监理部门　申诉监理部门负责处理认证申诉和监督认证机构各工作部门或人员的工作质量。

必要时，质量管理体系认证机构还可设立其他部门（市场、财务等）或外聘有关专家。

由于历史原因，质量管理体系认证机构一般都挂靠某些行政管理部门。现在，许多认证机构按照建立现代企业制度的要求进行了改制，成为独立的公司制中介组织。

10.4.2.3　质量管理体系认证的一般流程

质量管理体系认证程序如图 10-7 所示。

10.4.3　质量管理体系认证规则

为进一步规范质量管理体系认证活动，提高认证有效性，促进质量管理体系认证工作健康发展，根据《中华人民共和国认证认可条例》《认证机构管理办法》等法规规章的相关规定，国家认证认可监督管理委员会制定了《质量管理体系认证规则》，自 2016 年 10 月 1 日执行。

10.4.3.1　适用范围

① 本规则用于规范依据 GB/T 19001/ISO 9001《质量管理体系　要求》标准在中国境内开展的质量管理体系认证活动。

② 本规则依据认证认可相关法律法规，结合相关技术标准，对质量管理体系认证实施过程作出具体规定，明确认证机构对认证过程的管理责任，保证质量管理体系认证活动的规范有效。

图 10-7　质量管理体系认证程序

③ 本规则是对认证机构从事质量管理体系认证活动的基本要求，认证机构从事该项认证活动应当遵守本规则。

10.4.3.2 对认证机构的要求

① 获得国家认监委批准、取得从事质量管理体系认证的资质。

② 认证能力、内部管理和工作体系符合 GB/T 27021/ISO/IEC 17021-1《合格评定　管理体系审核认证机构要求》。

③ 建立内部制约、监督和责任机制，实现培训（包括相关增值服务）、审核和作出认证决定等工作环节相互分开，符合认证公正性要求。

④ 鼓励认证机构通过国家认监委确定的认可机构的认可，证明其认证能力、内部管理和工作体系符合 GB/T 27021/ISO/IEC 17021-1《合格评定　管理体系审核认证机构要求》。

⑤ 不得将申请认证的组织（以下简称申请组织）是否获得认证与参与认证审核的审核员及其他人员的薪酬挂钩。

10.4.3.3 对认证审核人员的基本要求

① 认证审核员应当取得国家认监委确定的认证人员注册机构颁发的质量管理体系审核员注册资格。

② 认证人员应当遵守与从业相关的法律法规，对认证审核活动及相关认证审核记录和认证审核报告的真实性承担相应的法律责任。

10.4.3.4 初次认证程序

（1）受理认证申请

① 认证机构应向申请认证的组织至少公开以下信息：

a. 可开展认证业务的范围，以及获得认可的情况。

b. 本规则的完整内容。

c. 认证证书样式。

d. 对认证过程的申投诉规定。

e. 分支机构和办事机构的名称、业务范围、地址等。

② 认证机构应当要求申请组织提交以下资料：

a. 认证申请书，申请书应包括申请认证的生产、经营或服务活动范围及活动情况的说明。

b. 法律地位的证明文件的复印件。若质量管理体系覆盖多场所活动，应附每个场所的法律地位证明文件的复印件（适用时）。

c. 质量管理体系覆盖的活动所涉及法律法规要求的行政许可证明、资质证书、强制性认证证书等的复印件。

d. 质量管理体系成文信息（适用时）。

③ 认证机构应对申请组织提交的申请资料进行评审，根据申请认证的活动范围及场所、员工人数、完成审核所需时间和其他影响认证活动的因素，综合确定是否有能力受理认证申请。

对被执法监管部门责令停业整顿或在全国企业信用信息公示系统中被列入"严重违法企业名单"的申请组织，认证机构不应受理其认证申请。

④ 对符合②③要求的，认证机构可决定受理认证申请；对不符合上述要求的，认证机构应通知申请组织补充和完善，或者不受理认证申请。

⑤ 签订认证合同。在实施认证审核前，认证机构应与申请组织订立具有法律效力的书

面认证合同，合同应至少包含以下内容：

a. 申请组织获得认证后持续有效运行质量管理体系的承诺。

b. 申请组织对遵守认证认可相关法律法规，协助认证监管部门的监督检查，对有关事项的询问和调查如实提供相关材料和信息的承诺。

c. 申请组织承诺获得认证后发生以下情况时，应及时向认证机构通报：客户及相关方有重大投诉；生产、销售的产品或提供的服务被质量或市场监管部门认定不合格，发生产品或服务的质量安全事故；相关情况发生变更（包括法律地位、生产经营状况、组织状态或所有权变更；取得的行政许可资格、强制性认证或其他资质证书变更；法定代表人、最高管理者变更；生产经营或服务的工作场所变更；质量管理体系覆盖的活动范围变更；质量管理体系和重要过程的重大变更等）；出现影响质量管理体系运行的其他重要情况。

d. 申请组织承诺获得认证后正确使用认证证书、认证标志和有关信息；不利用质量管理体系认证证书和相关文字、符号误导公众认为其产品或服务通过认证。

e. 拟认证的质量管理体系覆盖的生产或服务的活动范围。

f. 在认证审核及认证证书有效期内各次监督审核中，认证机构和申请组织各自应当承担的责任、权利和义务。

g. 认证服务的费用、付费方式及违约条款。

（2）审核策划

① 审核时间（表 10-2）。

表 10-2　质量管理体系认证审核时间要求

有效人数	审核时间 第 1 阶段＋第 2 阶段/人天	有效人数	审核时间 第 1 阶段＋第 2 阶段/人天
1～5	1.5	626～875	12
6～10	2	876～1175	13
11～15	2.5	1176～1550	14
16～25	3	1551～2025	15
26～45	4	2026～2675	16
46～65	5	2676～3450	17
66～85	6	3451～4350	18
86～125	7	4351～5450	19
126～175	8	5451～6800	20
176～275	9	6801～8500	21
276～425	10	8501～10700	22
426～625	11	＞10700	遵循上述递进规律

注：1. 有效人数，包括认证范围内涉及的所有全职人员，原则上以组织的社会保险登记证所附名册等信息为准。

2. 对非固定人员（包括季节性人员、临时人员和分包商人员）和兼职人员的有效人数核定，可根据其实际工作时间（以小时计）予以适当减少或换算成等效的全职人员数。

a. 为确保认证审核的完整有效，认证机构应以 GB/T 19001—2016 中附录 A 所规定的审核时间为基础，根据申请组织质量管理体系覆盖的活动范围、特性、技术复杂程度、质量安全风险程度、认证要求和体系覆盖范围内的有效人数等情况，核算并拟定完成审核工作需要的时间。在特殊情况下，可以减少审核时间，但减少的时间不得超过表 10-2 所规定的审核时间的 30％。

b. 整个审核时间中，现场审核时间不应少于总审核时间的 80％。

② 审核组。

a. 认证机构应当根据质量管理体系覆盖的活动的专业技术领域选择具备相关能力的审核员组成审核组,必要时可以选择技术专家参加审核组。审核组中的审核员承担审核任务和责任。

b. 技术专家主要负责提供认证审核的技术支持,不作为审核员实施审核,不计入审核时间,其在审核过程中的活动由审核组中的审核员承担责任。

c. 审核组可以有实习审核员,其要在审核员的指导下参与审核,不单独出具记录等审核文件,其在审核过程中的活动由审核组中的审核员承担责任。

③ 审核计划。

a. 认证机构应为每次审核制定书面的审核计划(第一阶段审核不要求正式的审核计划)。审核计划至少包括以下内容:审核目的、审核范围、审核过程、审核涉及的部门和场所、审核时间、审核组成员(其中:审核员应标明认证人员注册号;技术专家应标明专业代码、工作单位及专业技术职称)。

b. 如果质量管理体系包含在多个场所进行相同或相近的活动,且这些场所都处于该申请组织授权和控制下,认证机构可以在审核中对这些场所进行抽样,但应制定合理的抽样方案以确保对各场所质量管理体系的正确审核。如果不同场所的活动存在根本不同或不同场所存在可能对质量管理产生显著影响的区域性因素,则不能采用抽样审核的方法,应当逐一到各现场进行审核。

c. 为使现场审核活动能够观察到产品生产或服务活动情况,现场审核应安排在认证范围覆盖的产品生产或服务活动正常运行时进行。

d. 在审核活动开始前,审核组应将书面审核计划交申请组织确认。遇特殊情况临时变更计划时,应及时将变更情况书面通知受审核的申请组织,并协商一致。

(3) 实施审核

① 审核组应当按照审核计划的安排完成审核工作。除不可预见的特殊情况外,审核过程中不得更换审核计划确定的审核员(技术专家和实习审核员除外)。

② 审核组应当会同申请组织按照程序顺序召开首、末次会议,申请组织的最高管理者及与质量管理体系相关的职能部门负责人员应该参加会议。参会人员应签到,审核组应当保留首、末次会议签到表。申请组织要求时,审核组成员应向申请组织出示身份证明文件。

③ 审核过程及环节:

a. 初次认证审核,分为第一、二阶段实施审核。

b. 第一阶段审核应至少覆盖以下内容:

ⅰ. 结合现场情况,确认申请组织实际情况与质量管理体系成文信息描述的一致性,特别是体系成文信息中描述的产品或服务、部门设置和负责人、生产或服务过程等是否与申请组织的实际情况相一致。

ⅱ. 结合现场情况,审核申请组织有关人员理解和实施 GB/T 19001/ISO 9001 标准要求的情况,评价质量管理体系运行过程中是否实施了内部审核与管理评审,确认质量管理体系是否已有效运行并且超过 3 个月。

ⅲ. 确认申请组织建立的质量管理体系覆盖的活动内容和范围、体系覆盖范围内有效人数、过程和场所,遵守适用的法律法规及强制性标准的情况。

ⅳ. 结合质量管理体系覆盖产品和服务的特点识别对质量目标的实现具有重要影响的关键点,并结合其他因素,科学确定重要审核点。

ⅴ. 与申请组织讨论确定第二阶段审核安排。对质量管理体系成文信息不符合现场实际、相关体系运行尚未超过 3 个月或者无法证明超过 3 个月的,以及其他不具备二阶段审核条件的，不应实施二阶段审核。

c. 在下列情况下，第一阶段审核可以不在申请组织现场进行，但应记录未在现场进行的原因：

ⅰ. 申请组织已获本认证机构颁发的其他认证证书，认证机构已对申请组织质量管理体系有充分了解。

ⅱ. 认证机构有充足的理由证明申请组织的生产经营或服务的技术特征明显、过程简单，通过对其提交文件和资料的审查可以达到第一阶段审核的目的和要求。

ⅲ. 申请组织获得过其他经认可的认证机构颁发的有效的质量管理体系认证证书，通过对其文件和资料的审查可以达到第一阶段审核的目的和要求。

除以上情况之外，第一阶段审核应在申请组织的生产经营或服务现场进行。

d. 审核组应将第一阶段审核情况形成书面文件告知申请组织。对在第二阶段审核中可能被判定为不符合项的关键点，要及时提醒申请组织特别关注。

e. 第二阶段审核应当在申请组织现场进行。重点是审核质量管理体系符合 GB/T 19001/ISO 9001 标准要求和有效运行情况，应至少覆盖以下内容：

ⅰ. 在第一阶段审核中识别的重要审核点的监视、测量、报告和评审记录的完整性和有效性。

ⅱ. 为实现总质量目标而建立的各层级质量目标是否具体、有针对性、可测量并且可实现。

ⅲ. 对质量管理体系覆盖的过程和活动的管理及控制情况。

ⅳ. 申请组织实际工作记录是否真实。

ⅴ. 申请组织的内部审核和管理评审是否有效。

④ 发生以下情况时，审核组应向认证机构报告，经认证机构同意后终止审核。

a. 受审核方对审核活动不予配合，审核活动无法进行。

b. 受审核方实际情况与申请材料有重大不一致。

c. 其他导致审核程序无法完成的情况。

（4）审核报告

① 审核组应对审核活动形成书面审核报告，由审核组组长签字。审核报告应准确、简明和清晰地描述审核活动的主要内容，至少包括以下内容：

a. 申请组织的名称和地址。

b. 申请组织活动范围和场所。

c. 审核的类型、准则和目的。

d. 审核组组长、审核组成员及其个人注册信息。

e. 审核活动的实施日期和地点，包括固定现场和临时现场；对偏离审核计划情况的说明，包括对审核风险及影响审核结论的不确定性的客观陈述。

f. 叙述实施审核条列明确的程序及各项要求的审核工作情况，其中：对第二阶段审核应当在申请组织现场进行条例的各项审核，要求逐项描述或引用审核证据、审核发现和审核结论；对质量目标和过程及质量绩效实现情况进行评价。

g. 识别出的不符合项。

h. 审核组对是否通过认证的意见建议。

② 认证机构应保留用于证实审核报告中相关信息的证据。

③ 认证机构应在作出认证决定后 30 个工作日内将审核报告提交申请组织，并保留签收或提交的证据。

④ 对终止审核的项目，审核组应将已开展的工作情况形成报告，认证机构应将此报告及终止审核的原因提交给申请组织，并保留签收或提交的证据。

（5）不符合项的纠正和纠正措施及其结果的验证

对审核中发现的不符合项，认证机构应要求申请组织分析原因，并提出纠正和纠正措施。对于严重不符合，应要求申请组织在最多不超过 6 个月期限内采取纠正和纠正措施。认证机构应对申请组织所采取的纠正和纠正措施及其结果的有效性进行验证。如果未能在第二阶段结束后 6 个月内验证对严重不符合实施的纠正和纠正措施，则应按相关规定处理，或者按照规定重新实施第二阶段审核。

（6）认证决定

① 认证机构应该在对审核报告、不符合项的纠正和纠正措施及其结果进行综合评价基础上，作出认证决定。

② 认证决定人员应为认证机构管理控制下的人员，审核组成员不得参与对审核项目的认证决定。

③ 认证机构在作出认证决定前应确认如下情形：

a. 审核报告符合本规则审核报告要求，能够满足作出认证决定所需要的信息。

b. 反映以下问题的不符合项，认证机构已评审、接受并验证了纠正和纠正措施及其结果的有效性。

ⅰ. 在持续改进质量管理体系的有效性方面存在缺陷，实现质量目标有重大疑问。

ⅱ. 制定的质量目标不可测量，或测量方法不明确。

ⅲ. 对实现质量目标具有重要影响的关键点的监视和测量未有效运行，或者对这些关键点的报告或评审记录不完整或无效。

ⅳ. 其他严重不符合项。

c. 认证机构对其他不符合项已评审，并接受了申请组织计划采取的纠正和纠正措施。

④ 在满足上述③要求的基础上，认证机构有充分的客观证据证明申请组织满足下列要求的，评定该申请组织符合认证要求，向其颁发认证证书。

a. 申请组织的质量管理体系符合标准要求且运行有效。

b. 认证范围覆盖的产品或服务符合相关法律法规要求。

c. 申请组织按照认证合同规定履行了相关义务。

⑤ 申请组织不能满足上述要求或者存在以下情况的，评定该申请组织不符合认证要求，以书面形式告知申请组织并说明其未通过认证的原因。

a. 受审核方的质量管理体系有重大缺陷，不符合 GB/T 19001/ISO 9001 标准的要求。

b. 发现受审核方存在重大质量安全问题或有其他与产品和服务质量相关严重违法违规行为。

⑥ 认证机构在颁发认证证书后，应当在 30 个工作日内按照规定的要求将相关信息报送国家认监委。

10.4.3.5　监督审核程序

① 认证机构应对持有其颁发的质量管理体系认证证书的组织（以下称获证组织）进行有效跟踪，监督获证组织持续运行质量管理体系并符合认证要求。

② 为确保达到①条要求，认证机构应根据获证组织的产品和服务的质量风险程度或其他特性，确定对获证组织的监督审核的频次。

a. 作为最低要求，初次认证后的第一次监督审核应在认证证书签发日起 12 个月内进行。此后，监督审核应至少每个日历年（应进行再认证的年份除外）进行一次，且两次监督审核的时间间隔不得超过 15 个月。

b. 超过期限而未能实施监督审核的，应按暂停证书或撤销证书处理。

c. 获证企业的产品在产品质量国家监督抽查中被查出不合格时，自国家市场监督管理总局发出通报起 30 日内，认证机构应对该企业实施监督审核。

③ 监督审核的时间，应不少于按审核时间条计算审核时间人日数的 1/3。

④ 监督审核的审核组，应符合审核组条和审核组应当按照审核计划的安排完成审核工作条的要求。

⑤ 监督审核应在获证组织现场进行，且应满足确定的条件。由于市场、季节性等原因，在每次监督审核时难以覆盖所有产品和服务的，在认证证书有效期内的监督审核需覆盖认证范围内的所有产品和服务。

⑥ 监督审核时至少应审核以下内容：

a. 上次审核以来质量管理体系覆盖的活动及影响体系的重要变更及运行体系的资源是否有变更。

b. 按相关要求已识别的重要关键点是否按质量管理体系的要求在正常和有效运行。

c. 对上次审核中确定的不符合项采取的纠正和纠正措施是否继续有效。

d. 质量管理体系覆盖的活动涉及法律法规规定的，是否持续符合相关规定。

e. 质量目标及质量绩效是否达到质量管理体系确定值。如果没有达到，获证组织是否运行内审机制识别了原因、是否运行管理评审机制确定并实施了改进措施。

f. 获证组织对认证标志的使用或对认证资格的引用是否符合《认证认可条例》及其他相关规定。

g. 内部审核和管理评审是否规范和有效。

h. 是否及时接受和处理投诉。

i. 针对体系运行中发现的问题或投诉，及时制定并实施了有效的改进措施。

⑦ 在监督审核中发现的不符合项，认证机构应要求获证组织分析原因，规定时限要求获证组织完成纠正和纠正措施并提供纠正和纠正措施有效性的证据。认证机构应采用适宜的方式及时验证获证组织对不符合项进行处置的效果。

⑧ 监督审核的审核报告，应按⑥条列明的审核要求逐项描述或引用审核证据、审核发现和审核结论。

⑨ 认证机构根据监督审核报告及其他相关信息，作出继续保持或暂停、撤销认证证书的决定。

10.4.3.6 再认证程序

① 认证证书期满前，若获证组织申请继续持有认证证书，认证机构应当实施再认证审核决定是否延续认证证书。

② 认证机构应按审核组要求组成审核组。按照审核计划要求并结合历次监督审核情况，制定再认证计划并交审核组实施。审核组按照要求开展再认证审核。

在质量管理体系及获证组织的内部和外部环境无重大变更时，再认证审核可省略第一阶段审核，但审核时间应不少于按审核时间要求计算人日数的 2/3。

③ 对再认证审核中发现的不符合项，应按不符合项的纠正和纠正措施及其结果的验证要求实施纠正和纠正措施并进行验证，验证应在原证书有效期满前完成。

④ 认证机构参照认证决定要求作出再认证决定。获证组织继续满足认证要求并履行认证合同义务的，向其换发认证证书。

⑤如果在当前认证证书的终止日期前完成了再认证活动并决定换发证书，新认证证书的

终止日期可以基于当前认证证书的终止日期。新认证证书上的颁证日期应不早于再认证决定日期。

如果在当前认证证书终止日期前，认证机构未能完成再认证审核或对严重不符合项实施的纠正和纠正措施未能进行验证，则不应予以再认证，也不应延长原认证证书的有效期。

在当前认证证书到期后，如果认证机构能够在 6 个月内完成未尽的再认证活动，则可以恢复认证，否则应至少进行一次第二阶段审核才能恢复认证。认证证书的生效日期应不早于再认证决定日期，终止日期应基于上一个认证周期。

10.4.3.7 暂停或撤销认证证书

认证机构应制定暂停、撤销认证证书或缩小认证范围的规定和文件化的管理制度，规定和管理制度应满足本规则相关要求。认证机构对认证证书的暂停和撤销处理应符合其管理制度，不得随意暂停或撤销认证证书。

（1）暂停证书

① 获证组织有以下情形之一的，认证机构应在调查核实后的 5 个工作日内暂停其认证证书。

a. 质量管理体系持续或严重不满足认证要求，包括对质量管理体系运行有效性要求的。

b. 不承担、履行认证合同约定的责任和义务的。

c. 被有关执法监管部门责令停业整顿的。

d. 持有的与质量管理体系范围有关的行政许可证明、资质证书、强制性认证证书等过期失效，重新提交的申请已被受理但尚未换证的。

e. 主动请求暂停的。

f. 其他应当暂停认证证书的。

② 认证证书暂停期不得超过 6 个月。但属于上述①中 d 项情形的暂停期可至相关单位作出许可决定之日。

③ 认证机构应以适当方式公开暂停认证证书的信息，应明确暂停的起始日期和暂停期限，并声明在暂停期间获证组织不得以任何方式使用认证证书、认证标识或引用认证信息。

（2）撤销证书

① 获证组织有以下情形之一的，认证机构应在获得相关信息并调查核实后 5 个工作日内撤销其认证证书。

a. 被注销或撤销法律地位证明文件的。

b. 被国家市场监督管理总局列入质量信用严重失信企业名单的。

c. 拒绝配合认证监管部门实施的监督检查，或者对有关事项的询问和调查提供了虚假材料或信息的。

d. 拒绝接受国家产品质量监督抽查的。

e. 出现重大的产品或服务等质量安全事故，经执法监管部门确认是获证组织违规造成的。

f. 有其他严重违反法律法规行为的。

g. 暂停认证证书的期限已满但导致暂停的问题未得到解决或纠正的（包括持有的行政许可证明、资质证书、强制性认证证书等已经过期失效但申请未获批准）。

h. 没有运行质量管理体系或者已不具备运行条件的。

i. 不按相关规定正确引用和宣传获得的认证信息，造成严重影响或后果，或者认证机构已要求其纠正但超过 2 个月仍未纠正的。

j. 其他应当撤销认证证书的。

② 撤销认证证书后，认证机构应及时收回撤销的认证证书。若无法收回，认证机构应及时在相关媒体和网站上公布或声明撤销决定。

认证机构暂停或撤销认证证书应当在其网站上公布相关信息，同时按规定程序和要求报国家认监委。

认证机构有义务和责任采取有效措施避免各类无效的认证证书和认证标志被继续使用。

10.4.3.8　认证证书要求

（1）认证证书应至少包含以下信息

① 获证组织名称、地址和统一社会信用代码（或组织机构代码），该信息应与其法律地位证明文件的信息一致。

② 质量管理体系覆盖的生产经营或服务的地址和业务范围。若认证的质量管理体系覆盖多场所，表述覆盖的相关场所的名称和地址信息，该信息应与相应的法律地位证明文件信息一致。

③ 质量管理体系符合 GB/T 19001/ISO 9001 标准的表述。

④ 证书编号。

⑤ 认证机构名称。

⑥ 有效期的起止年月日。证书应注明"获证组织必须定期接受监督审核并经审核合格此证书方继续有效"的提示信息。

⑦ 相关的认可标识及认可注册号（适用时）。

⑧ 证书查询方式。认证机构除公布认证证书在本机构网站上的查询方式外，还应当在证书上注明"本证书信息可在国家认证认可监督管理委员会官方网站上查询"，以便于社会监督。

（2）认证证书有效期

初次认证认证证书有效期最长为 3 年。再认证的认证证书有效期不超过最近一次有效认证证书截止期再加 3 年。

（3）认证机构应当建立证书信息披露制度

除向申请组织、认证监管部门等执法监管部门提供认证证书信息外，还应当根据社会相关方的请求向其提供证书信息，接受社会监督。

10.4.3.9　与其他管理体系的结合审核

① 对质量管理体系和其他管理体系实施结合审核时，通用或共性要求应满足本规则要求，审核报告中应清晰地体现审核报告条要求，并易于识别。

② 结合审核的审核时间人日数，不得少于多个单独体系所需审核时间之和的 80%。

10.4.3.10　受理转换认证证书

① 认证机构应当履行社会责任，严禁以牟利为目的受理不符合 GB/T 19001/ISO 9001 标准、不能有效执行质量管理体系的组织申请认证证书的转换。

② 认证机构受理组织申请转换为本机构的认证证书，应该详细了解申请转换的原因，必要时进行现场审核。

③ 转换仅限于现行有效认证证书。被暂停或正在接受暂停、撤销处理的认证证书以及已失效的认证证书，不得接受转换申请。

④ 被发证的认证机构撤销证书的，除非该组织进行彻底整改，导致暂停或撤销认证证书的情形已消除，否则不应受理其认证申请。

10.4.3.11　受理组织的申诉

申请组织或获证组织对认证决定有异议时，认证机构应接受申诉并且及时进行处理，在

60 日内将处理结果形成书面通知送交申诉人。

书面通知应当告知申诉人，若认为认证机构未遵守认证相关法律法规或本规则并导致自身合法权益受到严重侵害的，可以直接向所在地认证监管部门或国家认监委投诉，也可以向相关认可机构投诉。

10.4.3.12　认证记录的管理

① 认证机构应当建立认证记录保持制度，记录认证活动全过程并妥善保存。

② 记录应当真实准确以证实认证活动得到有效实施。记录资料应当使用中文，保存时间至少应当与认证证书有效期一致。

③ 以电子文档方式保存记录的，应采用不可编辑的电子文档格式。

④ 所有具有相关人员签字的书面记录，可以制作成电子文档保存使用，但是原件必须妥善保存，保存时间至少应当与认证证书有效期一致。

10.4.3.13　其他

① 本规则内容提及 GB/T 19001/ISO 9001 标准时均指认证活动发生时该标准的有效版本。认证活动及认证证书中描述该标准号时，应采用当时有效版本的完整标准号。

② 本规则所提及的各类证明文件的复印件应是在原件上复印的，并经审核员签字确认与原件一致。

③ 认证机构可开展质量管理体系及相关技术标准的宣贯培训，促使组织的全体员工正确理解和执行质量管理体系标准。

本章习题：

1. 简述 ISO 的概念。
2. 我们为什么要采用 ISO 9000 标准？
3. 质量管理的八项原则是什么？

本章思考与拓展：

ISO 9000 族标准是国际标准化组织（ISO）在总结世界许多国家先进的质量管理经验的基础上开发修订的，具有一定的权威性、广泛性、先进性和优越性。采用 ISO 9000 族标准既是参与全球竞争，与世界市场接轨的需要，也是提高自身质量管理水平的最佳途径。统计数据显示，世界上已有 150 多个国家将 ISO 9000 族标准直接采用为国家标准。我国于 1992 年正式等同采用 ISO 9000 族标准作为国家标准。按照国际标准化组织对行业的划分，食品、饮料和烟草行业在 39 个行业中列在第 3 位，占有重要地位 ISO 9000 族标准对食品行业的重要性不言而喻。作为食品专业的学生，通过学习 ISO 9000 质量管理体系标准，能够懂得质量管理的最基本的特点和方法，可以提高食品质量安全意识和综合职业能力，能更好适应食品企业用人单位的管理模式。学生毕业进入工作岗位后，可以更好地发挥所学专业知识，维护食品质量管理体系有效规范运行，在保证生产食品安全性方面做出食品工作者应有的贡献。

第11章

食品质量安全市场准入制度

国家对食品生产经营实行许可制度。从事食品生产、食品销售、餐饮服务，应当依法取得许可。但是，销售食用农产品和仅销售预包装食品的，不需要取得许可。仅销售预包装食品的，应当报所在地县级以上地方人民政府食品安全监督管理部门备案。

县级以上地方人民政府食品安全监督管理部门应当依照《中华人民共和国行政许可法》的规定，审核申请人提交的本法第三十三条第一款第一项至第四项规定要求的相关资料，必要时对申请人的生产经营场所进行现场核查；对符合规定条件的，准予许可；对不符合规定条件的，不予许可并书面说明理由。

——选自《食品安全法》（2021年修正）第三十五条

11.1 概　述

11.1.1 食品生产许可制概述

食品市场准入制度也称食品质量安全市场准入制度，是指为确保食品的质量安全，具备规定条件的生产者才允许进行生产经营活动，具备规定条件的食品才允许生产销售的监管制度。因此，实行食品质量安全市场准入制度是一种政府行为，是一项行政许可制度。

食品质量安全市场准入制度的核心内容主要包括以下3个方面。

（1）对食品生产加工企业实行生产许可证管理

实行生产许可证管理是指对食品生产加工企业的环境条件、生产设备、加工工艺过程、原材料把关、执行产品标准、人员资质、储运条件、检测能力、质量管理制度和包装要求等条件进行审查，并对其产品进行抽样检验。对符合条件且产品经全部项目检验合格的企业，颁发食品生产许可证，允许其从事食品生产加工。

已获得出入境检验检疫机构颁发的"出口食品厂卫生注册登记证"的企业，其生产加工的食品在国内销售的，以及获得HACCP认证的企业，在申办食品质量安全许可证时可以简化或免于工厂生产必备条件审查。

（2）对食品出厂实行强制检验

其具体要求有两个：一是那些取得食品生产许可证并经质量技术监督部门核准，具有产品出厂检验能力的企业，可以实施自行检验其出厂的食品。实行自行检验的企业，应当定期将样品送到指定的法定检验机构进行定期检验。二是已经取得食品生产许可证，但不具备产品出厂检验能力的企业，按照就近方便的原则，委托指定的法定检验机构进行食品出厂检验。三是承担食品检验工作的检验机构，必须具备法定资格和条件，经省级以上（含省级）质量技术监督部门审查核准，由原国家质检总局统一公布承担食品检验工作的检验机构名录。

（3）实施食品质量安全市场准入食品生产许可编号管理

获得食品生产许可证的企业，其生产加工的食品经出厂检验合格的，在出厂销售之前，必须在最小销售单元的食品包装上标注由国家统一制定的食品生产许可证编号。原国家质检总局统一制定食品生产许可编号的规则。

11.1.2　产生背景

多年来，我国食品工业取得持续快速的发展，但生产力总水平仍需提高，质量安全问题偶有出现，直接危及消费者的身体健康和生命安全。2001 年，国家质量监督检疫总局组织了全国省（自治区、直辖市）质量技术监督局，对在全国范围从事米、面、油、酱油、醋 5 类食品的所有生产企业包括"小作坊"进行了"两查"，即产品质量国家监督专项抽查和食品生产加工企业保证产品质量安全必备条件专项调查，得出了抽样合格率较低的结果。通过"两查"发现，我国食品安全质量问题产生的主要原因有绝大多数食品生产加工企业规模小，不具备生产合格产品的基本条件；相当多数量的食品生产加工企业不具备产品检验能力，产品出厂不检验；部分食品生产加工企业管理混乱，不按标准组织生产；更有一些食品生产加工企业见利忘义，违法生产假冒伪劣产品。

我国曾发生过一些食品安全事件，如"苏丹红事件""假酒事件""瘦肉精事件""安徽阜阳劣质奶粉事件"等。针对这些情况，原国家质检总局自 2002 年 7 月开始首先在全国范围内对大米、小麦粉、食用植物油、酱油、醋等 5 类食品及其生产企业实行食品质量安全市场准入制度，在这 5 大类产品上加贴 QS 标志。

2003 年 1 月 14 日，贴有 QS（Qiye Chanpin Shengchan Xuke，即企业产品生产许可）标志的 5 类"放心食品"开始陆续投放市场。按照规定，2003 年 8 月 1 日起，未加贴 QS 标志的这 5 类食品将不得进入市场销售。2008 年起要求所有食品必须加贴 QS 标志才能销售，自 2010 年 6 月 1 日起标志的"质量安全"修改为"生产许可"。

如今，国家规定启用新的食品生产许可证、新的食品经营许可证。食品生产许可证的"QS"标志逐步退出市场，取而代之的是"SC"（食品生产许可证）。对于消费者来说，包装上印有"QS"的产品不会立即从市场上消失，而是在 3 年内慢慢退出市场，即自 2018 年10 月 1 日起，食品生产企业生产的食品（含保健食品、食品添加剂）不得再使用原包装、标签及 QS 标志。2018 年 10 月 1 日以前带有"QS"标志老包装的食品和标有新食品生产许可证编号的食品会同时出现在市场。这主要是为了最大程度减少食品生产企业的损失。

11.1.3　食品质量安全市场准入制度的标志——食品生产许可证编号

食品生产许可标志由"QS"和"生产许可"中文字样组成。标志主色调为蓝色，字母"Q"与"生产许可"4 个中文字样为蓝色，字母"S"为白色。此标志将逐渐在食品市场上消失，因为新的《食品安全法》明确规定食品包装上应当标注食品生产许可证编号（图 11-1），没有要求标注食品生产许可证标志；新的食品生产许可证编号完全可以达到识别、查询的目的。有关人员认为，取消"QS"标志有利于增强食品生产者食品安全主体责任意识。

原国家食品药品监督管理总局决定自 2015 年 10 月 1 日起，正式启用新版食品生产许可

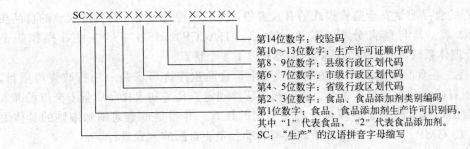

SC×××××××× ×××××

第14位数字：校验码
第10~13位数字：生产许可证顺序码
第8、9位数字：县级行政区划代码
第6、7位数字：市级行政区划代码
第4、5位数字：省级行政区划代码
第2、3位数字：食品、食品添加剂类别编码
第1位数字：食品、食品添加剂生产许可识别码，
其中"1"代表食品，"2"代表食品添加剂。
SC："生产"的汉语拼音字母缩写

图 11-1　食品生产许可证编号

证，规定食品与食品添加剂 34 个种类必须取得生产许可才能生产。食品生产许可证编号由"SC"（"生产"的汉语拼音字母缩写）和 14 位阿拉伯数字组成。数字从左至右依次为：3 位食品类别编码、2 位省（自治区、直辖市）代码、2 位市（地）代码、2 位县（区）代码、4 位顺序码、1 位校验码。

食品、食品添加剂类别编码用第 1~3 位数字标识，具体为：第 1 位数字代表食品、食品添加剂生产许可识别码，阿拉伯数字"1"代表食品，阿拉伯数字"2"代表食品添加剂；第 2、3 位数字代表食品、食品添加剂类别编号，其中，食品类别编号按照《食品生产许可管理办法》第十一条所列食品类别顺序依次标识，即："01"代表粮食加工品，"02"代表食用油、油脂及其制品，"03"代表调味品，以此类推，"27"代表保健食品，"28"代表特殊医学用途配方食品，"29"代表婴幼儿配方食品，"30"代表特殊膳食食品，"31"代表其他食品。食品添加剂类别编号标识为："01"代表食品添加剂，"02"代表食品用香精，"03"代表复配食品添加剂。

省级行政区划代码按《中华人民共和国行政区划代码》（GB/T 2260—2007）执行，按照该标准中表 1 省、自治区、直辖市、特别行政区代码表中的"数字码"的前两位数字取值。市级行政区划代码按《中华人民共和国行政区划代码》（GB/T 2260—2007）执行，按照该标准中表 2~表 32 各省、自治区、直辖市代码表中各地市的"数字码"中间两位数字取值，共 2 位数字。县级行政区划代码按《中华人民共和国行政区划代码》（GB/T 2260—2007）执行，按照该标准中表 2~表 32 各省、自治区、直辖市代码表中各区县的"数字码"后两位数字取值，共 2 位数字。

顺序码：许可机关按照准予许可事项的先后顺序，依次编写许可证的流水号码，一个顺序码只能对应一个生产许可证，且不得出现空号。

校验码：用于检验本体码的正确性，采用 GB/T 17710—2008 中规定的"MOD11，10"校验算法，1 位数字。

食品许可证编号的基本含义如下。

① 该食品的生产加工企业经过了保证食品质量必备条件审查，并取得了食品生产许可证，企业具备生产合格食品的环境、设备、工艺条件，生产中使用的原材料符合国家有关规定，生产过程中检验、质量管理达到国家有关要求，食品包装、储存、运输和装卸食品的容器、包装、工具、设备安全、清洁，对食品没有污染。

② 该食品出厂已经过检验合格，食品各项指标均符合国家有关标准规定的要求。未取得食品生产许可证以及未经出厂检验合格的食品不得印有食品生产许可证编号。出厂食品的检验，一般由生产者自身设置的、经审查符合要求的检验部门进行检验。

11.1.4　食品质量安全市场准入制度的特点

食品质量安全市场准入制度密切结合我国食品生产加工企业实际情况，并借鉴了目前国际上比较通行的食品质量安全监管模式的有益思想，是一项符合国情并与国际接轨的食品质量安全管理体系。其与危害分析、关键控制点（HACCP）、ISO 9000、良好操作规范（GMP）等管理体系认证有本质的不同，主要有以下 4 个特点。

① 强制性　在食品质量安全市场准入制度中，食品生产许可证是一项行政许可项目，适用于我国所有的食品生产加工企业。按照相关法律规定，凡是列入食品质量安全市场准入制度目录的食品，其生产企业必须接受有关部门的核查，并满足审查通则和细则的具体要求。ISO 9000、GMP、HACCP 主要是以政府鼓励、企业自愿的方式进行。

② 基础性　食品质量安全市场准入制度的基础性表现在两个方面：一是它针对食品生产加工企业，提出了对食品生产加工企业的基本的通用要求，是对某些重点食品实施更高的特殊监管模式的基础；二是它借鉴了全面质量管理的主要理论和基本原则，吸收了 ISO 9000 族标准的基础性元素，是食品生产加工企业必须达到的基本规范和要求。

③ 系统性　食品质量安全市场准入审查从企业管理职责、生产资源提供、技术文件管理、采购质量控制、过程质量控制、产品质量检验 6 个方面，对生产加工企业加强质量安全监管做出了系统化规范。而 HACCP 以关键控制点为核心，是企业质量管理的一部分，并没有涵盖企业质量管理体系的全部内容。

④ 全面性　食品质量安全市场准入审查着眼于食品安全从原料采购到成品出厂的全过程管理，对食品生产加工企业提出了保证产品质量安全的基本要求。而 GMP 着重针对生产设施、设备等硬件方面的卫生要求。

11.2　食品生产经营符合的条件

根据《食品安全法》的有关规定，食品生产经营必备条件包括 8 个方面，即环境条件、生产设备条件、加工工艺及过程、原材料要求、人员要求、储运要求、专业人员检验能力要求、包装要求等。

不同食品的生产加工企业，保证产品质量必备条件的具体要求不同，总结成 8 个方面，具体内容如下。

（1）环境

具有与生产经营的食品品种、数量相适应的食品原料处理和食品加工、包装、储存等场所，保持该场所环境整洁，并与有毒、有害场所以及其他污染源保持规定的距离。食品生产加工企业必须具备保证产品质量的环境条件，主要包括食品生产企业周围不得有有害气体、放射性物质和扩散性污染源，不得有昆虫大量滋生的潜在场所；生产车间、库房等各项设施应根据生产工艺卫生要求和原材料储存等特点，设置相应的防鼠、防蚊蝇，以及防昆虫侵入、隐藏和滋生的有效措施，避免危及食品质量安全。

（2）生产设备

具有与生产经营的食品品种、数量相适应的生产经营设备或者设施，有相应的消毒、更衣、盥洗、采光、照明、通风、防腐、防尘、防蝇、防鼠、防虫、洗涤以及处理废水、存放垃圾和废弃物的设备或者设施。生产不同的产品，需要的生产设备不同，例如小麦粉生产企业应具备筛选清理设备、比重去石机、磁选设备、磨粉机、清粉机及其他必要的辅助设备，设有原料和成品库房；对大米的生产加工则必须具备筛选清理设备、风选设备、磁选设备、砻碾机、碾米机、米筛等设备。虽然不同的产品需要的生产设备有所不同，但企业必须具备保证产品质量的生产设备、工艺装备等基本条件。

（3）原材料要求

制作食品用水必须符合国家规定的城乡《生活饮用水卫生标准》（GB 5749—2022），使用的添加剂、洗涤剂、消毒剂对人体安全无害。食品生产企业不得使用过期、失效、变质、污秽不洁的原材料或者非食用性的原材料生产加工食品。例如，生产大米不能使用已发霉变质的稻谷为原料进行加工生产；又如在食用植物油的生产中，严禁使用混有非食用植物的油料和油脂为原料加工生产食用植物油。

（4）加工工艺及过程

具有合理的设备布局和工艺流程，防止待加工食品与直接入口食品、原料与成品交叉污染，避免食品接触有毒物、不洁物。食品加工工艺流程设置应当科学、合理。生产加工过程应当严格、规范，采取必要的措施防止生食品与熟食品、原料与半成品或成品的交叉污染。加工工艺和生产过程是影响食品质量安全的重要环节，工艺流程控制不当会对食品质量安全造成重大影响。如，2001 年吉林市发生的学生豆奶中毒事件，就是因为生产企业擅自改变工艺参数，将杀菌温度由 82℃ 降低到 60℃，不仅不能起到灭菌的作用，反而促进细菌生长，直接造成微生物指标超标，致使大批学生食物中毒。

（5）人员要求

食品生产经营人员应当保持个人卫生，生产经营食品时，应当将手洗净，穿戴清洁的工作衣、帽等；销售无包装的直接入口食品时，应当使用无毒、清洁的容器、售货工具和设备。在食品生产加工企业中，因工作岗位不同，所负责任的不同，对各类人员的基本要求也有所不同。对于企业法定代表人和主要管理人员则要求其必须了解与食品质量安全相关的法律知识，明确应负的责任和义务；对于企业的生产技术人员，则要求其必须具有与食品生产相适应的专业技术知识；对于生产操作人员上岗前应经过技术（技能）培训，并持证上岗；对于质量检验人员，应当参加培训、经考核合格取得规定的资格，能够胜任岗位工作的要求。从事食品生产加工的人员，特别是生产操作人员必须身体健康，无传染性疾病，保持良好的个人卫生。

（6）产品储运要求

储存、运输和装卸食品的容器、工具和设备应当安全、无害，保持清洁，防止食品污染，并符合保证食品安全所需的温度、湿度等特殊要求，不得将食品与有毒、有害物品一同储存、运输。企业应采取必要措施以保证产品在其储存、运输的过程中质量不发生劣变。食品生产加工企业生产的成品必须存放在专用成品库内。在运输时不得将成品与污染物同车运输。

（7）检验能力

食品生产加工企业应当有专职或者兼职的食品安全专业技术人员、食品安全管理人员和保证食品安全的规章制度；具有与所生产产品相适应的质量检验和计量检测手段，如生产酱油的企业应具备酱油标准中规定的检验项目的检验能力。对于不具备出厂检验能力的企业，必须委托符合法定资格的检验机构进行产品出厂检验。企业的计量器具、检验和检测仪器属于强制鉴定范围的，必须经法定计量鉴定技术机构鉴定合格并在有效期内方可使用。

（8）产品包装、容器

餐具、饮具和盛放直接入口食品的容器，使用前应当洗净、消毒，炊具、用具用后应当洗净，保持清洁。直接入口的食品应当使用无毒、清洁的包装材料、餐具、饮具和容器。包装是指在运输、储存、销售等流通过程中，为保护产品，方便运输，促进销售，按一定技术方法而采用的容器、材料及辅助物的总称。不同的产品其包装要求也不尽相同，例如食用植物油的包装容器，要求应采用无毒、耐油的材料制成。用于食品包装的材料如布袋、纸箱、玻璃容器、塑料制品等，必须清洁、无毒、无害，必须符合国家法律法规的规定，并符合相应的强制性标准要求。

食品标签的内容必须真实，必须符合国家法律法规的规定，并符合相应产品（标签）标准的要求，标签应当标明下列事项：①名称、规格、净含量、生产日期；②成分或者配料表；③生产者的名称、地址、联系方式；④保质期；⑤产品标准代号；⑥储存条件；⑦所使用的食品添加剂在国家标准中的通用名称；⑧生产许可证编号。

食品经营者销售散装食品，应当在散装食品的容器、外包装上标明食品的名称、生产日期或者生产批号、保质期以及生产经营者名称、地址、联系方式等内容。

11.3 食品质量安全市场准入的组织实施

11.3.1 实施原则

食品质量安全市场准入制度是我国对食品生产企业质量安全监管的一项全新制度，按照统一领导、分工负责、分类管理、分步实施的原则组织实施。

（1）统一领导

国家市场监督管理总局统一领导、统一管理这项制度的实施，主要体现在以下 3 个方面：一是统一制定方针、政策、法规以及规范性文件，包括制定监管每类食品的实施细则，制定并调整产品目录、证书的式样及使用管理办法，制定审查人员、检验人员、检验机构的基本条件及管理规定等；二是统一公告有关信息，包括公布产品目录，取得承担检验任务资格的检验机构名单，取得或撤销许可证的企业名单等；三是对全国实施情况进行统一监督检查。

（2）分工负责

省级质量技术监督局负责本省食品质量安全市场准入制度的组织实施，主要职责：一是组织本省（自治区、直辖市）生产企业的审查发证、强制检验以及标准管理工作；二是组织有关规章、文件、产品技术标准的宣传贯彻工作；三是组织开展审核、检验人员的培训考核和承检机构的资质审查工作；四是组织实施对获证企业的监督管理和依法查处工作。地市级质量技术监督局在省（自治区、直辖市）局的统一安排下，负责本行政区域内食品质量安全市场准入的各项具体工作。县级质量技术监督局承担这项制度的各项基础性工作，主要是开展对食品生产加工企业必备条件的调查工作，按照国家市场监督管理总局统一方案建立所辖区域食品生产企业的质量档案，组织开展行政执法工作。

（3）分类管理

按照 GB 7635—2002《全国工农业产品（商品、物资）分类与代码》的划分，食品共有28 大类，187 小类，525 种。而如今，根据最新出台的食品相关法律规定，发证食品共 31 种。由于无法同时对所有食品实施此项制度，因此采用了分类管理、突出重点的原则，按照食品的安全程度、生产规模以及与群众生活相关程度，分类实施。

（4）分步实施

按照食品对人身安全健康可能构成的危害、与百姓生活密切相关的程度，以及生产企业的数量、存在质量安全问题的严重程度，区分轻重缓急，实行分类管理、分步实施，由国家市场监督管理总局分期分批公布实施食品质量安全市场准入制度的产品目录。按照三步走的战略计划，在 3～5 年内对食品实施食品质量安全市场准入制度。

11.3.2 实施成效

（1）食品质量安全合格率明显提高，得到了全社会的充分肯定

食品质量安全市场准入制度在 2002 年 8 月开始实施，广大食品生产企业为了确保产品

质量安全，根据《加强食品质量安全监督管理工作实施意见》对食品生产加工企业必备条件的具体规定，从环境卫生要求等方面不断完备生产条件，全面提高产品质量保证能力，提高产品合格率。

（2）促进了食品标准的实施，规范了食品生产加工企业的行为

食品质量安全市场准入制度的实施规定了食品生产加工企业必须保证产品质量和食品安全质量检验，同时增强了对企业的合理性审查，也带动了食品标准的实施，使企业在生产过程中有标可循，规范了企业的生产，加强了食品生产企业的基础性工作。

（3）全面提高了食品生产企业的整体水平，有效推动了食品企业结构的调整

一大批不具备生产条件的家庭作坊式小型企业已经倒闭或面临倒闭，而一些生产高档大型食品加工设备的企业随着食品市场准入制度的深入开展，迎来了快速发展的良好机遇。实践证明，实施食品质量安全市场准入制度，有助于食品质量安全总体水平的稳步提高，有助于促进广大食品生产企业不断完善质量保障体系，有助于食品行业的优胜劣汰，推动食品产业结构的调整。

（4）促进了食品质量安全标准和检验检测体系的建设和完善

食品质量安全市场准入制度对每一类食品的质量安全从产品质量、检验、运输、贮藏、包装、标准规范、监督管理等方面作出了全面、明确、具体的要求，奠定了我国食品生产加工企业质量安全法律法规和标准体系的基础。同时，国家和省局批准了很多发证检验机构和实施日常监督、定期检验的食品检验机构，为有效实施食品质量安全监管工作提供强有力的技术保障。

（5）加强了高素质的食品质量安全监管专业人员队伍的建设

对从事企业必备条件的核查人员实行资格管理制度。核查人员包括省局、食品生产许可证注册审查员、高级审查员和技术专家。核查人员经注册或者批准备案后，方可持证上岗。未经考核合格取得相应资格证书的人员，不得从事核查工作。实践证明，食品质量安全市场准入制度的实施，进一步加强了食品安全监管队伍和技术队伍的建设，为全面加强食品质量安全监管奠定了扎实的基础。

11.4　食品生产许可的申请

11.4.1　食品生产许可的适用范围

根据《加强食品质量安全监督管理工作实施意见》：凡在中华人民共和国境内从事食品生产加工的公民、法人或其他组织，必须具有保证食品质量的必备条件，按规定程序获得食品生产许可证，生产加工的食品必须经检验合格，方可出厂销售。进出口食品的管理按照国家有关进出口商品监督管理规定执行。

按照上述规定，食品生产许可制度的适用范围如下。

① 适用地域　中华人民共和国境内。

② 适用主体　一切从事食品生产加工并且其产品在国内销售的公民、法人或者其他组织。

③ 适用产品　列入国家市场监督管理总局公布的《食品生产许可管理办法》（2020）且在国内生产和销售的食品，发证食品增加到 32 类。

11.4.2　实行质量安全市场准入制度的食品种类

2020 年 3 月 1 日起，共 32 类食品实行食品生产许可制度，申请食品生产许可，应当按

照以下食品类别提出：粮食加工品，食用油、油脂及其制品，调味品，肉制品，乳制品，饮料，方便食品，饼干，罐头，冷冻饮品，速冻食品，薯类和膨化食品，糖果制品，茶叶及相关制品，酒类，蔬菜制品，水果制品，炒货食品及坚果制品，蛋制品，可可及焙烤咖啡产品，食糖，水产制品，淀粉及淀粉制品，糕点，豆制品，蜂产品，保健食品，特殊医学用途配方食品，婴幼儿配方食品，特殊膳食食品，其他食品等。

11.4.3 食品生产许可程序

11.4.3.1 申请阶段

申请人应当如实向食品药品监督管理部门提交有关材料和反映真实情况，对申请材料的真实性负责，并在申请书等材料上签名或者盖章。县级以上地方食品药品监督管理部门对申请人提出的食品生产许可申请，应当根据下列情况分别作出处理：申请事项依法不需要取得食品生产许可的，应当即时告知申请人不受理。申请事项依法不属于食品药品监督管理部门职权范围的，应当即时作出不予受理的决定，并告知申请人向有关行政机关申请。申请材料存在可以当场更正的错误的，应当允许申请人当场更正，由申请人在更正处签名或者盖章，注明更正日期。申请材料不齐全或者不符合法定形式的，应当当场或者在 5 个工作日内一次告知申请人需要补正的全部内容。当场告知的，应当将申请材料退回申请人；在 5 个工作日内告知的，应当收取申请材料并出具收到申请材料的凭据。逾期不告知的，自收到申请材料之日起即为受理。申请材料齐全、符合法定形式，或者申请人按照要求提交全部补正材料的，应当受理食品生产许可申请。县级以上地方食品药品监督管理部门对申请人提出的申请决定予以受理的，应当出具受理通知书；决定不予受理的，应当出具不予受理通知书，说明不予受理的理由，并告知申请人依法享有申请行政复议或者提起行政诉讼的权利。

11.4.3.2 审查阶段

县级以上地方市场监督管理部门应当对申请人提交的申请材料进行审查。需要对申请材料的实质内容进行核实的，应当进行现场核查。

市场监督管理部门开展食品生产许可现场核查时，应当按照申请材料进行核查。对首次申请许可或者增加食品类别的变更许可的，根据食品生产工艺流程等要求，核查试制食品的检验报告。开展食品添加剂生产许可现场核查时，可以根据食品添加剂品种特点，核查试制食品添加剂的检验报告和复配食品添加剂配方等。试制食品检验可以由生产者自行检验，或者委托有资质的食品检验机构检验。

现场核查应当由食品安全监管人员进行，根据需要可以聘请专业技术人员作为核查人员参加现场核查。核查人员不得少于 2 人。核查人员应当出示有效证件，填写食品生产许可现场核查表，制作现场核查记录，经申请人核对无误后，由核查人员和申请人在核查表和记录上签名或者盖章。申请人拒绝签名或者盖章的，核查人员应当注明情况。

申请保健食品、特殊医学用途配方食品、婴幼儿配方乳粉生产许可，在产品注册或者产品配方注册时经过现场核查的项目，可以不再重复进行现场核查。市场监督管理部门可以委托下级市场监督管理部门，对受理的食品生产许可申请进行现场核查。特殊食品生产许可的现场核查原则上不得委托下级市场监督管理部门实施。核查人员应当自接受现场核查任务之日起 5 个工作日内，完成对生产场所的现场核查。

11.4.3.3 发证阶段

除可以当场作出行政许可决定的外，县级以上地方市场监督管理部门应当自受理申请之日起 10 个工作日内作出是否准予行政许可的决定。因特殊原因需要延长期限的，经本行政机关负责人批准，可以延长 5 个工作日，并应当将延长期限的理由告知申请人。县级以上地方市场监督管理部门应当根据申请材料审查和现场核查等情况，对符合条件的，作出准予生产许可的决定，并自作出决定之日起 5 个工作日内向申请人颁发食品生产许可证；对不符合条件的，应当及时作出不予许可的书面决定并说明理由，同时告知申请人依法享有申请行政复议或者提起行政诉讼的权利。食品添加剂生产许可申请符合条件的，由申请人所在地县级以上地方市场监督管理部门依法颁发食品生产许可证，并标注食品添加剂。食品生产许可证发证日期为许可决定作出的日期，有效期为 5 年。县级以上地方市场监督管理部门认为食品生产许可申请涉及公共利益的重大事项，需要听证的，应当向社会公告并举行听证。食品生产许可直接涉及申请人与他人之间重大利益关系的，县级以上地方市场监督管理部门在作出行政许可决定前，应当告知申请人、利害关系人享有要求听证的权利。申请人、利害关系人在被告知听证权利之日起 5 个工作日内提出听证申请的，市场监督管理部门应当在 20 个工作日内组织听证。听证期限不计算在行政许可审查期限之内。

11.4.4　获得生产许可的实例——香肠

11.4.4.1　资料准备

　　申请食品生产许可，应当向申请人所在地县级以上地方食品药品监督管理部门提交下列材料：①食品生产许可申请书；②营业执照复印件；③食品生产加工场所及其周围环境平面图、各功能区间布局平面图、工艺设备布局图和食品生产工艺流程图；④食品生产主要设备、设施清单；⑤进货查验记录、生产过程控制、出厂检验记录、食品安全自查、从业人员健康管理、不安全食品召回、食品安全事故处置等保证食品安全的规章制度。申请人委托他人办理食品生产许可申请的，代理人应当提交授权委托书以及代理人的身份证明文件。

　　(1)《食品生产许可证申请书》(表 11-1)

表 11-1　食品生产许可证申请书样本

食品生产许可申请书

　　　　　　　　　　　□食品　　　　□食品添加剂
　　　　　□首次　　　　□变更　　　　□延续

　　　　　申请人名称：＿＿＿＿＿＿＿＿＿＿＿＿＿＿＿＿
　　　　(签字或盖章)
　　　　　申请日期：＿＿＿＿＿年＿＿＿月＿＿＿日

　　(2) 食品生产许可其他申请材料清单
　　根据《食品生产许可管理办法》，申请食品生产许可，申请人还需提交材料如下：
　　① 营业执照复印件；
　　② 食品加工场所及周围环境平面图；
　　③ 食品加工场所各功能区间布局平面图；
　　④ 工艺设备布局图；
　　⑤ 食品生产工艺流程图；
　　⑥ 食品生产主要设备、设施清单；

⑦ 保证食品安全的规章制度清单;

⑧ 其他材料。

(3) 生产场所布局图 (图 11-2)

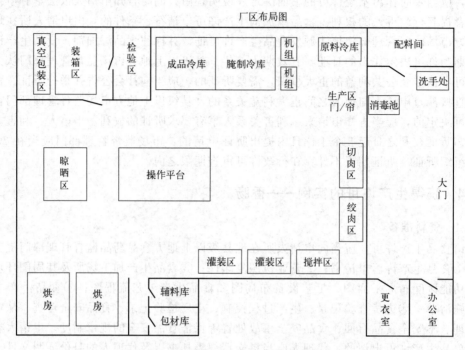

图 11-2　某香肠加工厂生产场所布局图范例

(4) 生产工艺流程图 (图 11-3)

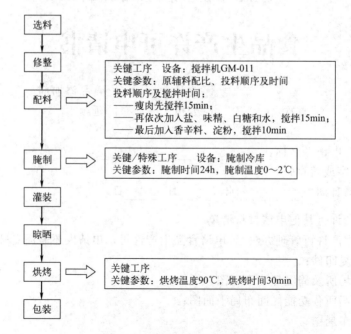

图 11-3　香肠生产工艺流程图

（5）食品生产主要设备、设施清单（表 11-2）

表 11-2　食品生产主要设备、设施清单

设备、设施			
序号	名称	规格/型号	数量
检验仪器			
序号	检验仪器名称	精度等级	数量

（6）食品安全管理制度清单（表 11-3）

表 11-3　食品安全管理制度清单

序号	管理制度名称	文本编号
1	进货查验记录管理制度	
2	生产过程控制记录管理制度	
3	出厂检验记录管理制度	
4	食品安全自查管理制度	
5	从业人员健康管理制度	
6	不安全食品召回管理制度	
7	食品安全事故处置管理制度	
8	其他制度	

（7）质量管理文件

① 企业概况、质量方针、目标

a. 企业概况：有多少员工、规模是否通过国际质量体系认证等。

企业要有明确的质量方针和目标，例如，方针：质量第一，诚信服务。

b. 目标：可以具体化，例如保证出厂销售产品 100％合格，保证销售的产品质量安全 100％，顾客满意率 98％等类似的表达。给员工宣传并组织学习企业的质量方针和目标，使员工都知道企业的质量方针和目标，而且要落实。

② 质量管理职责

a. 首先要设定好岗位，如总经理下设生产部、技术部、品控部、采购部等各个部门的岗位职责及相互关系。要制定质量管理制度，规定各有关部门、人员的职责、权限及相互关系，制定岗位责任制，特别是部门之间有交叉的地方要把责任明确到人。特别提醒的是：要规定企业的领导中至少有一人全面负责产品质量工作，同时，要有质量管理部门或人员负责质量管理体系的建立、实施和保持工作。

b. 建立不合格品管理办法。

首先要有不合格品的控制程序，出现不合格品能正确处置。

是否进行了纠正，采取了纠正措施使不合格品得到控制。强调的是企业要有不合格品一票否决制，即检验人员通过检验确定的不合格品不许出厂，不合格品不出厂不是由总经理决定，这是 QS 制度中非常重要的一点，也是相关文件中多次强调的一点，企业的管理手册中一定要有不合格品控制程序、纠正措施程序以及相应的质量记录。

（8）生产资源提供

① 生产场所的必备条件：企业的厂区要整洁，应建立在无有害气体、烟尘、灰尘以及有其他扩散性污染源的地区，远离垃圾、畜牧场、医院、粪池及排放"三废"的工业企业。

② 生产场所应能满足生产的需要：车间、库房清洁、明亮；有防尘、防鼠、防蝇的设施，有更衣、洗手、消毒设施，厕所应在生产车间外侧，各种废弃物应在车间外较远处。

③ 厂房面积应不少于设备占地面积的 8 倍，地面应硬实、平整、光洁（至少是水泥地面），加工和包装场地要经常清洗消毒。

④ 应有足够的原料、辅料、半成品、成品库房，原料、辅料、半成品、成品应分开放置，不得混放，冷藏库应清洁。

⑤ 干燥、无异味，不得堆放生产资料和杂物。

⑥ 生产设备：企业的生产设备包括斩拌设备、腌制设施、冷藏设施、烘烤设备、灌装设备、包装设备等，设备的功能应良好，应有备台账，定期进行维护的计划、记录以及维修记录。直接接触食品及原料的容器设备应符合要求，包装材料应符合国家相关包装材料的规定，必须无毒、无害、无异味、清洁、干燥，不影响香肠的品质。

⑦ 人员要求：企业领导应了解生产者的产品质量责任和义务，质量管理人员应有管理知识和食品生产知识，企业的技术人员应有专业技术知识，生产操作人员能正确、熟练进行操作并应身体健康，无传染性疾病，有健康证。企业担任香肠感官评审的人员，必须经统一的培训，才能从事相应的检验工作。

（9）技术文件管理

① 企业应制定技术文件管理制度，要有专门的部门或人员负责管理技术文件，保证使用部门随时可获得技术文件的有效版本。这些都要在技术文件管理制度中规定。

② 企业应具备生产所需的产品、原料、辅料、包装材料的标准（国标、地标、行标、企标）。

③ 所有标准都要在所在地质量技术监督部门备案。

④ 企业要有生产过程中所需的工艺规程、关键控制点、作业指导书并应科学、合理。

（10）采购质量控制

① 企业要制定采购原辅料及包装材料的采购管理制度。制订采购计划、采购清单（合同）并根据批准的采购文件进行采购。这些要有记录。采购要有采购检验或验证证明（检验报告），如果企业对索取的证明不放心，可以自行检验或送检确保产品的合格率。

② 如果有外协加工要制定外协管理制度。

（11）生产质量控制

① 企业应制定生产过程质量管理制度及相应的考核办法，并有具体考核的记录。

② 员工要按照工艺文件进行生产操作，工艺文件中应规定关键控制点并有关键控制点的作业指导书。对分包企业来说关键控制点主要是原料验收、产品包装。

③ 企业必须实施关键控制点的控制程序，并做好记录。例如，进货原料的检验合格证

明、包装材料的合格证明等。

④ 生产过程中是否有有效地防止污染的措施？操作场所的卫生条件是否达到要求？员工是否遵守卫生管理制度——进入车间要洗手、更衣、戴鞋套等。成品库、原料库是否洁净、干燥、没有杂物及有异味的物品等，这些是否按规章制度执行了？

（12）产品质量检验

① 企业必须具备规定的出厂检验设备。

② 检验员应在《产品出厂检验报告》上如实记录检验结果。

③ 检验合格后，检验员签发合格证，产品方可出厂。

④ 对不合格品，应执行《不合格产品管理办法》。

11.4.4.2 申请

食品生产加工企业按照地域管辖和分级管理的原则，到所在地的县级以上市场监督部门提出办理食品生产许可证的申请，提交申请材料。市场监督管理部门在接到企业申请材料后组成审查组，完成对申请书和资料等文件的审查。申请材料存在可以当场更正的错误的，应当允许申请人当场更正，由申请人在更正处签名或者盖章，注明更正日期。申请材料齐全、符合法定形式，或者申请人按照要求提交全部补正材料的，应当受理食品生产许可申请。

11.4.4.3 审查

企业的书面材料合格后，按照食品生产许可证审查规则，企业要接受审查组对企业必备条件和出厂检验能力的现场核查。现场核查合格的企业，经必备条件审查合格且符合发证条件的，确认无误后，国家市场监督管理总局负责制定食品生产许可证正本、副本式样。省、自治区、直辖市县级以上地方市场监督管理部门负责本行政区域食品生产许可证的印制、发放等管理工作。

11.4.4.4 发证

县级以上地方市场监督管理部门向符合发证条件的生产企业发放食品生产许可证及其副本。食品生产许可证分为正本、副本。正本、副本具有同等法律效力。

食品生产许可证发证日期为许可决定作出的日期，有效期为 5 年。食品生产许可证有效期内，现有工艺设备布局和工艺流程、主要生产设备设施、食品类别等事项发生变化，需要变更食品生产许可证载明的许可事项的，食品生产者应当在变化后 10 个工作日内向原发证的市场监督管理部门提出变更申请。生产场所迁出原发证的市场监督管理部门管辖范围的，应当重新申请食品生产许可。食品生产者需要延续依法取得的食品生产许可的有效期的，应当在该食品生产许可有效期届满 30 个工作日前，向原发证的市场监督管理部门提出申请。县级以上地方市场监督管理部门应当根据被许可人的延续申请，在该食品生产许可有效期届满前作出是否准予延续的决定。申请人声明生产条件未发生变化的，县级以上地方市场监督管理部门可以不再进行现场核查。申请人的生产条件发生变化，可能影响食品安全的，市场监督管理部门应当就变化情况进行现场核查。原发证的市场监督管理部门决定准予变更的，应当向申请人颁发新的食品生产许可证。食品生产许可证编号不变，发证日期为市场监督管理部门作出变更许可决定的日期，有效期与原证书一致。但是，对因迁址等原因而进行全面现场核查的，其换发的食品生产许可证有效期自发证之日起计算。原发证的市场监督管理部门决定准予延续的，应当向申请人颁发新的食品生产许可证，许可证编号不变，有效期自市场监督管理部门作出延续许可决定之日起计算。不符合许可条件的，原发证的市场监督管理部门应当作出不予延续食品生产许可的书面决定，并说明理由。

本章习题：

1. 简述食品生产许可的定义和内容。
2. 申请变更或延续食品生产许可的应当提交哪些材料？
3. 申请食品经营许可应当向申请人所在地区有关部门提交哪些基本材料？
4. 生产车间布局变化，如原有成品仓库外租是否需要向监管部门备案？

本章思考与拓展：

  餐饮服务从业人员要保持良好个人卫生，不得留长指甲、涂指甲油，不得披散头发，工作时不应佩戴手表、手镯、手链、手串、戒指、耳环等饰物，食品处理区内的从业人员不应化妆。工作时应穿戴清洁的工作服，白色或浅色较好，应定点存放，定期清洗更换，从事直接接触入口食品工作的从业人员的工作服，应每天清洗更换。清洁的着装与良好的个人卫生，是企业生产高品质产品的需求，也是树立良好的企业形象的需要。作为大学生也要养成良好的个人卫生习惯，同时也要穿戴整洁得体，这些都是个人基本素质的表现之一，也是提高大学生基本素养的外在体现。现代的大学生不但要具有丰富的科学技术知识，还要具备良好的个人形象，这是新时代对大学生毕业能力的新要求，也是大学生适应社会的必备素质。

第**12**章

食品企业危机管理

"安而不忘危，存而不忘亡，治而不忘乱""思所以为危则安矣，思所以乱则治矣，思所以亡则存矣"，这是中国古代居安思危的危机思想的经典概括。

进入 21 世纪，我国的食品行业得到飞速发展，在快速发展过程中，发生了一些突发性的食品安全事件，如"苏丹红"事件、"三鹿奶粉"事件、"瘦肉精"事件、"饺子投毒"事件等。在这些食品安全事件中，有的企业安然无恙，继续生存了下来，有的却在人们的视线中消失了。同样的问题导致的结果却不一样，这源于企业是否正确地进行了危机管理。如果危机管理不当，就会使企业多年苦心经营起来的良好形象化为乌有。树立危机意识，防患于未然，是现代食品企业应该重视的一个问题

不同的企业类型，不同的企业规模，发生危机的概率和防御能力有很大差异。随着现代食品工业集约化生产和国际化并购趋势的发展，食品企业的规模和产能越来越大，并且需要食品原料生产、加工、运输、存储、销售等各个环节和行业的共同协调参与，共同承担食品质量（安全）的责任；一旦发生食品事故往往造成地区性、国家性甚至全球性的消费者健康损害，并产生社会恐慌，这就决定了食品行业的高危险性。美国著名的危机管理专家劳伦斯·巴顿划分了不同类型的组织面临的风险程度，所属食品行业的食品及饮料制造行业与核电、煤气、航空航天等企业同属于高风险组织，如表 12-1 所示。

表 12-1　各类组织面临的风险程度

高风险组织	中度风险组织	低风险组织
食品制造与分销商	零售连锁店	保险代理商
软饮料与果汁生产商	生物技术公司	软件公司
各类制造商（特别是医药和化学品制造商）	石油生产商和销售商	慈善机构
银行、金融机构、信托联盟、贸易机构	电信公司	广播电视台
公共交通（航空、铁路、公交及地铁）公司	家庭用品制造商	财务会计公司
核电公司	包装公司	服饰生产商
煤气公司	网络中心	地方商务机构
夜总会等娱乐休闲企业	计算机制造商及分销商	旅行社
卫星实体（卫星发射等）企业	电梯制造商	经纪机构
直升机、轮船及娱乐用飞船的出租商	大型超市及购物中心	法律事务所
建筑、房地产、工程承包商	医疗机构	咨询公司

食品企业危机一旦发生，如果处理不当，不仅仅要面临不合格产品召回、消费者巨额医疗及诉讼赔偿，对员工、产品、服务、资产和声誉造成巨大损失，同时还会引发其他危机，

产生多米诺骨牌效应，其影响对于一个企业来讲往往是致命的。

近几年来，随着我国经济的持续健康发展，特别是外贸经济的迅速发展，依托农产品种植和人力资源优势，我国现已逐渐成为世界主要食品生产基地之一。在我国加入 WTO 后，食品质量（安全）面临着新的挑战。为了保护我国消费者的健康，必须在 WTO 的《SPS 协定》和《TBT 协定》的框架内，以危险评价和危机管理为依据，制定对食品安全的监督和管理策略。另一方面，为了应对食品出口贸易中的技术壁垒和有准备地参与国际食品贸易中的争端和危机的解决机制，则必须加强信息交流，进行食品安全管理的研究以应对食品质量竞争，同时也要进行食品危机管理学的研究，预防危机，从容应对危机，保护企业和我国的经济利益。即使我国现代食品企业危机管理的理论不断地更新，不断地进步，但依然存在些许问题和漏洞。现代食品企业危机管理研究不足主要表现在以下几方面。

（1）往往从危机的结果界定危机，从危机的来源进行定义的较少

理论界对危机的定义很多，但一般认为危机对组织是一个紧急情况，如果处理不当会使危机扩散，还有可能威胁组织的生存。处理危机需要训练有素的人员和一定物资，并且在短时间内作出决定。也有人认为危机的结果可能意味着危险和机遇。

（2）将危机预警和危机处理相分离

在整理文献后我们发现，企业危机管理研究要么关注企业危机预警系统，要么关注危机出现后如何进行危机处理，能将企业危机预警系统和危机处理相结合的研究并不多见。这种做法割裂了危机预警与危机处理，而实际上，这两者相辅相成。危机预警可以为危机处理做好前期准备；而危机处理完毕后应该进行经验总结，然后对设计不合理的地方进行修改，使危机预警系统更加完善、可行。

（3）很难在实践中推广

在分析具体事例时，传统的危机管理往往采用案例分析法。通过这种分析方法得出的结论往往是描述性语言，含糊不清，借鉴意义不大。更有甚者，有时由于作者的观念、资料收集渠道等不同，出现同一个案例有不同说法的现象，让读者摸不着头脑。除了案例分析法之外，还有各种统计方法、指标分析方法、现场调查法和指数分析方法，这些方法也有很多局限性，真正能在实践中推广应用的很少。

（4）把危机视为一个孤立的事件

企业作为一个系统存在于一定的环境之中，不断与外界环境交换着物质、能量、信息以及人力资源。将危机视为一个孤立的事件，其实就是把企业危机管理仅仅视为一种对危机的处理技术，忽视了企业危机管理可以对危机进行有效预防，从而将危机转化为机遇。这种研究方法虽然有很强的操作性，但是大大减弱了企业危机管理的作用。应该注意到，企业危机是一个逐渐发展的过程，将企业危机视为一个具有生命周期特点的发展过程，对企业危机的不同发展阶段采取不同的方法进行处理，可以全面处理和利用企业危机，真正使企业获得可持续发展的能力，从而延长企业生命周期。

（5）把危机的产生归因于外部因素，忽略对企业内部危机管理能力的研究

危机的产生既有企业内部的原因，也有企业外部环境的影响。危机信息来源广，数量大，要想在短时间内收集到所需要的信息，并及时分析处理，及时检测可能发生的危机，仅仅依靠企业家的个人素质是行不通的。企业危机的爆发经常表现为由外部因素引发，由于外部因素有很大的不可控性，所以人们认为企业危机管理的可行性较低，意义不大。

（6）企业危机管理能力未成为企业核心能力的重要内容

企业能力应该分两种：常态下能力和非常态下的能力。在常态下竞争力强的企业，由于

危机识别能力差、危机管理专业水平低、处理危机措施不力等原因，一旦遇到危机就不堪一击，这样的企业不真正具有核心能力。危机管理能力就是企业在非常态下的竞争力，它应该成为企业能力的重要组成部分。企业作为一个存在于环境中的组织，通过日常的企业危机管理，可以有效地增强自身应变能力，增强对外界环境变化的适应能力。

（7）衡量危机的指标体系不够完善

大多数企业危机管理研究只是针对财务危机或某个方面的危机，综合而全面的指标体系比较少见。因此，有必要建立衡量企业自身抵御危机能力的指标体系，对企业危机的征兆进行经验总结，从而使衡量企业危机的指标体系更加切合实际和符合我国的国情。科学合理的危机管理指标体系将减少企业危机管理工作的随意性，有效地提高应对危机的管理效率，实现企业危机决策的规范化、科学化和有效性。

12.1 食品企业危机管理概述

12.1.1 企业危机管理的含义

了解和掌握危机是识别危机和有效进行危机管理的前提。

什么是危机？危机（Crisis）又称为紧急情况、突发事件或重大灾难等，危机的概念最初源于希腊语，并被普遍用于医学领域，它用来表示一些至关重要的、需要立即作出决断的状况。一般认为，当出现以下一系列情况时，就意味着企业出现了一定的危机：工业事故；环境危害；收回产品；与投资者关系不融洽；代理权之争；恐怖事件；贪污行为；恶意颠覆行为等。当这样的情况出现后，会对企业造成一系列的不良影响，如声誉受到明显的损害，公众对企业的信任度下降，业绩下降，利润减少，员工忠诚度下降等。对于危机的概念，代表性的有以下几种。

赫尔曼（Hermann）认为，危机是某种特定的形势，在这种形势中，其决策主体的根本目标受到威胁，并且作出决策的反应时间很有限，其发生也出乎决策主体的意料之外。

杨冠琼认为，危机事件是指那些导致社会系统或其子系统的基本价值和行为准则趋于崩溃，在较大程度上和较大范围内威胁到人们的生命和财产安全，引起社会恐慌和社会正常秩序与运转机制瓦解的事件。

巴顿（Barton）认为，危机是一个会引起潜在负面影响的具有不确定性的大事件，其后果可能对组织及其员工、产品、服务、资产和声誉造成巨大的损害。

里宾杰（Lerbinger）将危机定义为：对于企业未来的获利性、成长乃至生存发生潜在威胁的事件。一个事件发展为危机，必须具备3个特征：一是该事件对企业造成威胁，管理者确信该威胁会阻碍企业目标的实现；二是如果不及时采取行动，局面会恶化而且无法挽回；三是该事件具有突发性。

从以上定义我们可以看出，危机一般具有隐秘性、突发性、危害性、急迫性、公众性、复杂性、不确定性、政治性、双重效果性（具有危险和机遇双重效果性）；对于危机的定义取决于进行危机管理的主体，通常危机管理的主体分为企业和政府组织。本章侧重于食品企业危机管理的研究和学习。

危机管理的概念是什么？目前国内外并没有统一的定义。不同的学者从各自研究的角度给危机管理下了不同的定义，主要有以下几种。

海恩思沃斯认为，危机管理是一种行动型的管理职能，它谋求确认那些可能影响组织的潜在的或萌芽中的各种问题，然后动员并协调该组织的一切资源，从战略上来影响那些问题的发展。

美国著名咨询顾问史蒂文·芬克认为，危机管理是指组织对所有危机发生因素的预测、分析、化解、防范等采取的行动。

路洪卫认为，危机管理是立足于应对组织或社会突发的危机事件，通过有计划的专业处理系统将危机造成的损失降到最低。成功的危机管理能够利用危机，使政府或组织在危机过后树立更优秀的形象，公众将会对政府或组织有更深刻的了解，更大的认同。因此，危机面前，发现、培育进而收获潜在的成功机会，这是危机管理的精髓。

从企业危机管理的角度考虑，我们认为：危机是指企业突然遇到严重威胁自身成长乃至生存的紧急事件，对此事件的管理、控制超出了企业的管理能力，要求企业在有限的时间内和不确定性很强的情况下必须作出关键性决策，采取特殊的措施加以应对。

企业危机管理是经营管理中的重要组成部分，国内外的学者和企业家很重视企业危机管理的研究。企业危机管理的定义有以下几种。

日本企业管理专家藤井定美认为，所谓企业危机管理就是针对那些事先无法预想何时发生，然而一旦发生却对企业经营造成极端危险的各种突发事件的事前事后管理。

美国学者史蒂文·芬克认为，危机管理是对于企业前途转折点上的危机，有计划地消除风险与不确定性，使企业能掌握自己前途的艺术。该定义更强调企业危机管理的艺术性。

廖为健认为，危机管理是一种应激性的公共关系。当意外事故发生时，组织陷于困境，所面临的公众压力处于极限状态，组织的公共关系亦处于应急状态。危机管理便是立足于应对企业突发的危机事件，通过有计划的专业处理系统将危机造成的损失降到最低。同时，成功的危机管理还能利用危机，使企业在危机过后树立更优秀的形象。

从以上定义我们可以看出，危机管理都是一个时间序列，管理工作可以分为 3 大阶段：一是危机发生前的事前管理，主要是预防与预警；二是危机发生时的事中管理，主要是以积极的态度，采取及时有效的得力措施，将危机事态控制在最小的范围内，并努力减少其破坏性，使社会或企业等组织系统恢复正常；三是危机的事后管理，主要是对危机处理工作进行总结分析并改进今后的工作。因此，危机管理的目的在于减少乃至消除危机可能带来的危害，保持或恢复社会或组织的正常运转。

危机管理是一种系统的、动态的、有组织、有计划、决策非程序化的管理过程。危机爆发前，通过寻找危机根源、本质及其表现形式，并分析它们可能造成的危害，通过缓冲处理来更好地进行转移或缩小危机的来源、范围和影响。危机事件爆发后，动用可以动用的一切人力、财力和物质资源，借助社会各组织、各部门、各行业的力量，以积极的态度，及时采取有效的措施，将危机事态控制在最小范围内，并努力减小其破坏性，保证公众有一个稳定有序的社会环境。在危机后期，要对危机处理工作进行总结分析，以便改进工作，找出新的发展机遇。

12.1.2　企业危机管理的特征

食品安全具有特殊的重要性，它与千家万户紧密联系。因此，根据食品危机的特殊性，食品企业危机存在着以下特点。

（1）在渐进性基础上具有突发性

由于食品原材料、保存和运输过程的不确定性，食品危机在一定时期内都处于潜伏状态，是一个渐进的，逐渐暴露的过程。一旦食品危机爆发，大都为突发性的，往往让企业出乎意料。其实，从某种意义上来说，危机是可以预测甚至可以规避的，危机渐进性的特征对于企业的管理者而言有利有弊。

（2）紧迫性与可控性并存

食品安全问题一旦被发现，往往会引起极大的恐慌，加上大众媒体的快速传播，马上会成为社会的公共话题。危机来临的紧迫性，要求企业在第一时间内迅速做出反应，应对危机。而且，在食品危机的处理上，不仅影响单个食品企业，还会使整个食品的行业受到牵连，甚至会对整个社会产生强大的震荡。因此，企业必须建立相应的危机预警机制，在面对危机时，快速决策应对，将危机控制在最小范围。

（3）自主性涵盖公共性

食品企业危机由于影响广、层次结构复杂，所以在管理过程中必须联合和依靠企业、政府、公众、媒体等一切力量共同应对。危机出现之后，企业的各种消息往往受到媒体、专家、投资方、员工以及其他权益持有者和社会公众的密切关注。在众多危机的传播当中，媒体的影响最为突出，媒体的评论常常会影响公众的看法。作为危机发生的主体，企业应充分发挥自身的主动性，加强与媒体联系，尽快尽力发布权威消息，主动引导危机事件的舆论方向。

（4）危害性与建设性转化

危机的确给企业带来很多的麻烦，但有时候也并不完全是坏事。简言之，如果处理得当，企业危机完全可以转变为"契机"，成为免费的宣传广告。其实企业危机管理的实质就是消除和减少危机的危害性，发现和挖掘其隐藏的建设性。从一定角度理解，危机的发生也是给企业提供了机遇。

12.1.3　危机管理的要素

对于每个公司而言，危机是不可避免的，且具有不确定性，但是可以对危机进行有效管理。不同的危机处理方式将会给企业带来截然不同的结果。在主观上和客观上对危机有足够的准备，企业做到冷静应对、及时处理，通常能够化险为夷，甚至因祸得福。而不成功的危机处理则会将企业置于不利境地：公众形象受损、经济损失巨大、员工信心动摇、客户和业务伙伴流失，甚至为企业带来灭顶之灾。成功的危机管理包括3个关键要素。

（1）危机管理制度化

制定危机管理制度或危机管理计划是危机管理的命脉。

企业内部应该有制度化、系统化的有关危机管理和灾难恢复方面的业务流程和组织机构。这些流程在业务正常时不起作用，但是危机发生时会及时启动并有效运转，对危机的处理发挥重要作用。这样一来，一旦危机出现，各部门、机构、员工知道做什么、说什么，而不必依靠某一个关键人物的急中生智力挽狂澜。

国际上一些大公司在危机发生时往往能够应对自如，其关键之一是制度化的危机处理机制，从而在发生危机时可以快速启动相应机制，全面而井然有序地开展工作。事实上，是否有正式的危机管理制度已经成为评价一个国际优秀公司管理水平的重要标准，缺少危机管理制度的公司通常被认为其发展不够稳健，风险也比其他制定完善危机管理制度的公司大，这也是很多国际知名食品公司制定完善管理制度的原因。

（2）企业高层的重视与直接参与

无论是危机预防还是处理，企业最高领导对危机的重视和直接参与都极其重要，如果领导人意识不到其重要性，则一旦危机发生很有可能会对企业造成灾难性的打击。

危机处理工作对内涉及从后勤、生产、营销到财务、法律、人事等各个部门，对外不仅需要与政府与媒体打交道，还要与消费者、客户、供应商、渠道商、股东、债权银行、工会等方方面面进行沟通，如果没有企业高层领导的统一指挥协调，很难想象这么多部门能够做到口径一致、步调一致、协作支持并快速行动。

（3）信息系统支持

信息化管理有助于信息处理能力与员工创新能力的相互结合，进而促进和增强公司或其他组织的应变能力和预见能力。

信息系统作为预警机制的重要工具，能帮助在苗头出现早期及时识别和发现危机，并快速果断地进行处理，从而防患于未然。在危机处理时信息系统有助于有效诊断危机原因，及时汇总和传达相关信息，并有助于企业各部门统一口径，协调作业。

12.1.4　危机管理的类型及其危害

不同性质的危机，处理方法有所差异。在处理危机前，企业首先应认清到底发生了什么性质的危机。关于危机的分类十分庞杂，出现这种情况的原因主要有：一是诱发危机的原因复杂而多变；二是不同的学者为了便于开展研究，根据不同的标准对危机进行了分类。不同的危机会对企业带来不同种类和程度的危害。对于食品企业来说，危机管理不同于日常管理，它具有管理难度大、风险高的特点，为了更好地进行危机管理，我们有必要对危机管理进行分类，使危机管理工作更具针对性，并认识到危机带来的危害，将其破坏性降低到最低程度。

（1）公共危机管理

任何危机和突发事件均不可避免地带来不同程度的公共问题，给人们带来生理上、心理上的一定范围或一定时间的影响与危害；同样，公共危机事件如果处理不当或处理不及时，可能会诱发社会问题，影响社会稳定。

食品事关公众健康，现代食品企业的生产能力不断扩大，销售也日益全球化，危机的发生范围也日益扩大。要注意，当公共危机突然降临时，积极的行动要比单纯的广告和宣传手册中的华丽词汇更能够有效恢复和建立公司的声誉，在当前这种强调企业责任的大环境中，仅仅依靠言辞的承诺，而没有实际行动，只能招来消费者和公众更多的质疑和谴责。

所有这些危机都将作为一种公共事件，任何组织和个人在危机中采取的行动，都会受到公共的审视，如果在公众危机处理方面采取的措施不当，将会使企业的品牌价值和信誉受到致命打击，危及生存。

（2）企业营销危机管理

当今变化复杂的市场环境中，企业营销不仅要面对激烈的营销竞争，而且要应对各种突如其来的危机。忽视这些危机或不能对危机采取有效的防御和应对措施，都会给企业带来重大的损失。

市场调研是危机管理的主要依据，它是必不可少且相当重要的，而市场调研的关键就是针对性强，不然将会影响到决策的正确程度，还可能导致整个计划的失败。

企业的竞争是市场的竞争。市场竞争是终端的竞争。企业营销作为一门实用科学必须遵从市场规律。从科学角度出发，开发市场不是无序的。在任何一个行业或者同一个细分市场上都有多个产品或品牌在竞争。面对一个看似饱和、过度竞争的市场，新入者或落后者的机会在哪里？它们如何与行业领导者对决？如何在强手如林的商战中赢得一席之地，生存、发展并且壮大？这是众多企业面临的共同的和最重要的商业课题，同时也是避免企业营销危机必须要思考的重要课题。

（3）企业人力资源危机管理

企业自身素质的提高是需要经过长期的培训与锻炼的，因此这就需要企业建立基于共享的战略性人力资源管理体系，包括建立人力资源危机管理系统。

不论是企业内部原因还是外部原因引发的危机，最终都会涉及企业的人力资源，人力资源要么成为企业危机产生的原因，要么成为危机的关联因素。我们可以通过对相关管理指标的衡量来判断人力资源管理危机的主要类型。

当组织中的销售额、利润、人均劳动生产率等指标连续下降到低于行业平均水平时，说明组织雇佣过剩，员工收益和工作热情都会降低，人力资源效率危机就会出现。而人均成本、工资增长、人员流失率指标的不断增长，则意味着成本增高大于利润增长，可能出现薪酬调整危机和人才短缺等问题。而出勤率、员工满意度明显降低则可能意味着组织中的离职危机倾向升高。在员工素质方面的有关指标是，如果学历结构不合理，相当部分的员工基本素质可能与岗位要求不匹配，则组织中可能出现管理及企业文化方面的危机。人才结构合理性危机的出现还可以用员工年龄结构来衡量。

另外的一个指标是工作效率，它的下降可能说明组织结构设计及工作流程设计不尽合理；而当员工的工作责任心持续降低时，组织可能出现了绩效考评或激励机制方面的危机。

每一个优秀企业都有其领军人物，是公司管理层的核心，特别是公司的首席执行官（Chief Executive Officer，CEO）、首席运营官（Chief Operating Officer，COO）、执行副总裁，甚至是高级技术人员、高级营销人员，这些主要领导人中的一位或几位突然跳槽或死亡也会引发危机。

（4）企业扩张危机管理

企业向来都有"求大"情节，比较热衷于追求经济总量的扩张。面对经济全球化的趋势，食品行业发展大企业和企业集团是非常必要的，但是片面追求大而全的经营方式，不考虑自身能力，盲目走扩张的道路，是不可取的。

企业扩张，要防止过快发展，造成财务危机，避免失控发展是企业扩张中要注意的最重要的问题。要使企业持续、平稳发展，企业要将长期投资和短期发展结合起来，避免战线太长和无效投资。

"求大"是企业的共同心态，兼并重组作为低成本扩张的一条捷径，常常成为企业倾向性的选择，但是"求大容易，避险难"，企业扩张之路并非坦途，在扩张决策制定、实施以及扩张后的整合过程中，稍有不慎，便有可能带来种种风险，致使企业陷入进退两难的危机中。

（5）企业创新危机管理

高度信息化的今天，"创新"已成为价值的源泉。

一些在行业中根基牢固，长期居领先地位的公司，常常会染上缺乏创新、竞争意识和进取心的"3C综合征"。3C［自满（Complacency），保守（Conservation），自负（Conceit）］综合征对于处于领先地位的公司取得进一步成功是极为有害的。

创新来自与众不同的前瞻性的思考和行动，必须时时预防"3C"的思维模式影响公司的敏锐洞察力，阻碍自己系统性的思考和策略性的行动。公司的领导者必须经常思考：找到自己的位置，认清面临的威胁与自己的不足，保持积极进取的心态，确立自己的发展方向和经营策略，为公司的创新活动确定基调和基础，这是避免创新危机的正道。

（6）企业信誉危机管理

信誉是企业生命的支柱。企业信誉问题已经成为全球普遍关注的焦点。"信誉管理"这一说法在国外日益突出，并为大众所接受，甚至还出现了《信誉管理》杂志。很多学者认为企业之间的竞争经历了价格竞争、质量竞争和服务竞争，当今已经开始进入一个新的阶段——信誉竞争。

丧失信誉等于丧失一切。信誉是企业竞争的有力武器。企业良好信誉能够激发员工士气，提高工作效率；能够吸引和荟萃人才，提高企业生产力；能够增强金融机构贷款、股东投资的好感和信心；能够以信誉形象细分市场，以形象力占领市场，提高企业利润；能够提高和强化广告、公关和其他宣传效果。企业信誉无疑是企业长期运营过程中形成的，分析和研究企业信誉危机及其产生根源，并从完善外部环境、作好战略定位、确立市场信誉机制及改善管理水平等方面，提出解决信誉危机的策略，是现代企业发展的重要保障。

（7）企业公关危机管理

随着竞争环境的日益激烈，企业必须高度重视公关危机管理工作。面对公关危机，企业必须从战略的高度认识和对待这一个问题。一般来说，危机发生后，企业可采用具有不同功能的方式如司法介入、广告反击、公关控制来应对危机，但是最关键的是要建立"防患于未然"的危机公关管理机制。防止公关危机加剧的重要方法之一是采取开放的手段，向媒体和消费者提供关心问题的相关信息，通过扩大企业正面信息量的方法来防止歧义的产生，消除疑虑。还要了解组织的公众，倾听他们的意见，并确保组织能够把握公众的抱怨情绪，设法使受到危机影响的公众站到组织的一边。最重要的一点是要保持信息传播口径的一致，注意发挥舆论领袖的作用，如企业的最高领导者、行业协会、政府组织等，利用其所具有的权威性消除影响。还要从正面阐述真相，并在必要的情况下适时对公众做出必要的承诺。

（8）企业财务危机管理

所谓的财务危机是指企业不能偿还到期债务的困难和危机，其极端形式是企业破产。当企业资金匮乏和信用崩溃同时出现时，企业破产便无可挽回。因此，为防止财务危机与破产的发生，每个企业都在寻求防止财务危机的方法和挽救危机的措施，而加强财务危机的预警系统是每个企业危机管理的重中之重。

财务控制是防范和化解危机的关键。失败的管理者最明显的失误往往表现在对公司财务的失控上。当一个公司缺乏对现金流的控制、没有完善的成本核算和会计信息系统时，往往会陷入财务控制不力的沼泽中。财权控制上的失误又将导致公司在投资方向、遭受损失的原因及应该采取的对策等问题上处于混沌不清的状态，这是公司陷入困境的一个常见原因。

健全财务危机管理的一项重要任务，是对公司的经理人员进行财务知识培训，要求经理们必须对财务知识所包含的内容有清楚的认识，以便作出周全的决策。优秀的财务审计系统是有效预防危机的天然屏障，利用有效的财务分析方法也能有效防范危机的发生。

引入现金支持、改善财务构架、降低成本是公司摆脱危机的主要方法。

（9）企业品牌危机管理

著名广告大师大卫·奥格威曾这样描述品牌："品牌是一种错综复杂的象征，它是品牌属性、名称、包装、价格、历史、声誉、广告方式的总和。"每一个品牌的成长都需要无数的磨砺，并能带来巨大的利润。企业无不把自己的品牌视为企业生命。

品牌危机管理一般包括危机预警和危机处理两个方面，既要建立品牌危机预警系统，做到未雨绸缪，又要建立和演练快速反应机制，一旦危机到来，必须全力以赴，迅速化解。全球知名企业都非常重视品牌危机管理，建立先进的危机防范预警机制，有的企业还设立首席问题官职位。

强化品牌危机管理是防范品牌运营风险、保证品牌良性发展的有效手段，品牌危机管理是企业品牌管理的核心内容之一。无论是新创建品牌还是已经创建起来并在运营的品牌，要打造真正的强势品牌，都必须站在战略性高度做好品牌危机防范和管理工作，使品牌良性发展，进而推动企业良性发展。

（10）产品质量危机管理

产品质量关系到公司的生死存亡。由产品质量问题所造成的危机是企业最常见的危机，产品质量问题能够直接引发消费者的不信任和不购买，随之造成销售量的大幅下滑，引发企业经营危机和困境；有些公司虽然产品质量较高，但是因为竞争对手的产品质量提高了，或者消费者的要求提高了，也会产生质量危机。

不断提高产品质量是公司避免和摆脱危机的重要手段之一，因产品质量问题而出现危机的公司必须依靠提高产品质量来摆脱困境。因此一旦发生质量危机，应不惜一切代价迅速回收市场的问题产品，并利用大众传媒告知公众事实真相和退回方法。

12.1.5　危机管理原则

罗伯特·希斯提出3项企业危机管理原则：获取时间，降低成本，获得更多信息。

公司越大，人们对它做出反应的期望值越高。公司无法控制舆论，但是可以影响公众舆论。重大危机总会在事后留下心灵创伤，这种创伤的范围是无法估量的，所以要做好危机中的心理恢复，加强与媒体的沟通。

国内著名危机管理学者从社会公共角度，提出处理危机时管理者必须头脑清醒、镇定，遵循一定的处理原则和程序，妥善地、及时地处理危机。根据危机管理的目的和特点，主要遵循以下几方面的原则。

（1）预防为主原则

预先防患，有备无患。应对危机的最佳办法就是努力将引发危机的各种隐患消灭在萌芽状态，更好地进行转移或缩减危机的来源。对危机的积极预防是控制潜在危机方法中花费最少、最简便的一种。对待危机要像奥斯本所说的那样："使用少量的钱预防，而不是花大量的钱治疗。"

（2）统一指挥原则

危机爆发后，应立即明确指定一名主要领导人作为总指挥来专门负责应对突发事件的全面工作。在总指挥的领导下，危机管理机构对危机的控制和处理工作进行统一的指挥、组织和协调，避免由于多头领导而造成矛盾和混乱，延误处理危机的最佳时机。另外，在对外联络与沟通方面，也要遵循统一指挥的原则。危机管理机构要用一个声音通报危机情况，保持口径的一致性，避免口径不一而在社会和公众中引发不信任情绪的被动局面。

（3）快速反应原则

危机具有突发性特点，而且会很快传播到社会上引起新闻媒体和公众的关注。尽管发生危机的企业面临极大的压力，但仍须迅速研究对策，做出反应，使公众了解危机真相和企业采取的各项措施，争取公众的同情，减少危机造成的损失。高效率和日夜工作是做到快速反应不可缺少的条件。

在危机发生后，公众对信息的要求是迫切的，他们密切关注事态的进展。企业若能在处理过程中迅速发布信息，及时满足公众"先睹为快"的心理，强化各项解决危机措施的力量，就能防止危机的扩大化，加快重塑企业形象的进程。

（4）公众利益至上原则

危机管理最根本的理念在于公众利益。危机发生后，会危害到个人利益、企业利益、部门利益和公众利益。此时，公众利益应当居于首位。政府或组织在处理危机时，要从全局的角度出发，站在广大民众的立场上来处理危机，做到局部利益服从整体利益。通常情况下，危机可能是由局部的突发事件引发的，但是危机的危害会影响全局。因此，在处理危机时不能只考虑局部利益而牺牲全局利益、公众的利益。

（5）主动面对原则

在公众受到危机危害时，企业应积极面对、果断决策、认真指挥和协调危机管理的各项工作，以最大的主动性负起责任。要根据危机性质，采取有力措施来控制危机的进一步发展；主动配合媒体的采访和公众的提问，主动向公众通报实情，加强与公众的信息沟通，帮助公众克服恐慌心理。在处理危机时，不论是何种性质的危机，不管危机的责任在何方，企业都应主动承担责任，妥善处理危机。即使受害者在事故发生中有一定责任，企业也不应首先追究其责任，否则会各执己见，加深矛盾，不利于问题的解决。在情况尚未查明，而公众反应强烈时，企业可采取高姿态，宣布如果责任在己，一定负责赔偿，以尽快消除影响。

（6）积极沟通原则

在管理学中，沟通指可理解的信息或思想在两个或两个以上人群中的传递或交换的过程，目的是激励或影响人的行为。在危机管理学中，危机沟通是指以沟通为手段，以避免危机、化解危机、解决危机为目的的过程。危机沟通原则是指在企业危机管理中必须自始至终坚持积极沟通，有效运用各种沟通工具，针对所有利益相关者的需求点进行互动交流，以降低危机的冲击；反过来，如果没有有效的危机沟通，小危机可能变为大危机，单项危机可能变为系列危机，局部危机可能变为整体危机，短期危机可能演化为导致企业破产的泥潭。

（7）透明原则

当危机爆发后，一定要尊重公众的知情权，做到坦诚相待。公众最不能忍受的事情并非危机本身，而是危机管理机构故意隐瞒事实真相，不与公众沟通，不表明态度，使公众不能及时了解与危机事件相关的一切真相。当危机爆发后，如果政府或组织不遵循透明原则而故意隐瞒真相，或谎报虚报危机发展动态，不仅会招致公众的愤怒、反感，而且会让公众在混乱的表象面前产生种种猜测误解，甚至会出现谣言泛滥的局面，造成人心惶惶，社会动荡，这样会使危机管理的工作陷入更加复杂和困难的境地。所以，在危机发生后，要及时与公众沟通并讲明事实真相，以取得公众的理解和配合。坚持透明原则会使危机管理工作更容易展开，使政府和组织处于更为主动的地位。

所以，一定要坚持危机管理中的透明原则，避免危机中传播的失误造成的真空被流言迅速占据。"无可奉告"一类的词语效果只能适得其反，只会引起公众更强烈的好奇心，使流言传播得更快。

（8）灵活性原则

由于引发危机的因素很多，危机的形式及其造成的危害也是多种多样的，因此，在进行危机管理时必须遵循灵活性原则，要具体情况具体分析，不能教条照搬以往的做法，要有针对性地采取措施。这正是危机管理艺术性的体现，也是对管理者处理突发事件能力的一个考验。特别是在危机爆发阶段，由于形势严峻、局势较混乱，在时间紧迫的情况下，更需要决策者能冷静、果断、灵活地应对危机。危机事件发生后，不同的处理方式，直接影响着组织形象和美誉度的发展方向。

（9）全员性原则

危机的防范和管理不只是公司管理层的工作，也不是仅靠企业某个部门就可以进行的一项工作，而是要依靠组织的所有力量才能完成的一项重要工作。要减少危机以及危机的危害性，所有人都应该增强危机意识来防范危机。当危机爆发后，企业更需要调动和依靠整个组织甚至社会的力量来进行危机管理工作。

（10）善始善终原则

实际上造成的不良影响或危害具有传递性，会在危机过后仍然存在，组织必须善始善终，做好危机的善后工作。控制危机后，管理者需要立即致力于组织的恢复工作，尽力将公司的财产、设备、工作流程和人员恢复到正常状态。危机的善后工作主要是消除危机后处理遗留问题和影响。危机发生后，经过分清责任、经济赔偿等善后工作后，还会有心理上的影响和企业形象的影响，这些危机滞后影响绝不是一朝一夕可肃清的，要靠一系列危机善后管理工作来挽回影响。如果危机善后工作处理得好，可以广泛建立企业与社会各界的良好关系，增进彼此的了解和沟通，获得相关公众的理解、谅解和支持，借助危机提高知名度的同时扩大企业的美誉度。与此同时，企业在平息危机事件后，一方面要注意从社会效应、经济效应、心理效应和形象效应诸方面评估消除危机的有关措施的合理性和有效性，并实事求是地撰写详尽的事故处理报告，为以后处理类似的危机事件提供参照性文献依据；另一方面，要认真分析危机事件发生的深刻原因，切实改进工作，从根本上杜绝此类危机事件的再次发生。

（11）权威证实原则

企业应和新闻媒体、同行企业、行业协会以及政府部门密切合作，共同应对危机，解决危机。在危机发生后，自己叫冤喊屈是没用的，应主动请具有权威性的第三者帮忙解释，以期重获消费者的信任，从而使企业尽快摆脱危机。

危机管理应遵循的原则有很多，以上只是列出了其中一些主要的原则。危机管理者在遵循这些原则进行危机管理的过程中，应根据不同阶段的工作特点，灵活地应用这些原则。这是因为在危机管理的不同阶段，工作重点和解决问题是不相同的，管理者应清醒地知道当前的工作重点是什么，应遵循的原则是什么。因此，在危机管理中应注意原则性与灵活性相结合，充分体现危机管理的艺术性。

12.1.6 危机管理四阶段

根据罗伯特·希斯公共危机管理"4R"模型，食品企业危机管理具有如下四个阶段，即食品危机管理防备阶段、食品危机管理预警阶段、食品危机管理处理阶段和食品危机管理恢复阶段。在食品企业危机不同阶段，危机管理者应采取相应策略和措施。

（1）食品危机管理防备阶段（潜伏期）

防患于未然，最好的危机管理方式在于预防，就是企业为避免危机发生、防止危机扩大、减少危机损失所采取的一种超前管理，也就是尽可能地将危机扼杀在摇篮中。包括宣传强化危机意识，加强企业内部的危机防范措施，通过科学系统的危机监测，预先解决危机诱因，做好制定危机管理的目标、计划和应对策略等各种危机准备，通过组织危机预演，提高相关部门和人员的应对能力。

（2）食品危机管理预警阶段（征兆期）

对危机进行预警管理，一般从组织、机制、计划三方面着手：设立由公司高层构成的应对管理危机的常设机构、设立企业危机管理监测部门和预警机制、明确危机管理的责任和流程。通过危机预警职能部门收集、分析、对比、监测信息，对指标做出准确判断。当诊断出现危急状态时立即实施危机管理计划，以最快的速度化解危机，将损失降到最低。

（3）食品危机管理处理阶段（发作期）

危机一旦爆发，立即启动危机管理小组，以高层决策人士挂帅，快速启动实施危机应变计划，以实事求是的态度，调查情况并评估其对危机的影响，以此迅速做出战略决策。在应对危机时，企业必须主动承担责任，对受害者真诚道歉并予以一定赔偿。建立有效的信息传播系统，及时做好危机发生后的各方人士的沟通工作，其中包括邀请权威机构参与调查，争取新闻界的理解与合作等，以此化解危机。

（4）食品危机管理恢复阶段（痊愈期）

为了尽快使企业信誉与形象得以恢复，企业要做好善后处理和整改工作，并对危机所造成的巨大损失、影响和经验教训进行反思、总结、改进。

12.2　食品企业危机管理的步骤和方法

在企业市场活动中，危机就像普通的感冒病毒一样，种类繁多，防不胜防。每一次危机既包含了导致失败的根源，又蕴藏着成功的种子。发现、培育，进而收获潜在的成功机会，就是危机管理的精髓；而错误地估计形势，并令事态进一步恶化，则是不良危机管理的典型特征。食品企业危机管理的步骤和方法就是按照危机事件的发展状况而对其展开有效控制和救助的管理工作的全过程。

12.2.1　食品企业危机管理的步骤

戴维·詹姆斯在实战经验的基础上，总结出"拯救七步曲"：①委托他人制定一份关于公司偿付能力的报告；②控制好企业的支票簿；③找出优秀人才；④必要时将原来的领导停职；⑤尽快作出决定；⑥查找备用方案；⑦筹集资金。

然而美国专家诺曼·R.奥古斯丁在他的著作《危机管理》中提出了经典企业危机管理的六阶段模型——危机的避免、危机管理的准备、危机的确认、危机的控制、危机的解决和从危机中获利。这六阶段模型更符合食品企业危机管理的步骤。奥古斯丁针对每一个阶段的特点，提出了进行管理工作的内容和重点。

（1）危机的避免

危机的避免是危机的预防阶段。预防是控制潜在危机花费最少、最简便的方法，令人奇怪的是，许多人往往忽视了这一既安全又经济的办法。

要预防危机，首先要将所有可能会对企业活动造成麻烦的事件一一列举出来，考虑其可能的后果，并且估计预防所需的花费。其次，谨慎和保密对于防范某些商业危机至关重要。在危机的避免阶段，管理者必须竭力减小风险；当不得不冒风险的时候，必须确保风险与收益相称；当风险不可避免时必须有恰当的保障机制。

（2）危机管理的准备

危机就像死亡和纳税一样是管理工作中不可避免的，所以必须为危机做好准备。这一阶段主要是针对万一预防工作不奏效应做哪些准备，即要做哪些应急准备。主要的准备工作包括建立危机处理组织、制订应急行动计划、事先选好危机处理小组、制订出完备通信计划并保障通信设施的充足和状况良好、进行预防演练并与相关组织建立联系等。

另外，在为危机做准备时，留心那些细微的地方，即所谓的第二层的问题，将是非常有益的。危机的影响是多方面的，忽略它们任一方面代价都将是高昂的。

（3）危机的确认

此时的关键是确认危机的发生。对于危机管理来讲，这一阶段最富有挑战性。这个阶段危机管理的问题，是感觉真的会变成现实，公众的感觉往往是引起危机的根源。经验告诉我们，不要将注意力集中在技术方面而忽略了职工和公众的感受，要善于倾听企业内外不同的声音，找出危机发生的信息。

企业出现危机事件后，应及时组织人员，深入公众，了解危机事件的各个方面，收集关于危机事件的综合信息，并形成基本的调查报告，为处理危机提供基本依据。危机调查要求有关证据、数字和记录准确无误，对事故有关各方面要进行全面、深入的调查，不得疏忽大意，对事态的发展和处理后果应及时地进行跟踪调查。危机事件的专案人员在全面收集危机各方面资料的基础上，应认真分析，形成危机事件调查报告，提交企业有关部门，作为制定危机处理对策的依据。

（4）危机的控制

阶段的危机管理，需要根据不同情况确定工作的优先次序。企业要迅速作出决策，采取一些合理的、果断的行动来控制和处理危机。

首先，让一群职员专职从事危机的控制工作，让其他人继续公司的正常经营工作，是一种非常明智的做法。专项管理是高效率处理危机的保障，要求指派能够掌握处理危机的科学程序和方法，了解企业情况的部门和人员，组成专门班子去处理危机。最好不要临时随意指派人、中途换人，因为更换的人员需要花费时间重新了解事件真相，在处理问题的态度与方法上可能与原来制定的对策不一致，从而引发公众的不信任，对企业处理危机的诚意产生怀疑。

其次，应当指定一人作为公司的发言人，所有面向公众的发言都由他主讲。

第三，及时向公司自己的组织成员，包括客户、拥有者、雇员、供应商以及所在的社区通报信息，而不要让他们从公众媒体上得到有关公司的消息。管理层即使在面临着必须对新闻记者作出反应的巨大压力时，也不能忽视这些对公司消息特别关心的人群。事实上，人们感兴趣的往往并不是事情本身，而是管理层对事情的态度。

最后，危机管理小组中应当有一位唱反调的人，这个人必须是一个在任何情况下都敢于明确地说出自己意见的人。

总之，要想取得长远利益，公司在控制危机时就应更多地关注消费者的利益而不仅仅是公司的短期利益。

（5）危机的解决

在这个阶段，速度是关键。在处理危机时要做到迅速反应、积极回应、掌握主动权，调动一切力量控制危机的发展。否则，就可能加大危机的危害，使危机蔓延到更大的范围。危机不等人。企业会同有关部门制定出对策后，就要积极组织力量，实施既定的消除危机事件影响的活动方案，这是危机管理工作的中心环节。在实施过程中，企业应注意以下要求：①调整心态，以友善的精神风貌赢得公众的好感；②工作中力求果断、精练，以高效率的工作作风赢得公众的信任；③认真领会危机处理方案的精神，做到既忠于方案，又能及时调整，使原则性与灵活性在工作中得到充分体现；④在接触公众的过程中，注意观察，了解公众的反应和新的要求，并做好思想劝服工作。

（6）危机中获利

危机管理的最后一个阶段其实就是总结经验教训，找出存在的问题，制定改进措施。如果一个公司在危机管理的前5个阶段处理得完美无缺的话，第6个阶段就可以提供一个至少能弥补部分损失和纠正混乱的机会。

危机的善后工作主要是消除危机处理后遗留问题和影响。危机发生后，经过分清责任、经济赔偿等善后工作后，还会有心理上的影响和企业形象的影响，这些危机滞后影响绝不是一朝一夕可肃清的，要靠一系列危机善后管理工作来挽回影响。如果危机善后工作处理得好，可以广泛建立企业与社会各界的良好关系，增进彼此的了解和沟通，获得相关公众的理解、谅解和支持，借助危机提高知名度的同时扩大企业的美誉度。

12.2.2 解决食品企业危机常用的方法

对于一个企业来说，有效的危机问题管理可以防止危机的出现或改变危机发生的过程。实施危机问题管理时，应考虑以下几个方面的情况：检查所有可能对公司与社会产生摩擦的问题或趋势；确定需要考虑的具体问题；估计这些问题对公司的生存与发展的潜在影响；确定公司对各种问题的应对态度；决定对一些需要解决的问题采取的行动方针；实施具体的解决方案和行动计划；不断监控行动结果，获取反馈信息，根据需要修正具体方案。

解决食品企业危机最常用的方法主要有以下几种。

（1）迅速收回不合格产品

由产品质量问题所造成的危机是食品企业最常见的危机，一旦出现这类危机，应不惜一切代价迅速收回所有在市场上的不合格产品，并利用大众传媒告知社会公众如何退回这些产品。

（2）对有关人员予以损失补偿

企业产品出现严重异常情况，特别是出现重大责任事故，使公众利益受损时，企业必须承担责任，给予公众一定的精神补偿和物质补偿。

受害者是危机处理的第一公众对象，企业应认真制定针对受害者的切实可行的应对措施：①设专人与受害者接触；②确定关于责任方面的承诺内容与方式；③制定损失赔偿方案，包括补偿方法与标准；④制定善后工作方案，不合格产品引起恶性事故的，要立即收回不合格产品，组织产品检测，停止销售，追查原因，改进工作；⑤确定向公众致歉、安慰公众心理的方式、方法。

（3）建立危机管理团队

危机管理团队处理危机过程会更有效，他们会及时找到问题所在，定义问题的所在是成功处理危机的第一步，然后及时获取相关资源和信息，产生解决方案，最后对方案进行评估与修订，危机管理团队是一个智囊团，可以协助企业打破思维的局限性，敢于思考一些难以预料的事情，使经营管理者在面临最坏状况时能做好最充分的准备。大量研究也说明，在危机管理中，尤其是对企业危机诊断的过程中，建立危机管理团队是一个很重要的方法。

（4）利用传媒引导公众

危机发生，不管是应对危机的常设机构，还是临时组织起来的危机处理小组，均应当迅速各司其职，尽快搜索一切与危机有关的信息并挑选一个可靠、有经验的发言人，将有关情况告知社会公众。如，举办新闻发布会或记者招待会，向公众介绍真相以及正在进行补救的措施，做好同新闻媒体的联系使其及时准确报道，以此去影响公众、引导舆论，使不正确的、消极的公众反应和社会舆论转化为正确的、积极的公众反应和社会舆论，并使观望怀疑者消除疑虑，成为企业的忠实支持者。同时，当企业与当事者出现分歧、矛盾、误解甚至对立时，应该本着以诚相待、先利他人的原则，运用协商对话的方式，认真倾听和考虑对方意见、化解积怨、消除隔阂。要特别注意处理好与新闻媒体的关系，具体对策包括：①确定配合新闻媒体工作的方式；②向新闻媒体及时通报危机事件的调查情况和处理方面的动态信息，企业应通过新闻媒体不断提供公众所关心的消息，如善后处理、补偿办法等；③确定与新闻媒体保持联系、沟通的方式，何时何地召开新闻发布会应事先通报新闻媒体；④确定对待不利于企业的新闻报道和逆意记者的基本态度。

（5）利用权威意见处理危机

在某些特殊的公关危机处理中，企业与公众的看法不相一致，难以调解。这时，必须依靠权威发表意见。比如，某银行曾发生挤兑风潮，该银行负责人请市政府官员来到现场，向蜂拥而至的提款人做了权威性的解释说明，从而平息了风波。

处理公关危机的权威主要有两种：一是权威机构，如政府部门、专业机构、消费者协会等；二是权威人士，如公关专家、行业专家等。在很多情况下，权威意见往往能对公关危机的处理起到决定性的作用。

（6）利用法律调控危机

法律调控指运用法律手段来处理公关危机。法律调控手段主要包括两个环节：一是依据事实和有关法律条款来处理；二是遵循法律程序来处理。运用法律调控处理公关危机有两个作用：维持处理危机事件的正常秩序和保护企业和公众的合法权益。在企业信誉受到侵害时，运用此种方法，会收到较好的效果。

（7）公布造成危机的原因

企业公关危机发生后，应坦诚地向社会公众及新闻界说明造成危机的原因。如果是自己的责任，则应当勇于向社会承认；如果是别人的故意陷害，则应通过各种手段使真相大白，最主要的是要随时向新闻界等说明事态的发展及澄清无事实根据的"小道消息"及流言蜚语。

危机发生后，企业要与上级有关部门保持密切联系以求得指导和帮助。企业要及时地、实事求是地汇报情况，不隐瞒、不歪曲事实真相，随时汇报事态发展情况，事件处理后详细报告事件经过、处理措施、解决办法和防范措施。

（8）重塑良好的公众形象

公关危机的出现，或多或少地会使企业的形象受到不同程度的损害。虽然公关危机得到了妥善处理，但并不等于危机已经结束，企业还必须恢复和重建良好的公众形象。要针对形象受损的内容和程度，重点开展弥补形象缺陷的公共关系活动，密切保持与公众的联络与交往，敞开企业的大门，欢迎公众参观、了解，告诉公众企业新的工作进展和经营状态，拿出质量过硬的产品和一流的服务公之于市，从根本上改变公众对企业的不良印象。

12.2.3　危机管理的禁忌

一般，对于食品企业来说，危机是指危及公司形象和生存的突发性、灾难性事故与事件，它常常会带来较大的损失，使公司外在形象和内在机体受到破坏，严重的可能会导致企业的倒闭。在危机管理的过程中必须要谨慎小心，弄不好会造成失去消费者的信任、失去既有市场等严重后果。因此，在食品企业的经营和管理过程中，一定要把危机管理作为公司管理中的一个重要组成部分。从一些公司在危机管理中的正反两个方面的经验和教训来看，危机管理中一定注意防重于治的原则，在时间上坚持及时性原则，在公共关系上坚持积极沟通的原则。以下几点禁忌需要注意。

（1）太在意金钱上的得失

在危机处理中，一些公司只关心金钱上的得失，所以处理危机问题总是鼠目寸光，忽视了信誉、品牌等这类无形资产。实际上，对于一家食品公司来讲，公司的形象和品牌的声誉高于一切。自己千辛万苦通过公司经营和与顾客长时间交易建立起来的顾客信任度、品牌忠诚度、公司美誉度是不能用金钱买来的，也不是花钱多做几次广告能够得来的。

（2）避免与媒体发生冲突

当公司不充分重视媒体对于危机的影响时，就可能使自己陷于孤立和受威胁的境地，他们也易于形成封闭意识。迈尔斯和霍卢沙指出："一旦一家公司名誉扫地，它就会在媒体竞相抢发的独家新闻中一蹶不振。"各方团体在危机出现时都会利用媒体争取解释权，媒体成为各种利益角逐的舞台，每个人都会在自己的立场发表自己的看法。公司不好的态度源于媒体对他们的负面报道，这时我们一定不要与媒体发生冲突，冲突只会让媒体报道公司更多的负面新闻，从而使公司获得更多的坏名声。

（3）推卸责任

推卸责任是危机管理中的最大弊病。食品企业危机的产生一般是以消费者在使用产品和服务的过程中受到了伤害，从而对该产品的安全性和质量产生异议。有些是公司自身原因所造成的，有些是外界因素造成的，更有一些是别有用心者故意加害。面对这些错综复杂的情况，很多公司出于自身利益的考虑，或者是危机处理技能的缺失，往往躲躲闪闪，千方百计为自己开脱责任，更有甚者利用消费者和社会舆论对危机的相关情况的信息不对称，掩盖事实真相，开脱责任。在高度信息化、法治化、全球化的当今社会，这些都是相当危险的举动。危机传播中的失误造成的真空，会很快被黑白颠倒的流言所占据，"无可奉告"一类的词语就像斗牛场上挥舞的红布，只会引起公众更强烈的好奇心。曾有人问一位 IBM 公司的高层，IBM 处理危机的秘诀是什么？他的回答很简单："说实话，赶快说。"

面对危机，公司应该勇于承担责任。

（4）久拖不决

久拖不决是危机管理的大忌。危机的发生一般都对公司的声誉产生威胁，从而引起公众和社会舆论的关注。危机发生后，最好的招数就是以快刀斩乱麻的凌厉手段，尽早引开公众的目光，恢复自己的形象。危机发生后如不及时处理，不但会继续给公司的声誉造成损害，同时还会使竞争者乘虚而入，给竞争者乘机占领市场的机会，从这个意义上来说，时间意味着一切。

（5）预防与处理应同等重要

对于人体而言，对健康的投入最好的办法是保持良好的生活习惯，以预防为主，防患于未然。危机管理一开始就要强调危机预防，令人奇怪的是很多人往往忽视了这一既方便又经济的办法。对于食品公司来讲，如果说未雨绸缪建立完备的危机处理系统和运作机制是中心任务的话，那么在日常管理中，防微杜渐则是危机管理的核心意义。

（6）尽量避免打官司

"打官司"处理危机是一种最低层次的危机"解决"方式，而状告用户尤其不明智。企业之所以同媒体组织打"官司"，其原因不外是传播了企业不愿传播或认为不应该传播的信息——我们称之为负面信息。其实，面对危机打"官司"不是最终目的，如何有效制止负面信息的传播才是企业的诉求，而打官司只能适得其反。退一万步讲，即使真的打赢了官司，对于企业不利的负面信息也成倍地扩散。所以，一般情况下，处理危机的高手不主张企业与媒体发生正面冲突。

12. 2. 4　对食品企业危机预防与管理的几点建议

正是由于在生产和经营过程中企业不可避免地会遇到危机，所以我们要想办法把危机带来的损失降到最低。如果有可能，可以将企业的危机转为企业的发展机遇。企业危机产生的原因多种多样，但我们对国内外食品企业一些危机管理的经验进行总结，并结合中国食品企业的实际情况，提出自己的几点看法。

（1）整个企业具有危机意识并建立相应的企业文化

千里马也有失蹄的时候，再好的企业也会遇到这样那样的问题。事情一旦发生，企业不能抱有侥幸的心理去面对消费者。如果一个企业有正确的价值观，就会使这些观念融入企业文化。如，强生公司的价值观：①公司存在的目的是要"减轻病痛"；②我们的责任层次分明，顾客第一，员工第二，整个社会第三，股东第四；③根据能力给予个人机会与报酬；④分权＝创造力＝生产力。有了这样的价值观，企业才会在处理危机的时候，有正确的态度和处理方式。

处理危机不当的企业，或多或少对危机存在错误的认识，认为危机就是麻烦。实际上，这种观念本身就是企业最大的危机。现代企业存在于一个信息和传媒日益发达的环境之中，接受社会舆论的监督是必须的，一旦企业出现危机，企业一定要主动出击，主动化解。

（2）建立企业危机管理团队，确保企业的安全稳定

在企业内部选择合适的人员组成危机管理团队，这些人员应该来自组织各个部门，并具有有效沟通和管理的能力。在建立企业危机管理小组时应该注意以下5个问题。

① 成员之间彼此熟悉，工作配合更加默契。

② 成员在知识、技能、决策能力、态度、沟通方法等方面不同，这种不同可以为小组的决策提供更广的视角。

③ 在处理危机时，必须对任务的各种情况有清楚的认识。

④ 选取有领导才能的人担任小组的负责人。

⑤ 相应的企业文化可以使企业危机管理小组的工作更有成效。

（3）利用企业危机，把局面由被动转为主动

在危机来临时，企业管理者可以利用危机的出现对企业进行一次整改，不仅可以降低企业再次出现危机的可能，而且可以获得媒体和公众的支持。消费者总是会选择有社会责任感的公司，积极地去承担道德责任和风险，将使企业在激烈的市场竞争中脱颖而出。

（4）建立企业危机预警系统

企业危机预警系统建立的主要目的是及时识别危机。一般设计的企业危机预警系统分为以下环节。

① 信息收集　主要是收集企业外部经营环境和企业内部经营环境中的各种有关经营的信息。对于企业外部环境，主要收集政治、经济、科技、金融相关行业竞争对手、供应商与经销商、消费者等的信息。对企业内部而言，主要对企业生产、经营、研发等环节的信息进行收集。

② 危机识别　对以上信息进行分析和识别，准确预测企业所面临的各种风险和机遇。

③ 危机警报　需要建立在科学的预警指标体系之上。这个预警指标体系不仅要对企业所建立的量化的或非量化的各种指标的重要程度进行层次划分，而且涉及企业经营管理的方方面面。在指标体系的辅助下，对识别的预测结果进行判定，对超过危机警戒线的情况发出警报。

④ 危机处理　是在危机发生时，企业管理者协调各种资源，根据实际情况的变化，按照之前设计好的程序将危机所造成的损失降为最低。

⑤ 危机总结　企业处理危机完毕后，对危机原因或爆发前没能遏制的原因进行分析，对其他系统进行修改，开始新一轮的预警工作。

（5）与知识管理相结合建立完整的企业危机管理体系

如果我们能较好地对企业危机相关知识进行管理，就可以大大降低企业危机对企业经营的影响。根据是否能够对危机进行正确的控制，可以把管理分为危机预警、危机控制、危机处理、危机总结和危机恢复5个阶段。5个阶段的每个阶段的知识管理都应该受到重视，一方面可以使有关人员在处理过程中获得有效和充足的信息；另一方面，可以使危机的有关知识得到学习，进而得到推广。

12.3　食品企业危机管理案例

现在以"雀巢碘超标"事件为例做简要介绍。

2005 年 5 月 25 日，浙江省工商局公布了近期该省市场儿童食品质量抽检报告，其中黑龙江双城雀巢有限公司生产的"金牌成长 3＋"奶粉赫然被列入碘超标食品目录。同时，浙江省工商局已通报各地，要求对销售不合格儿童食品的经营单位予以立案调查，依法暂扣不合格商品；不合格儿童食品生产厂家生产的同类不同批次商品必须先下柜，抽样送检，待检测合格后才可重新销售。

对于奶粉，国家标准是每百克碘含量应在 $30\sim50\mu g$，而雀巢的这种产品被发现碘含量达到 $191\sim198\mu g$，超过国家标准的上限 $50\mu g$。据食品安全专家介绍，碘如果摄入过量会发生甲状腺病变，而且儿童比成人更容易因碘过量导致甲状腺肿大。

由于雀巢的产品一直受消费者信赖，当雀巢碘超标被媒体披露后，消费者感到异常震惊。2005 年 5 月 27 日，雀巢发布声明，称雀巢"金牌成长 3＋"奶粉"是安全的"；6 月 5 日，雀巢中国有限公司高管穆立向消费者道歉；6 月 6 日，雀巢宣布对于问题奶粉可以调换，但不能退；6 月 9 日，雀巢宣布问题奶粉可以退，但是要等 10 天左右……

短短一个多月的时间里，雀巢几乎每天都会出现在各类报纸杂志上，用实际行动诠释了"千夫所指"的含义。那段时间，在某门户网站的调查中，网民对雀巢的购买意愿几乎降到了零。

有人把雀巢此次"危机公关"比作是"挤牙膏"，该企业不断地试探着市场和消费者的心理底线，却对自己苦心经营的品牌形象置之不顾。有媒体评论称其在事情的整个过程"都贯穿着一种讨价还价的逻辑思路：只以利益取向为标准，而置是否安全于不顾"。

本章习题：

1. 食品企业如何管理质量风险？
2. 食品企业危机有哪些特点？
3. 食品企业危机分类有哪些？食品企业危机会带来哪些危害？

本章思考与拓展：

为什么要进行食品安全风险评估？

食品安全风险评估是把天然存在于食品里的或是有意无意被带入食品中的各种危害找出来，然后用科学的方法对它们产生的不利影响及危害程度进行评估的一个过程，包括危害识别、危害特征描述、暴露评估及风险特征描述四个部分。我国的食品安全风险评估工作，是由国务院卫生行政部门负责组织的，在发现食品添加剂、食品相关产品，可能存在安全隐患，或是发现可能存在新的危害食品安全的因素，以及需要判断某一因素是否构成食品安全隐患时，都会进行食品安全风险评估。

在制定或修订食品安全国家标准或者需要确定监督管理的重点领域、重点品种时也需要通过风险评估来提供科学依据，一旦在食品安全评估中发现了不安全因素，国家有关部门会立即向社会发布公告，告知消费者停止食用问题食品，并采取相应的措施，确保有问题的食品、食品添加剂及食品相关产品停止生产经营，对问题产品实施召回等。若评估中发现相关食品安全国家标准需要制定、修订的，也会马上着手进行制定和修订，食品安全风险评估在保障食品安全方面发挥着重要的作用。

第**13**章

食品质量成本管理

克劳士比说：质量是免费的，只有我们按已达成的要求去做，第一次就把事情做对，才是成本的真谛。而常规的成本中却包含并认可了返工、报废、保修、库存和变更等不增值的活动，反而掩盖了真正的成本。第一次没做对，势必要修修补补，做第二次、第三次。这些都是额外的浪费，是"不符合要求的代价"。统计表明，在制造业，这种代价高达销售额的 20％～25％，而服务业则高达 30％～40％！

质量问题实际上是一个经济问题。质量对企业和顾客而言都有经济性的问题。从顾客利益方面考虑，必须减少费用、改进适用性；对企业而言，则需考虑提高利润和市场占有率。

13.1 质量的经济性

13.1.1 质量效益与质量损失

质量与效益间密切相关。图 13-1 对质量、成本、价格关系的分析表明"低质量和完美的质量都是不经济的"。质量好的产品才可能有市场，质量过硬的产品在市场上得到认同，才有可能成为名牌产品。质量效益是通过保证、改进和提高产品质量而获得的效益，它来自消费者对产品的认同及其支付。反之，质量损失则是产品在整个生命周期中，由于质量不符合规定要求，对生产者、消费者以及社会所造成的全部损失之和。

质量损失涉及生产者、消费者及社会等多方面的利益。

① 生产者的损失包括：a. 废品、返工损失、退货、赔偿、降级降价、运输变质等有形损失；b. 无形损失：企业信誉、丧失市场。这种损失虽然难以直接计算，但对企业的危害极大，甚至是致命的。相反，超过了消费者实际需求的"剩余质量"会使生产者花费过多的费用，也造成不必要的损失。

② 消费者的损失包括：a. 有形损失：健康安全危害，这类损失可要求生产者或销售者赔偿。b. 机会损失：营养构成、功能成分不合理，无营养作用。这类损失很难计算和完全避免，也不需要生产者赔偿损失。在设计中减少这类损失，也有利于提高企业产品在消费者心目中的地位。

③ 社会损失：污染、公害、资源破坏等。

20 世纪 50 年代初，美国质量管理专家费根堡姆（A. V. Feigenbaum）把产品质量预防

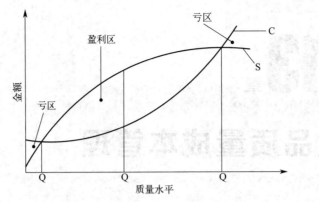

图 13-1　质量、成本、价格关系示意图

和鉴定活动的费用同产品不合格要求所造成的损失一起加以考虑，首次提出了质量成本的概念。随后，朱兰（J. M. Juran）也相继提出"在次品上发生的成本等于一座金矿，可以对它进行有力的开采"（"矿中黄金"）和"水中冰山"等有关质量成本的理念。他们认为所有的组织都得测算和报告成本，并作为控制和改造的基础。

13.1.2　质量波动与损失

质量波动是不可避免的，每一批产品在相同的环境下制造出来，其质量特性或多或少总会有所差别，呈现出波动性。日本田口玄一认为，质量损失是产品质量偏离质量标准的结果，并提出质量波动损失评价的质量损失函数曲线（图 13-2）及其表达式。

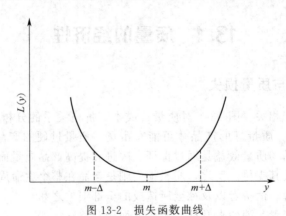

图 13-2　损失函数曲线

质量波动损失评价的表达式为：

$$L(y)=k(y-m)^2=k\Delta^2$$

式中，y 为实际测定的质量特性值；m 为质量特性的标准值；k 为比例常数；$\Delta=(y-m)$ 为偏差；$L(y)$ 为质量特性值为 y 时的波动损失。

通过改进工序，在技术、管理上加大投入，一方面可以减少波动、提高产品精度，改进质量，另一方面也可减少废品、次品的产生，防止非合格品流通到客户，对顾客造成安全、健康、经济等损失。

质量经济分析和管理是一个组织质量经营追求成功的重要环节，也是衡量一个组织质量管理有效性的重要标志。质量成本管理之所以在费根堡姆和朱兰提出质量成本概念后在企业界得到迅速开展，并取得很好的经济效果，是因为这项工作对于企业质量管理和经营发展来说很"需要"，并且可"操作"。

质量经济性管理的基本原则是：从组织方面的考虑——降低经营资源成本，实施质量成本管理；从顾客方面的考虑——提高顾客满意度。质量管理就是以质量为中心，努力开发和提供顾客满意的产品和服务，同时通过增加收入（销售额）、利润和市场份额及降低经营所需资源的成本，减少资源投入来提高组织经济效益。从经济性看，因质量改善所取得的质量效益应超过为此而付出的投入，从长期看，技术和管理水平的进步可以提升企业竞争力，质量改进方面的投入也是值得的。美国波多里奇国家质量奖 1999 年度的获得者丽嘉酒店也指出，利润是质量的产物。这是因为质量实践有助于提高客户满意度和忠诚度，降低管理成本，提高企业的产能，从而为之创造利润。

13.2　食品质量成本概述

13.2.1　质量成本的含义

质量成本（quality costs）也叫质量费用，是指为确保和保证满意的质量而导致的费用以及没有获得满意的质量而导致的有形的和无形的损失。

13.2.2　质量成本的分类

质量成本可产生于企业内部，也可产生于顾客；既与满意的质量有关，又与不良质量造成的损失有关。

成本由符合性成本和非符合性成本构成。符合性成本是在现行过程无故障情况下，完成所有规定的和指定的顾客要求所支付的费用。如，某啤酒厂为生产社会需求的啤酒所支付的正常生产成本费用，即原材料费、工资与福利费、设备折旧费、电费、辅助生产费等。非符合性成本是由现行过程的故障造成的费用，如生产过程中发酵失败导致的损失费、设备故障而导致的停工损失费、设备维修费等。显然，质量管理中核算过程成本的根本目的是要不断降低非符合性成本。

根据 ISO 9000 的规定，从共性的角度可将质量成本分为两部分：企业内部运行而发生的各种质量费用即运行质量成本（operating costs）和企业为顾客提供客观证据而发生的各种费用即外部质量保证成本（external assurance quality costs）。运行质量成本可进一步划分为预防成本、鉴定成本、内部故障（损失）成本及外部故障成本 4 类。

13.2.2.1　运行质量成本

（1）预防成本

预防成本（prevention cost）是指用于预防故障或不合格品等所需的各项费用。主要构成为：①质量策划费用；②质量培训费；③质量奖励费；④工序质量控制费；⑤质量改进措施费；⑥质量评审费；⑦工资及附加费；⑧质量情报及信息费；⑨顾客调查费用。

（2）鉴定成本

鉴定成本（appraisal cost）是指评定产品是否满足规定质量要求所需的鉴定、试验、检验和验证方面的费用。主要构成为：①外购材料的试验和检验费用，包括检验人员到供货厂评价所购材料时所支出的差旅费；②工序检验费；③成品检验费；④检验试验设备调整、校准维护费；⑤试验材料费、劳务费及外部担保费用（指外部实验室的酬金、保险检查费等）；⑥检验试验设备折旧费；⑦办公费；⑧工资及福利基金，即从事质量管理、试验、检验人员的工资总额及提取的福利基金；⑨产品和体系的质量审核费用（包括内审和外审费用）。

（3）内部故障成本

内部故障成本（internal failure cost）是指在交货前，因未满足规定的质量要求所发生的费用。主要构成为：①废品损失费；②返工损失费；③复检费用；④停工损失；⑤质量事故处理费，如重复检验或重新筛选等支付的费用；⑥质量降级损失，即产品质量达不到原定质量要求而降低等级所造成的损失；⑦内审、外审等的纠正措施费，指解决内审和外审过程中发现的管理和产品质量问题所支出的费用，包括防止问题再发生的相关费用；⑧其他内部故障费用，包括输入延迟、重新设计、资源闲置等费用。

（4）外部故障成本

外部故障成本（external failure cost）是指交货后，由于产品未满足规定的质量要求所发生的费用（劣质产品到达消费者后造成的成本）。包括：①索赔、退货或换货损失；②产品召回的费用和保证声明；③产品责任费用，即因产品质量故障而造成的有关赔偿损失费用（含法律诉讼、仲裁等费用）；④降级、降价损失，即由于产品低于双方确定的质量水平，经与用户协商同意折价出售的损失和由此发生的费用；⑤产品售后服务费用等，即在保质期间或根据合同规定对用户提供服务、用于纠正非投诉范围的故障和缺陷等所支出的费用；⑥其他外部损失费，包括由失误引起的服务、付款延迟及坏账、库存、顾客不满意而引起的成交机会丧失和纠正措施等费用。

13.2.2.2 外部质量保证成本

外部质量保证成本指在合同条件下，根据用户提出的要求，为提供客观证据所支付的费用。其主要包括：①为提供特殊附加的质量保证措施、程序、数据等所支付的费用；②产品的验证试验和评定的费用；③为满足用户要求，进行质量体系认证所发生的费用等。

13.2.3 质量成本的特点

一般认为，全部成本费用的 $60\%\sim90\%$ 是由内部失败成本和外部失败成本组成的。提高检测费用一般不能明显改善产品质量。通过提高预防成本，第一次就把产品做好，可降低故障成本。费根堡姆认为，实行预防为主的全面质量管理，预防成本增加 $3\%\sim5\%$，可以取得质量成本总额降低 30% 的良好效果。

可以把产品生产的成本分为必要费用和非必要费用。统计表明，在制造业，额外浪费的费用高达销售额的 $20\%\sim25\%$，而服务业则高达 $30\%\sim40\%$。这种损失成本是可以避免的，但预防费用、检测费用是必需的；总质量成本的最佳值是预防和检测费用的增加与相应损失费用抵消时的最小值。

据国外资料分析，质量成本的 4 个项目之间有一定的比例关系，通常是内部故障成本占质量成本总额的 $25\%\sim40\%$，外部故障成本占到 $20\%\sim40\%$，鉴定成本占 $10\%\sim50\%$，预防成本仅占 $0.5\%\sim5\%$。比例关系随企业产品的差别和质量管理方针的差异而有所不同。对于生产精度高或产品可靠性高的企业，预防成本和鉴定成本之和可能会大于 50%。

预防成本、鉴定成本、内部故障成本、外部故障成本之间有一定的比例关系。质量成本的合理构成可使质量成本总额尽可能小。

永远生产完美的食品、农产品是不可能的。这是由农产品生物多样性、受气候波动、有限货架期等影响较大的特性决定的。食品生产企业的质量管理突出以预防为主，十分注重对原料、半成品、成品的质量检验。因此，对于食品生产来讲，预防成本和鉴定成本之和往往占质量成本的主要部分。

13.2.4　质量成本模型

质量成本的 4 项费用的大小与产品质量的合格率存在内在的联系，反映这种关系的曲线称为质量成本特性曲线，如图 13-3 所示。

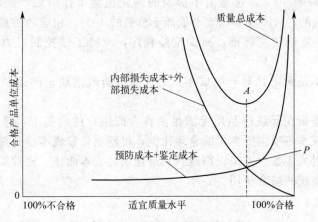

图 13-3　质量成本特性曲线

从图 13-3 中可以看出，预防成本和鉴定成本逐步增加，产品合格率上升，同时故障成本明显下降。当产品合格率达到一定水平，要进一步提高合格率，则预防成本和鉴定成本将会急剧增加，而故障成本的降低却十分微小。因此，图中总会存在一个最佳区域，在这区域内总质量成本最低。质量成本的极佳点对应产品质量水平点 A，企业如果把质量水平维持在 A 点，则是最佳质量成本。

对质量成本特性曲线作进一步的分析，研究质量成本最佳点 A 附近的范围，并将其分为 3 个区域，如图 13-4 所示。

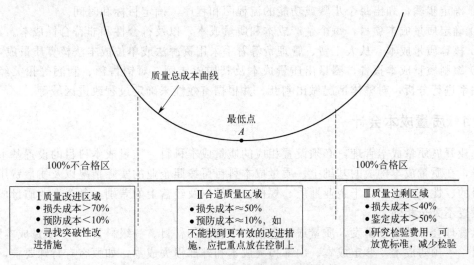

图 13-4　质量成本特性曲线的最佳区域

图 13-4 中左边区域为质量改进区。企业质量状态处在这个区域的标志是故障成本比重很大，可达到 70%，而预防成本很小，比重不到 10%。此时，质量成本的优化措施是加强质量管理的预防性工作，提高产品质量，由此可以大幅度降低故障成本，质量总成本也会明显降低。

图 13-4 中中间区域为质量控制区。此区域内，故障成本大约占 50%，预防成本在 10% 左右。在最佳值附近，质量成本总额是很低的，处于理想状态，这时质量工作的重点是把各项成本维持和控制在现有的水平上。

图 13-4 中右边区域为质量过剩区。处于这个区域的明显标志是鉴定成本过高，鉴定成本的比重超过总额的 50%，这是由不恰当的强化检验工作所致，此时的不合格品率得到了控制，是比较低的，故障成本比重一般低于总额的 40%。相应的质量管理工作重点是分析现有的质量标准，适当放宽标准，减少检验程序，维持工序控制能力，可以取得较好的效果。

研究质量成本不是为了计算产品成本，是为了分析改进质量的途径，达到降低成本的目的。

质量成本优化是指在保证产品质量满足消费者或用户的前提下，寻求质量成本总额最小。通过确定质量成本各项主要费用的合理比例，可使质量总成本达到最低值。由于质量成本构成的复杂性，对大多数企业来说很难找到最佳质量成本曲线，比较实用的优化方法是基于质量管理理论和经验的综合使用。

13.3　质量成本管理

质量成本管理就是通过对质量成本进行统计、核算、分析、报告和控制，找到降低成本的途径，进而提高企业的经济效益。质量成本管理探讨的是产品质量与企业经济效益之间的关系，它对深化质量管理的理论和方法及改进企业的经营观念都有重要意义。一般内容包括 5 个方面。

① 确定过程，初步用成本评估，针对高成本或无附加值的工作，从小范围着手分析造成故障的可能原因，耗力和耗财的过程为研究重点。

② 确定步骤，列出每个步骤或功能的流程图和程序，确定目标和时间。

③ 确定质量成本项目，每个生产成本和质量成本，以及符合性和非符合性成本。

④ 核算质量成本，从人工费、管理费等着手采用资源法或单位成本法核算质量成本。

⑤ 编制质量成本报告，测量出质量成本及其构成比例，对销售额、利润等相关经济指标的关系进行分析，对整体情况做出判断，并根据有效性来确定过程改进区域等。

13.3.1　质量成本会计

企业开展质量成本管理，必须设置相应的质量成本科目。质量成本科目的设置基本上大同小异，在质量成本构成的基础上，质量成本科目可按照企业的实际情况以及质量费用的用途、目的、性质而定。由于企业性质、规模、产品以及经营上的差别，各个企业质量成本科目的设置不完全相同。

从管理会计的角度出发，质量成本包括 3 个级别的科目。一级科目——"质量成本"；二级科目——预防成本、鉴定成本、内部损失成本和外部损失成本，如顾客有特殊要求，企业可增设外部质量保证成本科目；三级科目是在二级科目下设置的明细账，按二级科目分别展开，一般可设多个三级细目。同时设置汇总表和有关明细表，如：①质量成本汇总表（表 13-1）；②质量预防成本明细表（表 13-2）；③质量鉴定成本明细表；④质量内部损失成本明细表；⑤质量外部损失成本明细表；⑥质量成本外部保证费用明细表。

设置科目应注意的问题：①科目要有明确的定义和范围；②要识别产品成本和质量成本

的范围；③细目不要过细，否则不利于核算和分析；④根据费用的性质和目的设置细目；
⑤细目不要重复。

表 13-1　质量成本汇总表

| 单位 | | 质量成本单位 | | | | | | 合计 | |
项目		生产车间	包装车间	原料库	品控部	销售部	……	金额	百分比/%
内部故障成本	废品损失费								
	返工损失费								
	降级损失费								
	停工损失费								
	处理故障费								
	小计								
外部故障成本	索赔费								
	降价损失费								
	退货损失费								
	诉讼损失费								
	其他损失费								
	小计								
鉴定成本	各种检验费								
	检测设备维修、更新费								
	小计								
预防成本	质量工作费								
	新产品评审费								
	工序质量控制费								
	质量情报费								
	质量改进费								
	检测设备费								
	质量培训费								
	质量奖励费								
	小计								
合计									

表 13-2　质量预防成本明细表

产品	质量工作费	质量培训费	质量奖励费	工序质量控制费	质量改进费	质量评审费	工资、附加费	质量情报费	合计
产品1									
产品2									
产品3									
产品4									

13.3.2　质量成本核算

质量成本核算通过货币形式综合反映企业质量管理活动的状况和成效，是企业质量成本管理的重要环节。其具体有 3 方面任务：正确归集和分配质量成本，明确企业中质量成本责任的主要对象；提供质量改进的依据，提高企业质量管理的经济性；证实企业质量管理状况，满足顾客对证据的要求。

13.3.2.1　质量成本的数据

企业质量成本核算的基础是数据，所以要明确质量成本数据及其收集方法。企业质量成本数据的主要来源是记录质量成本数据的有关原始凭证。这方面的工作出现一点差错，就可能导致后续的质量成本核算和分析失去实际意义。

在收集质量成本数据时要分清质量成本与生产成本的界限。正常情况下制造合格产品的费用不属于质量成本构成，它属于生产成本。质量成本只针对生产过程的符合性质量而言，只有在设计已完成、质量标准已确定的条件下，才开始质量成本计算。对于重新设计或改进设计以及用于提高质量等级或水平而发生的费用，不能计入质量成本。质量成本是指在生产过程中与不合格品密切相关的费用，并不包括与质量有关的全部费用。

（1）质量成本数据的记录

企业质量成本数据一般是指质量成本各科目在报告期内所发生的费用额。在记录时要防止重复，又要避免遗漏。

① 记录重复　比如，企业在出现废品时，既记录了废品的损失，又记录了因弥补产量损失而增加投入的物资、人员、设备等费用支出，从而造成一次质量故障重复记录两笔损失。

② 记录遗漏　比如，企业采纳了顾客提出的质量改进建议后对顾客实施奖励，这一费用的发生应归属于预防成本，但很可能在实际操作时被列入公关费用而与质量成本科目无缘。

无论是记录重复还是记录遗漏，都会给企业造成对质量成本数据的错误判断，并引起后续一系列质量管理工作的决策错误。

（2）原始凭证

为了正确记录质量成本数据，准确核算和分析质量成本，有效支持质量改进和质量管理工作，企业必须重视记录质量成本数据的原始凭证。为便于归集质量成本数据，可将质量成本的发生划分为两大类：①计划内成本包括预防成本、鉴定成本和外部质量保证成本，从企业原有会计账目中提取数据。②计划外成本是企业的质量损失，包括内部质量损失和外部质量损失，都是突发的故障成本，则需根据实际情况专门设计原始凭证。

记录企业质量损失数据的原始凭证主要有：计划外工作任务单，计划外物资领用单，废品通知单，停工损失报告单，产品降级降价处理报告单，计划外控制和试验通知单，退货、换货通知单，用户服务记录单，索赔、诉讼费用记录等。

这些记录质量成本数据的原始凭证都具有一些相同的内容，比如日期、产品名称、规格、批号、数量、费用金额、责任部门、责任人、原因分析、质量成本科目编码、审核部门等。表13-3和表13-4分别列举了计划外物资领用单和产品降级降价处理报告单。

表 13-3　计划外物资领用单

No. ×××××××

领用单位　　　　　年　月　日

名称			规格		
计量单位	数　量		计划单价	金额合计	质量成本科目编码
	申领	实发			
用途或备注					
仓库签章		审核签章		领用人签章	

表 13-4 产品降级降价处理报告单

No. ×××××

报告单位　　　年　月　日

名称		规格		批号	
计量单位	数量	计划单价	处理单价	损失金额	质量成本 科目编码
处理原因					
质检签章		审核签章		报告人签章	

13.3.2.2　质量成本的数据收集渠道

（1）从现有质量记录中获得

从废品通知单和废品损失计算汇总表中获得；从返工通知单和返工损失计算汇总表中获得；从领料单和物资费用计算汇总表中获得。

（2）从现有会计原始凭证和有关账户中获得

工资支付明细表（或工资费用汇总表）；有关折旧明细表；其他原始凭证。

（3）从原始资料或凭证分析获得

从产品降级、降价损失表中获得。记录故障成本的原始凭证：①计划外生产任务单；②计划外物质领用单；③废品通知单；④停工损失报告单；⑤产品降级降价处理报告单；⑥计划外检验或试验通知单；⑦退货换货通知单；⑧消费者或用户服务记录单；⑨索赔、诉讼费用记录单。

（4）其他收集渠道

如从培训计划、质量计划、网站会员费等资料中获得。

13.3.2.3　质量成本的核算方法

企业质量成本核算属管理会计范畴，应按会计核算为主、统计核算为辅的原则进行。由于质量成本未纳入会计科目，因而企业在进行质量成本核算时，既要利用现代会计制度的支持，又不能干扰企业会计系统的正常统计。因此，在进行企业质量成本核算时，要按规定的工作程序对相关科目进行分解、还原、归集（表 13-3、表 13-4）。

（1）统计核算方法

① 质量成本统计调查　根据企业实际情况设置统计成本核算点；按科目和细目设置质量费用调查表，进行分项统计汇总。

② 质量成本统计整理和报表编制　能确定本期发生多少质量成本费用支出的，按本期发生额核算；同一质量成本费用发生在若干期间的，按一定分配率分摊各期质量成本。

（2）以会计核算与统计核算相结合的核算方法

① 与质量相关的实际支出，由财务通过质量成本会计还原归集，并与质管部核对。

② 各种工时损失、废品损失、停工损失、产品降级损失等主要由各有关部门收集，质管部门核查后报财务部汇总。

13.3.3　质量成本分析

通过质量成本分析可找出产品质量的缺陷和管理工作中的薄弱环节，为撰写质量成本报告提供素材，为改进质量提出建议，为降低质量成本、调整质量成本结构、寻求最佳质量水平指出方向，为质量管理决策作方案准备。实践中，质量成本分析常包括：质量成本构成及趋势分析，报告期限质量成本计划指标执行情况与基期比较分析，典型事件分析等。

13.3.3.1　质量成本分析的内容

质量成本分析通常分为质量成本总额分析、质量成本构成分析、质量成本与企业经济指标的比较分析以及故障成本分析。

（1）质量成本总额分析

企业质量成本总额相关指标的分析，是指将企业计划期内质量成本总额和计划年度内质量成本累计总额与企业其他有关的经营指标（如相对于企业销售收入、产值、利润等指标）进行比较，计算求出产值质量成本率、销售质量成本率、利润质量成本率、总成本质量成本率和单位产品质量成本等，并与这些相关指标的计划控制目标进行比较分析。这些相关指标从不同的角度反映了企业质量成本与企业经营状况的数量关系，有利于分析和评价质量管理水平。

（2）质量成本构成分析

质量成本构成之间是互相关联的，通过质量成本的不同项目占运行质量成本的比例，分析企业运行质量成本的项目构成是否合理。

（3）故障成本分析

故障成本产生的偶然因素较多，其分析是查找产品质量缺陷和管理工作中薄弱环节的主要途径，可从部门、产品种类、外部故障等角度进行分析。

① 部门故障成本分析　追寻质量故障的原因，会涉及企业的各个部门，按部门分析可以直接了解各部门的质量管理工作状况。分析的主要方法是采用部门故障成本汇总金额-时间序列图或部门故障成本累计金额统计图分析。

② 按产品分类做故障成本分析　可根据排列图寻找造成故障的主要原因，对 A 类产品做重点分析。图 13-5 说明该产品的故障成本主要是由生产车间和检验部门造成的。

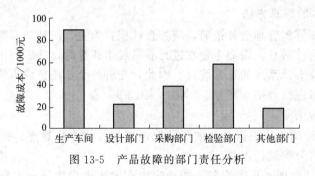

图 13-5　产品故障的部门责任分析

③ 外部故障成本分析　同样的产品质量缺陷，交货前和交货后所造成的损失差别是很大的，外部损失要大于内部损失。一般从 3 方面进行分析。

第一，做质量缺陷分类分析，从中可以发现产品的主要缺陷和对应的质量管理工作的薄弱环节。

第二，按产品分类做 ABC 分析，即占外部故障成本总额 70% 左右的产品属于 A 类，占 25% 左右的为 B 类，其余的为 C 类，从中找出几种外部故障成本较高的产品作为重点研究对象。

第三，按产品的销售区域分析，不同的地理环境和人群可引起不同的故障，按地区分析有利于查找原因，改进产品设计。

13.3.3.2　分析方法

质量成本分析可采用定性和定量相结合的方法。

（1）定性分析

可以加强企业质量成本管理工作的科学性，提高企业员工对质量工作重要性的认识，有利于增强员工的质量意识，推动企业质量管理工作。

（2）定量分析

作用在于做精确的计算，求得比较确切的经济效果。定量分析有排列图分析法、指标分析法、趋势分析法3种。

① 指标分析法　把质量成本分析中有关内容做数量计算，主要分为计算增减值和增减率两大类。

$$增减值(C)=基期质量成本总额-计划期质量成本总额$$

$$增减率(P)=\frac{C}{基期质量成本总额}\times100\%$$

② 质量成本趋势分析　企业质量成本总额的趋势分析，是指将企业质量成本总额的计划目标分析和相关指标分析中的各种计算结果分别按时间序列作图进行分析，观察各种指标值的变动情况，直观推断企业质量成本的变化趋势。其目的是掌握企业质量成本在一定时期内的变化趋势。该分析法可分析1年内各月的变化情况即短期趋势分析和5年以上的长期趋势分析。

趋势分析可采用表格法（具体的数值表达）和作图法（曲线表达）两种形式。

③ 排列图分析　使用排列图分析不同原因引起损失的大小，可以找出影响质量成本的主要问题。

13.3.3.3　分析结果要求

质量成本的分析中，要指出报告期影响质量成本的关键区域和主要因素，并提出改进措施；对质量管理系统（QMS）作出评价；提出下期工作的重点和目标。

13.3.4　质量成本的计划和控制

卓有成效的企业质量管理工作不仅确定的质量管理目标是先进、可行的，并且在运作中能有效地对偏离目标的质量活动实施控制以及在发生变化了的环境条件下能及时修订目标。同样，制订企业质量成本控制目标以及在运作中有效实施控制，也是企业质量成本管理活动的重要环节。

（1）质量成本的预测

质量成本的预测和计划是企业进行质量成本分析、控制和考核的依据。为了保证企业质量成本计划的编制和质量成本控制目标的提出能够正确、有效，企业必须重视并做好质量成本的预测工作。开展质量成本预测的依据主要是企业的质量成本历史数据、产品和技术因素、质量成本管理方案等。企业进行质量成本预测的方法主要为3类，即经验判断法、统计推断法和专家意见法等。在企业的实际操作中，应将上述3种方法结合使用，才能取得良好的效果。

（2）质量成本计划的编制

质量成本计划是在预测基础上，用货币量形式规定当生产符合质量要求的产品时，所需达到的质量费用消耗计划，包括：质量成本总额及其降低率、四项质量成本构成的比例、保证实现计划的具体措施等。质量成本计划文件的内容应该由数值化的目标值和文字化的责任措施两部分组成。

① 数据部分的主要内容　质量成本总额和质量成本构成项目的计划；质量成本相关指

标计划；质量成本结构比例计划；各责任部门的质量成本计划；各责任产品的质量成本计划。

② 文字部分的主要内容　包括：计划制定的说明，拟采取的计划措施、工作程序等。如：企业内各责任部门质量管理必须关注的重点内容和责任；质量管理工作应注意避免的各责任产品质量损失及其主要质量问题；实施质量改进的质量成本管理方案及相关工作程序。

13.3.4.3　质量成本控制

以质量计划所制定的目标为依据，以降低成本为目标，把影响质量总成本的各个质量成本项目控制在计划范围内的一种管理活动（质量成本管理的重点），是完成质量成本计划、优化质量目标、加强质量管理的主要手段。

（1）质量成本控制的步骤

① 事前（标准）控制　确定质量成本项目控制标准。采用限额费用控制等方法，将质量成本计划目标分解、展开到单位、班组、个人。

② 事中（过程）控制　按生产经营全过程，如开发、设计、采购、生产、销售服务等阶段，提出质量费用的要求，分别进行控制。

③ 事后控制（质量改进、降低成本）　查明实际质量成本偏离目标值的问题和原因，提高质量、降低成本。

（2）质量成本控制的方法

质量成本控制的方法主要有：限额费用控制；围绕生产过程重点提高合格率水平；运用改进区、控制区、过剩区的划分方法进行质量改进、优化质量成本；运用价值工程原理进行质量成本控制；企业应针对自己的情况选用适合本企业的控制方法。

企业质量成本的控制活动主要有两类：企业内部各部门的自我控制和由财务监督、质量审核和检查考核等组成的监督约束控制。

13.3.5　质量成本报告

质量成本报告是对上期质量成本管理活动进行调查、分析、建议的书面材料，是企业质量成本分析活动的总结性文件，是提供企业领导和有关部门制定质量政策、开展质量改进活动的依据。质量成本报告有利于企业评价质量管理的适用性和有效性，识别需要关注的区域和问题，修订并确定质量目标和质量成本目标。

13.3.5.1　质量成本报告的基本内容

企业质量成本报告是一份将计划期内和计划年度内企业质量成本发生金额及其累计金额的数据、分析和质量改进对策等汇集一体的书面文件。其一般由3部分组成：质量成本发生额的汇总数据、质量成本分析和质量改进建议。质量改进建议具体有：①质量成本计划执行和完成情况与基期的对比分析；②质量成本科目以及构成比例变化分析；③质量成本与企业相关经济指标的比较分析；④典型事例和重点问题的分析以及处理意见；⑤质量成本的效益评价及其对质量问题的改进建议。

（1）质量成本数据

质量成本报告中的质量成本数据可以分4个方面。

① 质量成本核算数据　企业计划期内质量成本发生额、构成项目金额和计划年度内质量成本累计额、构成项目累计额。

② 质量成本相关指标　包括企业产值质量成本率、销售质量成本率、利润质量成本率、总成本质量成本率和单位质量成本。计算公式为：

$$产值质量成本率＝质量成本总额/产值总额×100\%$$
$$销售质量成本率＝质量成本总额/销售收入总额×100\%$$
$$利润质量成本率＝质量成本总额/销售利润总额×100\%$$
$$总成本质量成本率＝质量成本总额/企业成本总额×100\%$$
$$单位产品质量成本＝质量成本总额/合格产品产量×100\%$$

③ 质量损失的各种归集　企业按责任部门和产品分类归集的质量损失金额，按质量缺陷、产品分类和顾客特点归集的外部质量损失金额。

④ 质量成本差异归集　企业进行质量成本核算、质量成本相关指标计算和质量损失的各种归集后，对于各项数据中与企业质量成本计划控制目标有偏差的项目，在质量成本报告中按偏差的严重程度做排序列表。

（2）质量成本分析

质量成本报告中的质量成本分析部分主要包括质量成本总额分析、质量成本构成项目分析、质量损失分析和质量成本差异分析等内容。

① 质量成本总额分析　企业质量成本总额分析的内容应包括企业质量成本的计划目标分析、相关指标分析和趋势分析3个方面。

② 质量成本构成项目分析　企业质量成本构成项目分析的内容应包括企业质量成本构成项目的计划目标分析和结构比例分析两个方面。

③ 质量损失分析　企业质量损失分析的内容应包括企业责任部门质量损失分析、责任产品质量损失分析和外部质量损失分析3个方面。

④ 质量成本差异分析　企业质量成本差异分析的内容主要是对企业中出现的质量成本严重差异情况作进一步的技术经济分析，找出原因，落实责任。

（3）质量改进建议

根据企业质量成本分析结果而提出的质量改进建议，是供企业领导和各有关部门进行决策和进一步制定改进措施用的。企业质量改进建议主要有减免质量缺陷的改进建议、质量成本构成的合理化建议、质量管理体系中要素活动改进的建议、质量成本管理的改进建议。

13.3.5.2　质量成本报告形式

企业质量成本报告的形式是多种多样的，通常可用的形式有报表式、图示式、陈述式和综合式。

① 报表式　采用表格形式整理和分析企业质量成本数据，可供阅读报告者简单明了地掌握企业质量成本的全貌。

② 图示式　采用 Pareto 图、时间序列图、因果分析图等图示方式整理和分析企业质量成本数据，可让阅读报告者一目了然地看出企业质量问题的关键所在。

③ 陈述式　通过文字方式来描述企业质量成本发生的状况、问题和改进建议。

④ 综合式　采用表格、图示和陈述相结合的方式展示企业质量成本发生的状况，提示企业质量问题，阐述企业质量改进方向。各种综合的形式是企业中最容易接受、最常使用的方式，能适合企业领导、各有关部门等各层次的需要，有利于依据质量成本报告进行决策和制定企业质量改进措施。

质量成本的控制在食品企业尤为重要。不合格的产品原料或加工工艺常导致次品或废品的产生，严重影响企业效益。譬如一家年屠宰 2000 万只肉鸡的生产企业，应出口国对产品品质及动物福利的要求，对屠宰动物实施电击麻醉。不适当的电击麻醉可导致肉鸡颈部瘀血而降低了产品质量，每只脖颈的价格因之而少卖 0.5 元，仅此一项每年的损失即达 1000 万元。质量成本管理可作为一种企业管理的战略选择，其目的是用比竞争对手更低的成本提供产品和服务。实行战略质量成本管理可使企业获得和保持长期的竞争优势，适应企业越来越复杂多变的生存和竞争环境。

本章习题：

1. 简要分析质量成本特性曲线。
2. 举例说明应该怎样对质量成本进行定量分析。
3. 怎样进行质量成本的控制？

本章思考与拓展：

米格-25效应由来：前苏联研制生产的米格-25喷气式战斗机，以其优越的性能而广受世界各国青睐，然而众多飞机制造专家却惊奇地发现米格-25战斗机所使用的许多零部件与美国战机相比要落后得多，而其整体作战性能达到甚至超过了美国等其他国家同期生产的战斗机。造成这种现象的原因是，米格公司在设计时从整体考虑，对各零部件进行了更为协调的组合设计，使该机在升降、速度、应激反应等诸方面反超美机而成为当时世界一流。这一因组合协调而产生的意想不到的效果，被后人称之为"米格-25效应"。事物的内部结构是否合理，对其整体功能的发挥关系很大。结构合理，会产生"整体大于部分之和"的功效；结构不合理，整体功能就会小于结构各部分功能相加之和，甚至出现负值。食品类专业的高校学生要注重集思广益。做好质量成本的最优化，是做好质量管理工作的基础。

参考文献

[1] Barnes K A，Sinclair C R，Watson D H. 食品接触材料及其化学迁移 [M]. 宋欢，林勤保，译. 北京：中国轻工业出版社，2011.

[2] Coles R，McDowell D，Kirwan M J. 食品包装技术 [M]. 蔡和平，等译. 北京：中国轻工业出版社，2012.

[3] 佩汉 P，弗里斯 G E. 转基因食品 [M]. 陈卫，张灏，等译. 北京：中国纺织出版社，2008.

[4] 包大跃. 食品安全危害与控制 [M]. 北京：化学工业出版社，2006.

[5] 曹小红. 食品安全与卫生 [M]. 北京：科学出版社，2006.

[6] 曾庆孝. GMP与现代食品工厂设计 [M]. 北京：化学工业出版社，2006.

[7] 陈佳旭. 食源性寄生虫病 [M]. 北京：人民卫生出版社，2009.

[8] 陈锡文，邓楠. 中国食品安全战略研究 [M]. 北京：化学工业出版社，2004.

[9] 陈宗道，刘金福，陈绍军. 食品质量管理 [M]. 北京：中国农业大学出版社，2003.

[10] 董同力嘎. 食品包装学 [M]. 北京：科学出版社，2015.

[11] 郭红卫. 营养与食品安全 [M]. 上海：复旦大学出版社，2005.

[12] 何国庆，贾英民. 食品微生物学 [M]. 北京：中国农业大学出版社，2002.

[13] 贺国铭，张欣. HACCP体系内审员教程 [M]. 北京：化学工业出版社，2004.

[14] 姜南. 危害分析和关键控制点（HACCP）及在食品生产中的应用 [M]. 北京：化学工业出版社，2003.

[15] 李怀林. 食品安全控制体系（HACCP）通用教程 [M]. 北京：中国标准出版社，2002.

[16] 李钧. 质量管理学 [M]. 上海：华东师范大学出版社，2006.

[17] 李明华. 食品安全概论 [M]. 北京：化学工业出版社，2014.

[18] 李晓. 药品生产企业国际通用管理标准：GMP/ISO 4001认证与文件编制范例 [M]. 北京：光明日报出版社，2002.

[19] 李在卿，吴冷，林莉. GB/T 22000—2006 食品安全管理体系的建立、实施与审核 [M]. 北京：中国标准出版社，2007.

[20] 刘广第. 质量管理学 [M]. 北京：清华大学出版社，2003.

[21] 刘先德. 食品安全与质量管理 [M]. 北京：中国林业出版社，2010.

[22] 刘长虹，钱和. HACCP体系内部审核的策划与实施 [M]. 北京：化学工业出版社，2006.

[23] 陆兆新. 食品质量管理学 [M]. 北京：中国农业出版社，2004.

[24] 钱和. 食品安全法律法规与标准 [M]. 北京：化学工业出版社，2015.

[25] 钱建亚，熊强. 食品安全概论 [M]. 南京：东南大学出版社，2006.

[26] 史贤明. 食品安全与卫生学 [M]. 北京：中国农业出版社，2003.

[27] 王际辉. 食品安全学 [M]. 北京：中国轻工业出版社，2013.

[28] 吴永宁. 现代食品安全科学 [M]. 北京：化学工业出版社，2003.

[29] 许牡丹，毛跟年. 食品安全性与分析检测 [M]. 北京：化学工业出版社，2003.

[30] 颜廷才，刁恩杰. 食品安全与质量管理学 [M]. 北京：化学工业出版社，2016.

[31] 杨玉红. 食品标准与法规 [M]. 北京：中国轻工业出版社，2014.

[32] 中国国家认证认可监督管理委员会. 食品安全控制与卫生注册评审——进出口食品卫生注册主任评审员教程 [M]. 北京：专利文献出版社，2002.

[33] GB/T 19000—2015/ISO 9000：2015. 质量管理体系　基础和术语 [S].

[34] GB 15193.21—2014 食品安全国家标准　受试物试验前处理方法 [S].

[35] GB 2760—2014 食品安全国家标准　食品添加剂使用标准 [S].

[36] GB/T 15091—1994 食品工业基本术语 [S].

[37] 全国人民代表大会常务委员会. 中华人民共和国食品安全法. 2021年第二次修正.

[38] 纵伟. 食品安全学 [M]. 北京：化学工业出版社，2016.